DARKNESS AT NIGHT
A Riddle of the Universe

夜空は
なぜ暗い?

オルバースのパラドックスと宇宙論の変遷

エドワード・ハリソン 著　長沢 工 監訳
Edward Harrison　*Ko Nagasawa*

地人書館

DARKNESS AT NIGHT
A Riddle of the Universe
by Edward Harrison

Published by arrangement with
Harvard University Press, Cambridge, Massachusetts
through Tuttle-Mori Agency, Inc., Tokyo.

はしがき

夜空の闇の謎に、私は何年も前からもどかしい思いをしながら興味を持ち続けてきた。宇宙がなぜ光で満ちていないのか私は当惑させられ、問題は解決したかと思われても、まだ解けていなかった。しかし、私は、このたいへん古い堂々巡りの謎からそう簡単に逃げ出そうとは思わなかった。時に何時間も、あるいは何日も、私は、謎の力とその捕らえがたさに惹かれてそこに戻っていった。そして、そのたびに新しい側面が現れた。私は少しずつ謎の歴史も探索し、何世紀にもわたって科学者、哲学者、詩人らによって書かれたこの主題に関する豊富な文献を発見した。

私は、たくさんの同僚や手紙を下さった方々からアイディアやアドバイスをいただいたことを感謝しているが、その数はあまりに多すぎてお名前を挙げきることができない。ここでは、本書の作成に直接関わった方々にのみ謝意を表するしかない。挿画を描いて下さったマリー・リテレール、ジャン・フィリップ・ロイ・ド・シェゾーとハインリッヒ・ウィルヘルム・オルバースの著作の翻訳を助けて下さったデビー・ヴァン・ダムとデビー・シュナイダー、鋭いコメントを下さったヴァージニア・トリンブル、助言や助力をいただいたマサチューセッツ大学図書館のリンダ・アーニー、アレーナ・チャドウィック、エリック・エソー、マージョリー・カールソン、バーバラ・モーガン、アマースト大学フロスト図書館のエレノア・ブラウン、そして、歴史的資料の調査を助けて下さったロンドンの王立天文協会のＰ・Ａ・ヒングレーにお礼を申し上げる。
本書は、たゆまぬ助力をしてくれた妻フォテーニに捧げる。

夜空はなぜ暗い？　目次

第Ⅱ部　謎の展開

プロローグ

月のない晴れた夜、頭上には星が輝いている。そして、谷や丘の上は闇が覆っている。夜にはなぜ空が暗いのだろう。古くから知られているこの有名な謎の答えは一見簡単なように思える。太陽は沈み、今や地球の裏側を照らしているからだ。しかし、宇宙を旅していて、どこの星からも離れている場合を想像してみよう。宇宙の奥深いところにいる時、天は、月がなく雲もかかっていない夜に地球から見るよりも、もっと暗く見えるだろう。謎は「なぜ、天は光で満たされていないのか、なぜ、宇宙は闇の中にあるのか」となる。

天文学者たちは、夜空がなぜ暗いかという謎を長いこと考え、数多くの興味深い解答を提示してきた。問題解決のために、四〇〇年以上の歳月が経った。空間や時間、光の性質、宇宙の構造、また、他の興味深い主題について、広大な範囲が探索された。宇宙の闇の謎の解答を求める中で、探求の方向が間違ったり、奇妙な発見がなされたりすることも多かった。

第1章　なぜ夜空は暗いのか

パラドックスというのはなんと風変わりなのだろう――良識というものを彼女は嘲るのだ。
ウィリアム・ギルバート『ペンザンスの海賊』

夜空には、またたく星がちりばめられている。ある星は比較的近くにあるため、あるいは、それ自体が明るいために明るく輝いている。また、遠くにあるため、あるいはそれ自身の光が弱いため、かすかにまたたくだけの星も多い。望遠鏡や双眼鏡を通して見ると、ちりばめられている星々の数は増し、はるか果てまで、無数の星がすべての方向に広がっていることがわかる。

地上のさまざまな場所から肉眼で見ることのできる星の総数は、シーイングがベストの状態で、約六〇〇〇である。ある一か所から見ることのできる星の数となると、その半分以下の約二〇〇〇にまで落ちる。それは、我々はせいぜい天空の半分しか見ることができず、地平付近の微光星が見えなくなるからである。双眼鏡を使えば、一か所から見ることのできる星の数は五万以上になり、口径五セ

図1.1 かに座のプレセペ（蜂の巣）星団。星々は約400万年前に生まれ、その距離はざっと500光年である。

ンチの望遠鏡で見れば、その数は約三〇万に増加する。

ほとんどの星は、二個あるいはそれ以上が集まった星のグループに属し、それぞれ互いのまわりを回り合っている。ある星は、オリオンやプレアデスのように、何百という非常に若い星々から成る緩やかにまとまった星団に属し、それらは、光り輝くひと固まりのガスに囲まれて星々が輝いているように見える。多くの星々はかに座のプレセペのように、それほど若くはない星団に属している（図1・1）。遠く離れた球状星団に属している星もある。それぞれの球状星団は、何十万という古い星々の集まった密度の高い集団で、我々の銀河がまだ若かった頃に生まれたものである。その果てには多くの銀河が星々で輝き、広大な宇宙に広がっているのが見える。

星は非常にたくさんあるにもかかわらず、全天を覆い尽くしているわけではない。それらは、ほとんど完全に闇である背景に対し、ひとつひとつが孤立した点となって輝いている。天文学でなしえた最も意味のある観測は、最もシンプルな観測でもあった。それは、夜空が暗く、闇が星々の間を隔てていることである。なぜ、夜空は暗いのか？　宇宙にはおそらく果てがなく、星は数え切れないほどたくさんある。それなのに、空のいたる所に星の光があることにならないのか？　星々を隔てる闇の谷間に、我々は実際には何を見ているのだろう？

■視線論争

宇宙が暗いという謎が、何世紀にもわたってなぜ天文学者たちを魅了してきたかを理解するには、最初に、宇宙には果てがなく、どこまでもどこまでも続いていると考える必要がある（この段階では、宇宙が湾曲している可能性は考えないことにしよう）。この仮定は理にかなっているように思われる。

図1.2 ある一方向に視線を向けると、そこには無限の宇宙がある。もし、宇宙に果てがなく、星々も果てなく広がっているならば、どの方向を見ても、視線はどこかの星の表面に行き当たるはずである。それなら、なぜ夜空は暗いのだろうか？

というのも、我々は、突然世界の果てに到達して、そこで宇宙が終わり、その向こうに空間がないと想像するのは難しいからである。だから我々は、この果てのない宇宙に、星々が限りなく広がっていると想像する必要がある（ここでも、星々の大多数が銀河となって密集している事実は考えないことにしよう）。星々は幾何学的な「点」ではなく、太陽のように大きさを持って光り輝く物体であるから、ちょっと考えれば、我々は、どの方向を見ても、究極的にはどこかの星の表面に行き当たるという結論に達する（図1・2）。読者の中に、このことが理解しにくいとお考えになる方もあるかもしれない。しかし、考えてみてほしい。もし、宇宙が無限で、星々がどこまでも果てなく広がっているとしたら、地球からどの方向に視線を伸ばしても、必ずどこかの星に行き当たるはずなのである。

理解しやすいように、森林を喩えにしてみよう。深い森の中に立って周囲を見渡すと、どの方向にも木々が見える。木々の幹は重なり合いとけ合って、連続した背景を形作っている。そして、どの方向を向いても木が見える。もし、森林が果てなく続いているとすれば、どれだけ木々がまばらで互いに離れていようとも、木々は常につながり合って見えるはずである。たとえ木々がグループを形成していたとしても、さらにその個々のグループが一緒になってより大きなグループを形成していたとしても、木々はとけ合って、間に隙間を生じることはない。この議論は、星々の森に適用することもできる。もし、星々がちりばめられた宇宙が果てのないものであるとしたら、どれだけ星々が散らばり離れていたとしても、それらは常に連続した背景を形作るだろう。たとえグループに分かれ、そのグループがさらに銀河を形成していたとしても、星々は常に融合し合い、幾何学的に互いに重なり合って、隙間が生じることはない（図1・3）。（我々はのちに、階層的な宇宙において、このルールの例外について考察する）

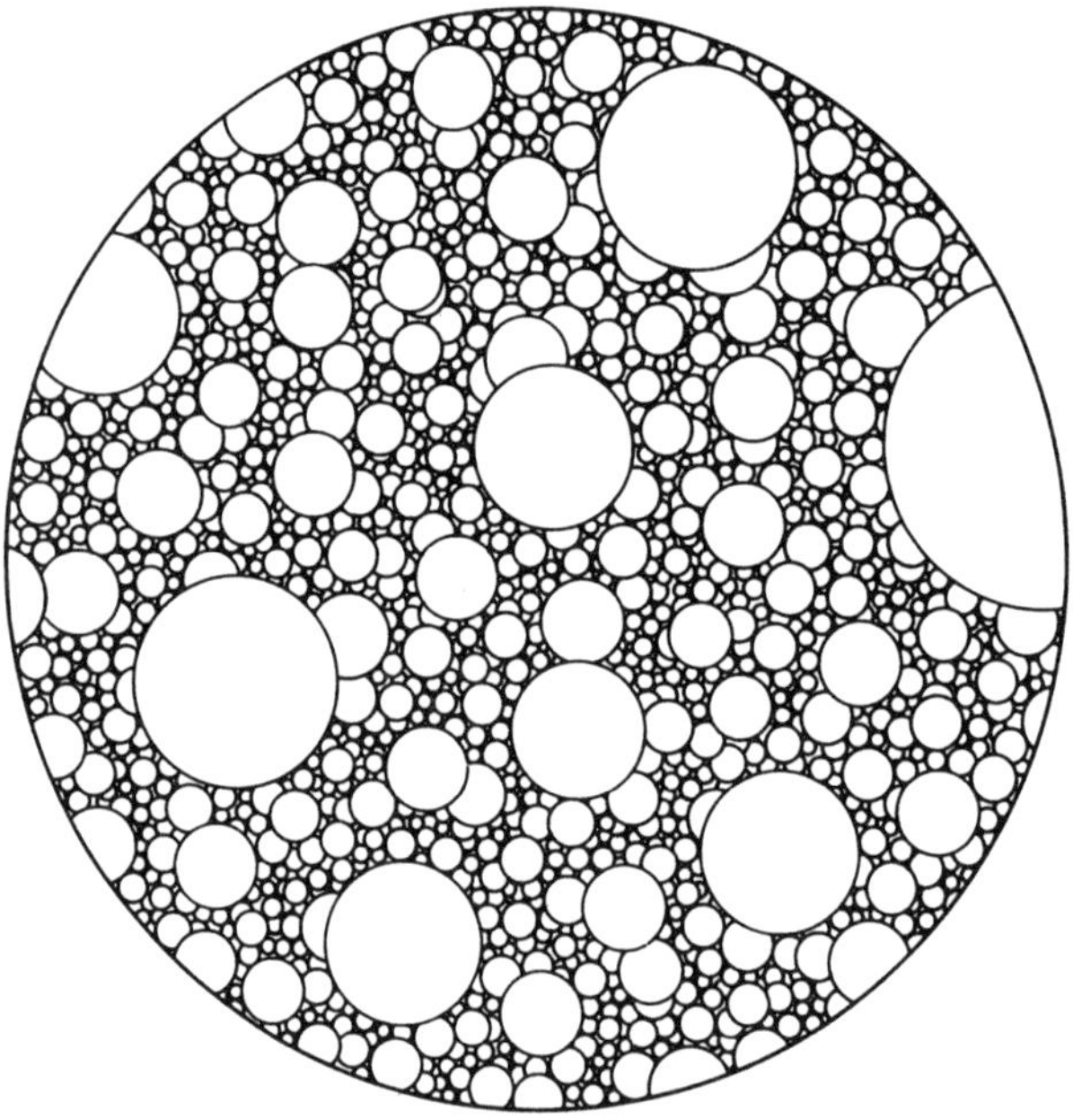

図1.3 全天のすべての場所が星で覆い尽くされて輝く明るい宇宙。星々の間には隙間がなく、全天は太陽の18万倍の光で燃え立つように光る。

この視線方向の議論から、全天は強力な星の光で燃え立つように輝くという結論が導かれる。もし、ほとんどの星が太陽のような星であるとしたら、空のどの点も、太陽面と同じ明るさで炎のように光るはずである。燃え立つような大空からは強烈な星の光が降り注ぎ、加熱されて白熱した炉の中に地球が置かれたかのように、あるいは地球が太陽の光球の中に投げ入れられたかのようになる。計算では、全天は太陽面の一八万倍の明るさになるはずである。[1] この熱地獄の中では、地球の大気は数分で消え失せ、海洋は数時間で蒸発し、地球自体も数年間で気化してしまうであろう。しかし、天を仰げば、現実の宇宙は闇の中にあるのだ。

■謎とパラドックス

一九五二年、ヘルマン・ボンディはその有名な著作『宇宙論』で、宇宙の暗さの謎に対する関心を再度呼び起こした。彼は、この謎の発見者を、一八世紀のドイツの天文学者ウィルヘルム・オルバースであるとして、この謎を「オルバースのパラドックス」と呼んだ。

謎は、パズルでも、問いでも、パラドックスでもありうる。スフィンクスがオイディプスに発した次の有名な謎のように、謎は一般に問いの形で表現される。「朝には四本脚で歩き、昼には二本脚、夕には三本脚で歩くものは何?」。この謎にオイディプスは、「人は、子供の時這って歩く。大人になって脚で立つ。そして、老いて杖をつく」と答えた。スフィンクスは怒って断崖に身を投げ、オイディプスは悲しみに暮れながらテーベの王になった。謎は、しばしば深い、あるいは隠れた意味を持つ言葉となる。クレタのエピメニディスが、すべてのクレタ人はうそつきである、と言った。もしこれが本当ならば、真実を告げたエピメニディスもうそつきになる。ある種の謎は、このように、形式的な論理構造の基礎に深く関わっている。

すべてのパラドックスは謎であるが、すべての謎がパラドックスであるとは限らない。パラドックスは、知られている事実やよくわかっている見解に反する命題から成り立っている。その対比や矛盾に我々は目を見張る。紀元前五世紀、エレアのゼノンは、運動と変化の非現実性を証明するさまざまな議論を考え出した。ゼノンの論証で最も有名なのは、アキレスとカメの謎である。俊足のアキレスと鈍足のカメが競走をし、カメはアキレスより先にスタートする。カメが一〇〇単位進んだあと、アキレスがスタートし、すぐにその一〇〇単位を走ってしまう。しかし、アキレスが進む間に、カメはさらに一単位先に進んでいる。そして、アキレスがこの一単位を走る間に、カメはさらに一〇〇分の一単位先に行ってしまう。このようにして、アキレスは決してカメに追いつき追い越すことはできない。どうしたらアキレスはレースに勝つのだろう。これは謎であり、同時にパラドックスである。というのは、誰もが簡単に理解できるように、自然現象の世界では、速度の速い物体は遅い物体を追い越すからである。ゼノンの有名なパラドックスはこの常識に反しているが、決して無意味ではない。問題は、数学における連続関数が、運動についての我々の経験を表現することができるかどうかである。(2)

人生はパラドックスに満ちており、パラドックスは消えては再現する。依然として「人生とは何か？」は謎ではあるが、パラドックスではない。ヴィクトリア時代の科学者、ケルヴィン卿は、宇宙の暗さの謎に関する我々の話に何度も現れるが、彼は「科学の中にパラドックスはない」と言っている。(3) この現実主義者は、パラドックスは我々自身の中にあり、外部の世界にあるのではないと信じていた。

■二つの解釈

まず、夜空がなぜ暗いかに対する二通りの説明から、どちらが選択できるかを考えてみることにしよう。一つは、実際に見える状態とは逆の考え方で、暗い隙間は本当は星で満たされているが、どういうわけかそれらの星々が見えないという解釈であり、この場合は、なぜそれらの光が見えないかを説明しなければならない。もう一つは、実際に見える状態に即してはいるが、理論から考えられるものとは反した考え方で、暗い隙間のところに星はほとんどないという解釈であり、この場合は、星のない理由を説明しなければならない。「星で覆われた空」の方は「失われた光の謎」（図1・4）、「星で覆われていない空」の方は「失われた星の謎」（図1・5）と呼んでもよい。どちらの解釈も謎であるが、最初の考え方は、現実の世界と反対のことを仮定しているので、パラドックスになる。この謎をオルバースのパラドックスと呼ぶ慣例は、最初の解釈（「星で覆われた空」）に偏った考え方なので、我々は、二つ目の解釈（「星で覆われていない空」）の可能性を見すごしにする傾向がある。

夜空の闇の謎に対するこれらの解釈に対して、それぞれ一群の解答が提案されている。最初の解釈（視線の議論を承認するもの）に従えば、背景の星から発せられる光線は、まっしぐらに我々へ向かってくるが、どういうわけか地球には決して届かないのである。全天を覆い尽くすのに必要な星の数は、だいたい一〇の六〇乗、つまり、一兆の一兆倍の一兆倍の一兆倍の一兆倍（一兆は一億の一万倍で、一億は一万の一万倍である）であろう。ちなみに、地球上のすべての砂漠と海岸にある砂つぶの総数は、最大限に見積もっても一兆の一兆倍である。「星で覆われた空」の解釈を支持する解答は、すべて、たくさんの星から発せられる光が、なぜ我々のところに届かないのかを説明しなくてはならない。たとえば、一六世紀のトマス・ディッグスや彼に従う天文学者たちは、最も遠いところにある星から

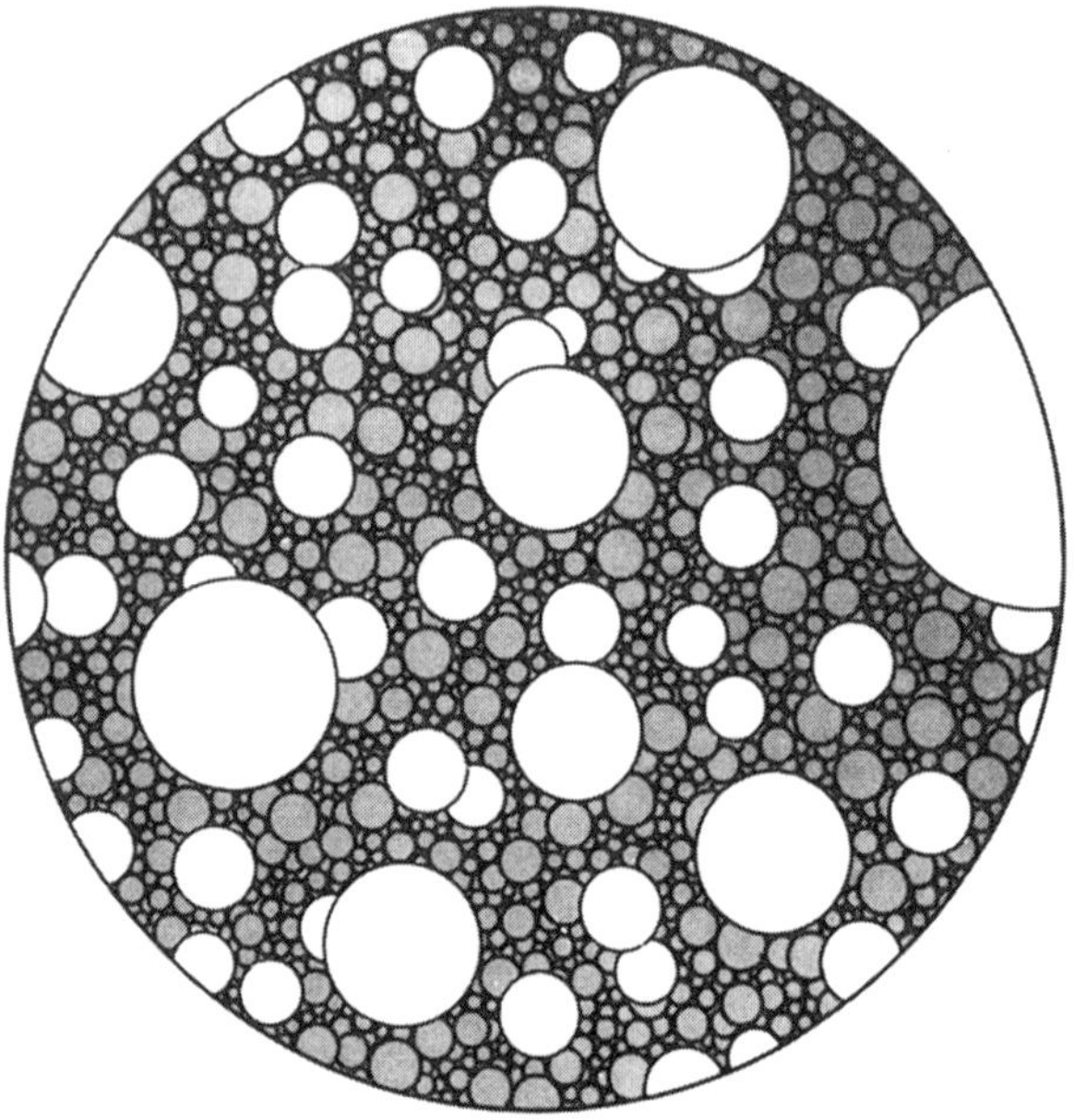

図1.4「星で覆われた空」の解釈。暗い隙間は見えない星で満たされている(灰色の部分)。消えた光はどこへ行ったのか。

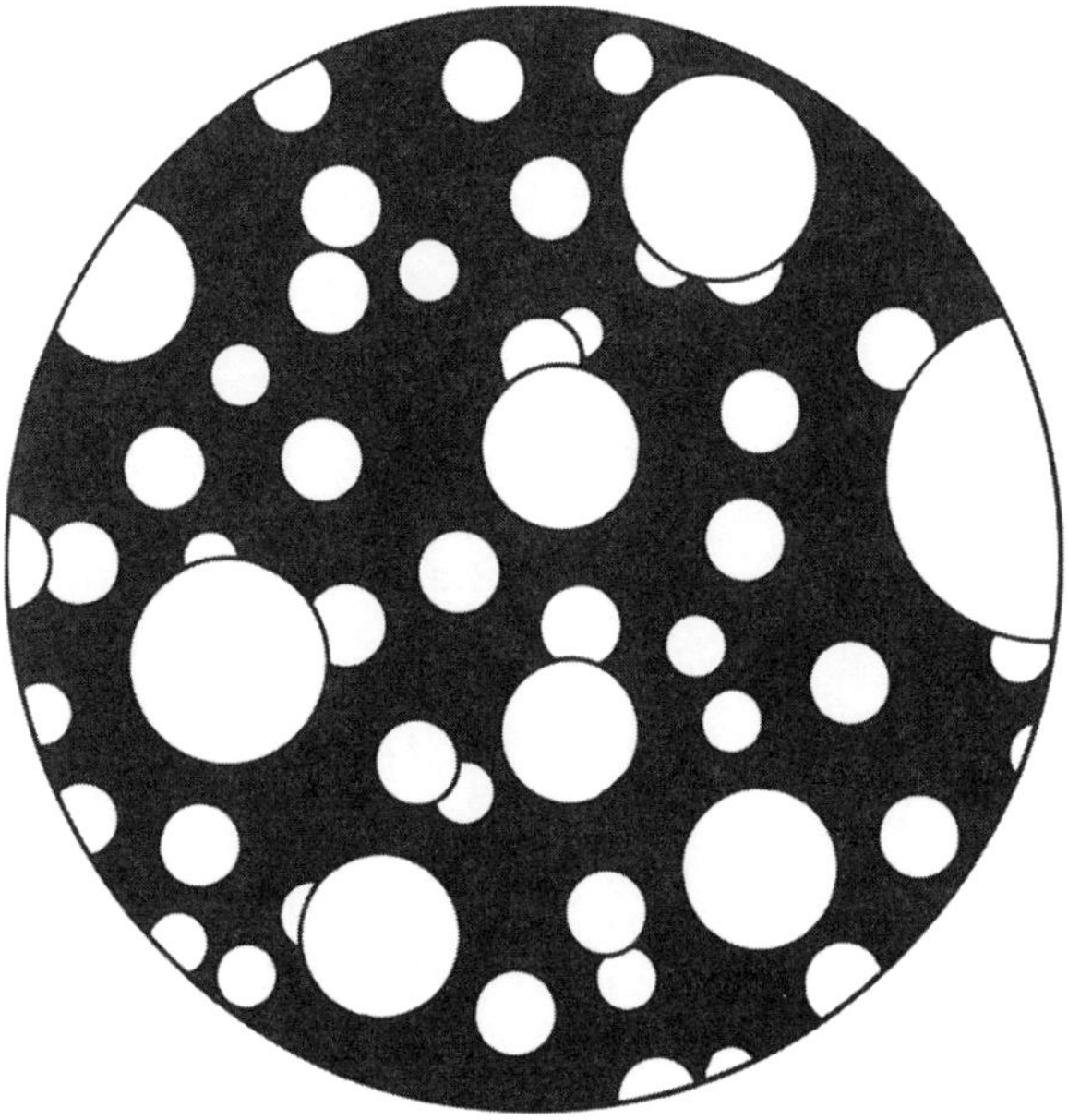

図1.5「星で覆われていない空」の解釈。暗い隙間にはほとんど星がない。消えた星はどこへ行ったのか。

の光は、あまりにも微かなので我々の目には見えないと述べた。一八世紀半ばのロイ・ド・シェゾーや一九世紀初頭に生きたオルバース自身は、宇宙空間の吸収物質に阻まれるので、遠くの星がはっきりとは見えなくなると述べた。ヘルマン・ボンディは、遠くの星の光は宇宙膨張による赤方偏移によって見えなくなると述べた。このグループに入るすべての解答は、星は全天を覆っていると仮定しており、それぞれの解答はその光が失われる理由を説明している。しかし困ったことに、あれこれ注意深く調べてみると、失われた光を説明する解答は現代の宇宙の考え方と合致しないのである。

二番目の解釈は、明らかに、暗い隙間のところには本当にほとんど何もないという単純な考えをとっている。もちろん、望遠鏡が大きくなり、性能がよくなるにつれて、さらに光の弱いたくさんの星も、また、星の集まりである無数の系外銀河も観測することができる。しかし、結果的に、宇宙をどれだけ遠くまで覗けるようになったとしても、この解釈では、我々はいつも闇の中に沈んでいる星を見ることになる。この解釈に沿う解答は皆、なぜ、暗い隙間のところがほとんど空っぽで、星が存在しないのかを説明しようと試みている。たとえば、一七世紀初期のヨハネス・ケプラーは、我々は星々の間から宇宙を囲っている暗い壁を見ているのだと述べた。同じ世紀のもっとあとになって、オットー・フォン・ゲーリッケは、宇宙は、星々で満たされた有限の空間が無限の真空に囲まれた状態であり、我々は、星々の間から外を眺めて、宇宙の果てに広がる空虚な暗闇を見ていると述べた。一九世紀のジョン・ハーシェルとリチャード・プロクターは、我々は階層的な宇宙に住んでいて、ある系の外にはさらに大きな系が存在し、遠くの星は、その数は無限であっても天空を覆うほどではないと考えられると述べた。しかし、困ったことに、注意深く調べると、上記の説明もそれ以外のたくさんの説明も、失われた星を説明する解答は、現在観測されている宇宙像とはやはり合致しないのである（図1・

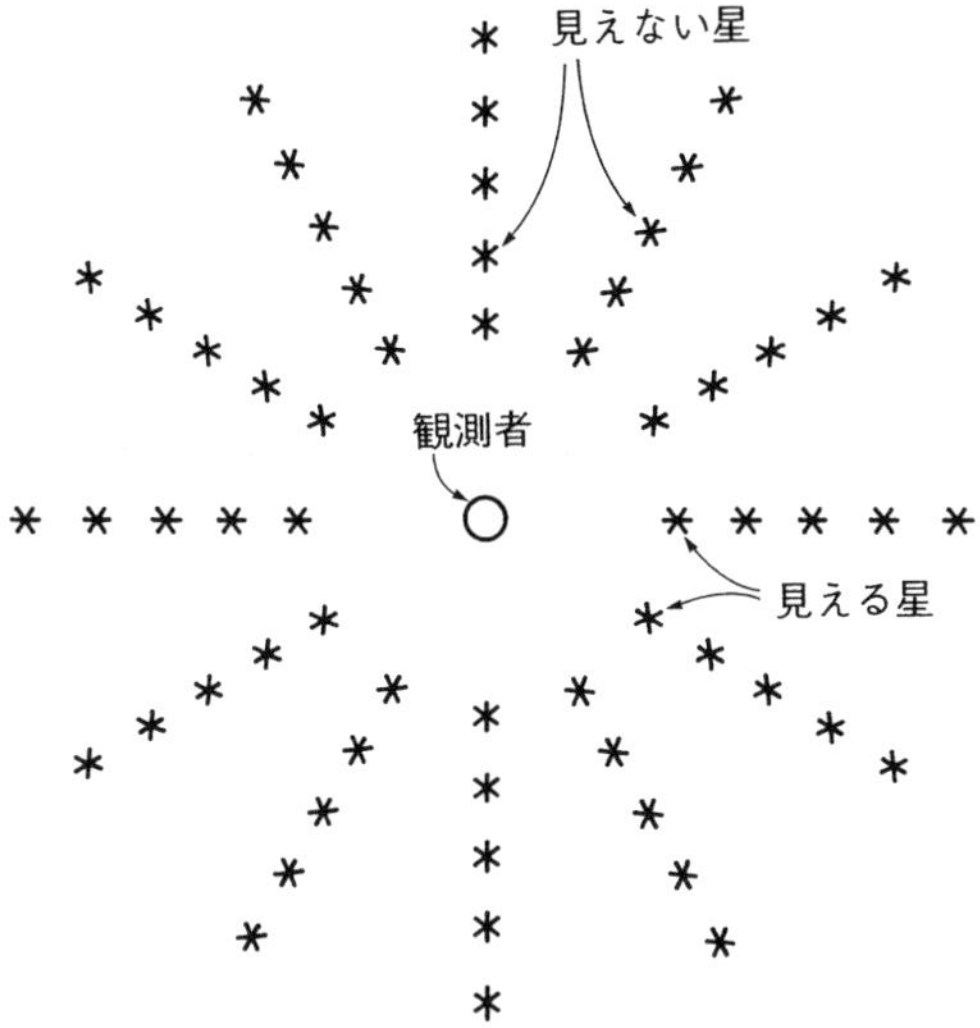

図1.6 なぜ夜空は暗いかという問いに対して、1907 年にエドワード・フルニエ・ダルベが冗談で提示した「ありえない」解答。無数の見えない星が、見える星の背後に一列に並んでいる。このようにすれば、空は、星で覆われていない解釈と合致して暗くなる。（p.287、表「提示された解答」の候補 1）

6）。

■探求の道筋

正しい答えは明らかに存在するはずであり、おそらくこの二つのグループのどちらかに含まれる。謎の巧妙さに反して、解答はむしろ、科学や数学についての深い知識を必要としない単純なものであろう。事実、定性的ではあるが正しい解答を最初に出したのは、一九世紀のある詩人であった。

星で満たされた宇宙は無限に広がっているのか。遠方にある一兆の一兆倍もの星を見えなくする障壁があるのか。宇宙は階層構造になっているのか。宇宙は平坦なのか、それとも湾曲しているのか。我々は、夜空の闇の謎の満足のいく解答につながる探索の道筋を、あれやこれやとたどらなくてはならない。落とし穴、迷宮、怪物、その他の災いがそこには待ち受けており、これまでに不注意な探検家を大勢罠に陥れたのである。

本書は三部に分かれている。第Ⅰ部では、古代の世界において、夜空の闇の謎の起源へつながる思考が現れた道筋をたどる。我々は、中世において空間や宇宙に関する考えを生み出し、その思考が学問の流れに多大な影響を与えた学問に携わる聖職者たちがいたことを知る。さらに、一六世紀および一七世紀に、それらに刺激された天文学者たちが謎を系統立てていったことを知る。

第Ⅱ部では、古代世界におけるアリストテレス派、エピクロス派、ストア派が廃れてしまったあと、一七世紀にデカルト派やニュートンの体系が起こったことを述べ、この謎を深め、豊かにした科学のドラマをひもといて、複数の解答がありうることを明らかにする。

第Ⅲ部の話は、銀河が発見され、新しい天文学や現代の宇宙論が出現したことを絡めて語られる。

そして、この謎に対する正しい解答の一つが、おぼろげに、また定性的にではあるが、一九世紀のエドガー・アラン・ポーによって与えられ、定量的なはっきりした形では、二〇世紀初頭のケルヴィン卿によって与えられたことがわかる。奇妙なことに、ポーとケルヴィンによるこの解答は無視され、すぐに忘れ去られてしまった。二〇世紀には、湾曲した空間で膨張し進化する宇宙に関して、複雑な物理学や数学を理解する大変な作業があったため、この謎は、一時的にその作業の影に隠されてしまった。その後宇宙についての知識が増大し、近年流行していた宇宙モデルがさらに多様になった。そして、観測から発見された事柄によって、我々はビッグバンの残光で満たされた膨張宇宙に住んでいることが明らかになった。それから、ヘルマン・ボンディや定常宇宙論を唱える他の天文学者たちが、この謎を復活させた。一時的にではあるが、夜空の暗さは、宇宙の膨張を証明する驚くべき証拠と思われたことがあった。「夜、外へ出て、天の暗さに注目せよ。その暗闇は、宇宙が膨張している証拠なのだ!」。残念なことに、この巧妙な解答は膨張する定常宇宙モデルにしか適用できず、そしてこのモデルは、今やビッグバンの残光の発見によって論破されてしまった。現在の宇宙には、空が星で明るく照らされるだけの十分なエネルギーがないことが突然明らかになり、それが非常な重要性を持つに至った。それは他の説をすべて打破し、過去の解釈のほとんどすべてをうち負かした。この新鮮な洞察によって、我々は、ポーとケルヴィンの解答が、宇宙の闇の謎の核心を突いていたことがわかるのである。

第Ⅰ部　謎の起源

第2章　競合する三体系

天文学が、その起源となる紀元前約五〇〇年以来、科学の発展に最も重要な力を持っていたと主張することに、私はためらいはない。

オットー・ノイゲバウアー『古代の精密科学』

西暦紀元前には、自然哲学における三つの体系が地中海世界を支配していた。それらは、イオニア人やピタゴラス派の萌芽期の思考から出現し、西欧の文化や科学の歴史を形作った。三つの体系は、宇宙の闇の謎の起源をたどり解釈をするのに対し、特別な関係を持っている。

最初に、無限の宇宙に原子で構成された無数の世界が散らばっているとする体系が、原子論者によって唱えられた。それから、天球は幾何学的調和を持っているとする体系が、アリストテレスによって唱えられた。最後に、星で満たされた宇宙がその果てにある無限の空虚の空間に囲まれているとする体系が、ストア派によって唱えられた。原子論者の体系は、エピクロスとその支持者たちによって取り入れられて精妙にされ、アリストテレスの体系は、アレクサンドリア図書館に関わる哲学者たちによって採用されて発展し、ストア派の体系は、ローマの知識層の人々によって採用され評価された。この三体系のすべてから、さまざまな要素が現代の世界に生き残っている。我々は、原子論者すなわちエピクロス派からは、物質が粒子で構成されている理論と無限の宇宙の概念を受け継ぎ、アリストテレス派からは、秩序だった自然界にはリズムがあるという考え方を、また、ストア派からは、宇宙空間内で世界が回転しているという図式と渦を巻く流体の理論を受け継いだ。これらの体系と絡まり合って、宗教や哲学、倫理学などの遺産が生み出されたが、それはまったく別の話になる。

■原子論者とエピクロス派

非常に多くある他の思想と同様に、物質の原子論は、おそらく紀元前六世紀におけるサモスのピタゴラスに端を発したものであろう。彼とその弟子によるピタゴラス派は、すべての物質が数学的な関連を持つ幾何学的な点から成っていると考えた。

紀元前五世紀、原子の問題は、エーゲ海のトルコ側の海岸出身のアナクサゴラスによって探究された。彼は、イオニアの最後の自然哲学者である。彼は、アテネの黄金時代に生活し教鞭をとっていて、統治者であるペリクレスの友人であり、また、ペリクレスの非凡な配偶者であるアスパシア――彼女は、アナクサゴラスの故郷クラゾメナエ付近の、ミレトスで生まれている――の友人でもあった。「精神」は、広大な宇宙を支配し、そこでは、地球上および天空にあるすべてのものが、種のように微細な要素の配合から成り立って、宇宙の法則に従っているとアナクサゴラスは宣言した。

レウキッポスはピタゴラスの「点」とアナクサゴラスの「種（たね）」を「原子（atom）」と呼ばれる究極の物理的実体に置き換えた（atomとは「分割できない」という意味である）。彼の生涯は何も知られておらず、後の哲学者たちによる断片的な言及以外に彼の哲学に関しては何もわかっていない。レウキッポスはデモクリトスの影に隠れてしまったのである。アブデラのデモクリトスはソクラテスの時代にアテネに住み、原子理論をさらに発展させた。彼は、原子は物質をできる限り分割した最小のものであり、それらの組み合わせと数学的関連が、知覚できる大きさを持つすべての物質の属性を説明すると宣言した。原子と無限の空虚のみが実在し、他のすべては精神による産物であり、感覚が習慣的に感じているにすぎないとした。記録によると、デモクリトスは、その知性においてプラトンより優れていないにせよ、少なくとも彼と同格であり、今日では失われてしまっているが、業績も、アリストテレスに匹敵するほど包括的なものとされている。

原子理論の直後に、無限の空間の概念が生まれた。思うに、原子の集合が、終わりなき繰り返しの光景を思い起こさせるのであろう。地平線を超えたところでも、宇宙は手近なところとほとんど同様と考えられ、どのように遠方まで旅をしたとしても驚くようなことは何もない。形が変わり、細部は変化するかもしれないが、宇宙のデザインの基本的な部分は永遠に同じままである。天空内は果てのない繰り返しであるというこのような考えは、宇宙の斉一性という概念へと発展し、それは今や現代宇宙論の礎石となる宇宙原理として知られるようになった。自然界は、有限の神による支配を超えて限りなく広がり、それ自体によって統制されていると原子論者は信じていた。

プルタルコスのエッセイ「心の平安」によると、アブデラの原子論者であるアナクサルクスから宇宙は無限であると教えられた時に、アレクサンダー大王は[1]涙したという。彼の仲間たちに対し、アレクサンダーは泣きながらこう言った。「そのように広大なところが数多く存在するというのに、いまだ我々がそれを支配できずにいることを、あなたがたは嘆くに値しないと考えるのか?」。複数の世

図2.1 エピクロス（341-270 B.C.)。エピクロス原子論学派の創立者。サモスで生まれたが、生涯のほとんどをアテネで送った。

界で満たされた無限の宇宙という考えは、二五〇〇年間にわたって地球上に広まり、科学、哲学、宗教を変容させていった。

サモスのエピクロスは、紀元前四世紀後半から紀元前三世紀初めにかけて、原子論を唱える哲学者を多く擁する自由思想学派をアテネにうち立てた（図2・1）。彼は、神が自然界へ支配力を持つことを否定し、可能な限り物理的原因を取り入れ、知覚がすべての知識の基礎を形作ると教えた。エピクロスはまた、原子論者の考える自然法則の世界に倫理学の包括的思想を与えたが、その思想とは、賢明かつ適度の楽しみが最高の美徳であり、それが、肉体的・精神的苦痛をできるだけ避ける生活につながると主張するものであった(2)。

このように実用的な形をとって教えられたため、原子論者による体系は、不幸にも快楽主義者の教理であると誤解され、当時の世界中の庶民に受け入れられた。教養のあるローマ人は、神話的な宗教に疑いを抱いていたので、エピクロスの教えに転向した。紀元前三世紀から四世紀にわたる七世紀以上の間、エピクロス派は繁栄した。エピクロス派の人々は、迷信と無知から人々を救う救世主としてエピクロスをあがめ、彼の絵や像を家に飾って親愛の情を示した。しかし、他の人々――最初はプラトン派、次にストア派、最後にキリスト教徒たち――は、彼のことを無神論者とあしざまにののしり、激しい敵意を向けて教理を攻撃した。

ローマ人でエピクロス派の詩人、ティトゥス・ルクレティウス・カルスは、紀元前一〇〇年の直後に生まれ、その叙事詩『物の本質について』が紀元前五五年頃に出版された時には、おそらくすでに亡くなっていたと思われる。この詩にはルクレティウスの「伝統的な迷信に対する激しい憎しみと、自然に向き合った時の知的自由への熱望」とがはっきりと表れている、とキリル・ベイリーは書いた。この詩は、原子論者の体系を生き生きと説明している。永遠に存在する原子は、無限の空間を自由に動き回り、衝突し、結合し、無数の世界の物質構造を形作る。星々は輝き、永いこと光り、暗くなり、激しく運動する原子へと分解する。原子が結合し、世界が形をなし、山が海上に隆起し、生命が誕生し、生物が進化し、知的生物が出現し、社会が発展し、文明が生じ、そして最終的にそれぞれの世界は解体して、それらの源である渦へともどっていく。原子と空間だけが持続し、永遠に変わらない(3)。

魂は原子から成り、もし存在するのなら神々もまた原子から成る、とルクレティウスは述べた。原子は時に、互いにぶつかり合った時に予測できない方へそれ、そのような不確定事象が偶然の出来事や自由意志の行動を説明する。

■アリストテレスが秩序を作り出す

無限の宇宙に関するピタゴラスの見解がどのようなものであったにせよ、地球は球形であり、天体は中央にある宇宙火のまわりを完全な円軌道を描いて回っている、と彼が述べたことを我々は知っている。彼は、宇宙を「コスモス」——調和した総体——と呼び、混乱した世界を探求して内部に数学的調和を見いだした。最終的に、彼は、メソポタミアやエジプトの数学の水準を引き上げて発展させ、その数学はのちにユークリッドに受け継がれた。

ピタゴラス派の人々の編み出した天体の軌道と完璧な運動の考えをもとに、プラトンとアテネのアカデミー学派は、いくつもの天球による幾何学的宇宙を構築した。そこでは中心に地球があり、星々が貼りついている一番外側の天球に全体が囲まれていた。紀元前四世紀に考えられたこの宇宙体系は、古代世界において二番目に当たる偉大な自然哲学体系の基礎を形成した（図2・2）。

アリストテレスは最初はアカデミーの生徒であったが、その後、東方遠征前のマケドニアの若きアレクサンダー大王の教師となり、アテネに「リュケイオン」と呼ばれる彼自身の学校を創設した（図2・3）。彼は、地球を中心とした多層の天球というアカデミーの体系を発展させて、秩序だち、エーテルでできている有限の宇宙という体系に作り上げ、それは永遠の思想に支配されているとした[4]。

アリストテレスは、地球を取り巻く天球が、壊れることのないただ一つの元素であるエーテルからできており、変形せず、完全な円運動をしていると教えた。次第に大きくなるこれらの天球は、「さまよう星々」（文字通りの意味で「惑星」のこと）を、月、水星、金星、太陽、火星、木星、土星の順に支え、それらはさまざまな角度で傾いた軸のまわりをさまざまな速さで回っている。エーテルの光は天空の丸天井を満たし、星々が貼りついている一番外側の球を超えると、そこは「位置も空間も

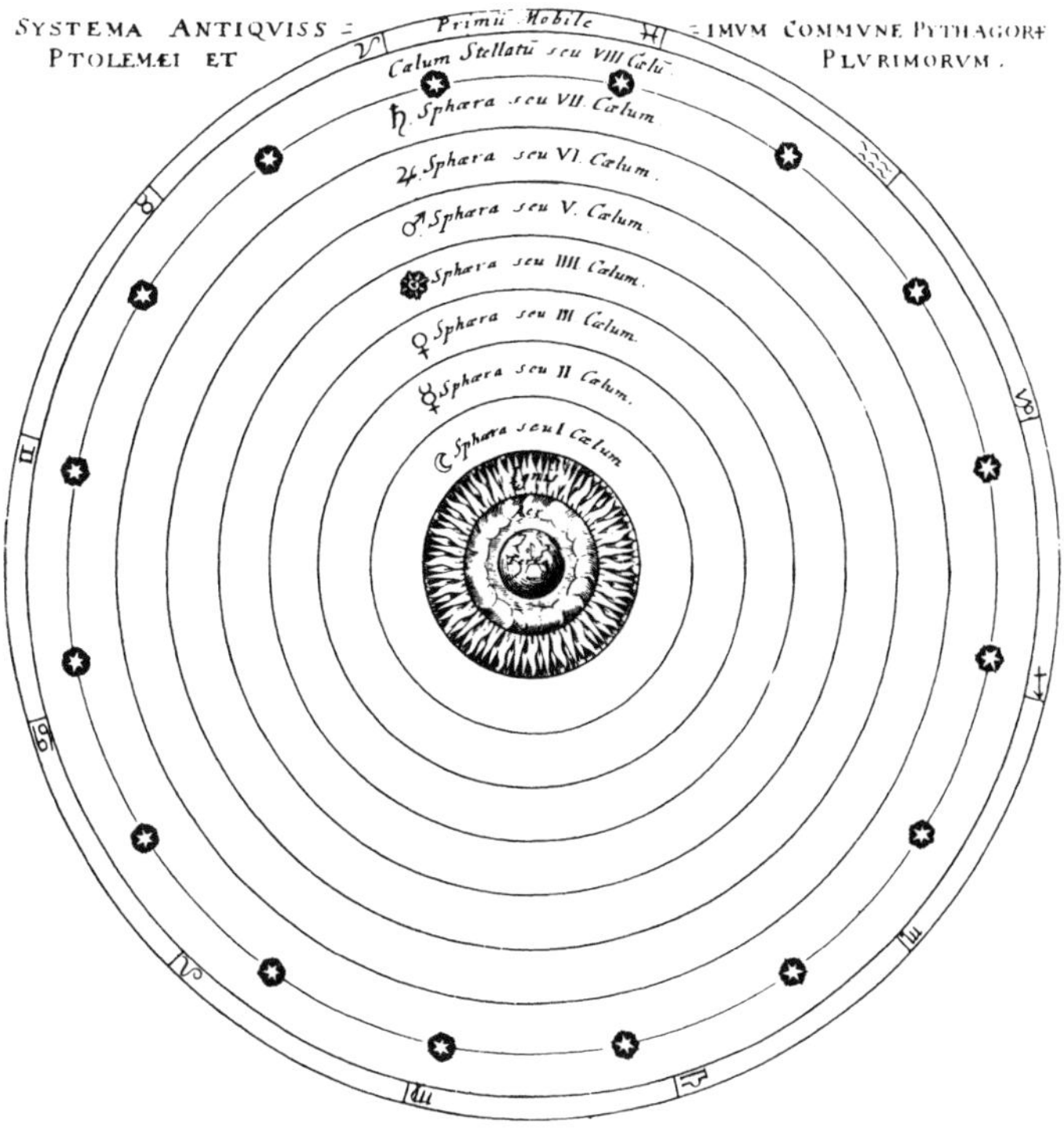

図2.2 球形の地球が、天球に囲まれたアリストテレス - プラトン体系の中心を占めている。星々の貼りつけられた天球が宇宙を囲う壁を形成し、その外には空間も時間も何も存在しない。エドワード・シャーバーンの『天球』(1675) にあるこの挿絵には、「第十天 (原動力)」と、神によって動かされる一番外側の球がつけ加えられているが、これらは、中世のアラブの天文学者たちが取り入れたものである。

図2.3　アリストテレス（384-322 B.C.)。ギリシア北部のスタゲイロスで生まれ、アテネにリュケイオンを創設。

時間も」存在しないところになる。

地球と月より下の区域は、変化しやすい四つの要素、火、空気、水、土で成っている、とアリストテレスは言った。その形は変わりやすく、気まぐれで不完全な運動をする。火は、軽さによって天を目指し、土は重さによって世界の中心を目指して動く。空気と水はこの二極間に漂うものである。

天文学者たち、特に、紀元前二世紀にロードス島に天文台を持っていた有名なヒッパルコスと、二世紀にアレクサンドリア図書館にいたクラウディウス・プトレマイオスは、アリストテレスの体系に幾何学的精緻さを加えた。アレクサンドリアの新プラトン学派はさらに天使の装飾物を加え、中央には地球ではなく神が置かれた天使球のある、アリストテレスの体系に類似した体系すら作り上げた。アラブの学者たちは、中世を通じてアリストテレスの体系を学んで保持し、その最盛期および後期には、アリストテレスの天球はイスラム世界やユダヤ世界、そしてキリスト世界の宇宙観の基礎を形成した。しかし、そこには重要な修正がほどこされていた。それについてはこれから見ていくことにする。

■ストア派の星々に満ちた宇宙

三番目の大きな体系は、キプロス島（キティオン）のゼノンによって創設されたストア派の大衆的な世界観である。ゼノンは、「ストア」と呼ばれる屋根のあるコロネード（列柱）で講義をした（図2・4）。ストア派哲学は、当初から、奴隷から貴族までのすべての階層の人々に訴えかけるものであった。不屈の精神で逆境に臨め、なぜなら、運命が世界を支配するからだ！　涙するなかれ。汝は強いのだ。神々は自然の精神として、あるいは我々自身の中に存在し、その精神は、時代から時代へと時の車輪が回転するにつれて、地上や天界において盛り上がりと鎮静とを繰り返して脈動する。それらのすべてに注目せよ。が、驚いてはいけない。魂は過去に何度もそれを見ているのだから。

ストア派の体系は、セネカやマルクス・アウレリウスの著作で例証されるように、義務や正義といった倫理的原則を高く評価し、それらは万人の哲学になり、宗教、倫理、科学にもなった。その価値、名誉に関する概念は、我々が一般的に認識しているよりはるかに深く西欧の文化に浸透した。[5]ストア派の世界観は、一般的に知られている現代の科学的世界観に、古代世界において対応するものであった。

ピタゴラス派でプラトンの友人であったタラントゥムのアルキュタスは、「宇宙の端に向かって槍を投げたら何が起こるか。槍は跳ね返ってくるだろうか、それともこの世界から消えてしまうだろう

図2.4　キプロスのゼノン（c. 334-c.262 B.C.)。ストア派の創設者であり、キプロスに生まれ、アテネで過ごした。フェニキアのゼノン、また、ストア派のゼノンとして知られる。

か」という謎を提示した。宇宙の果てに関するアルキュタスの謎は、空間自体には境界がないのに、何かが境界を作っているという信念がいかに非論理的であるかを指摘しており、その後二〇〇〇年間にわたって科学史に繰り返し現れる主題となった（図2・5[6]）。ストア派は、宇宙には果てがないという考えを全面的に支持し、アリストテレスの提示した宇宙の外壁という考えを否定した。代わって彼らは、星で満たされている宇宙の外側に、星の存在しない空虚の外宇宙が無限に広がっている体系を提示した。古代および中世後期の世界におけるストア派の体系は、程度の差はあれ、アリストテレスの天球モデルから外側の境界部を取り除いたものであった（図2・6）。

　ストア派の天文学の体系は、天の川銀河の外側にも銀河が存在することが議論の余地なく認められるようになった一九二〇年

図2.5 宇宙の端に向かって投げられた槍はどうなるだろう？　アルキュタスによって提示されたこの謎は、宇宙がその果てで突然終わるという問題に注意を向けさせることになった。(E. R. Harrison, *Cosmology*, Cambridge University Press の厚意による)

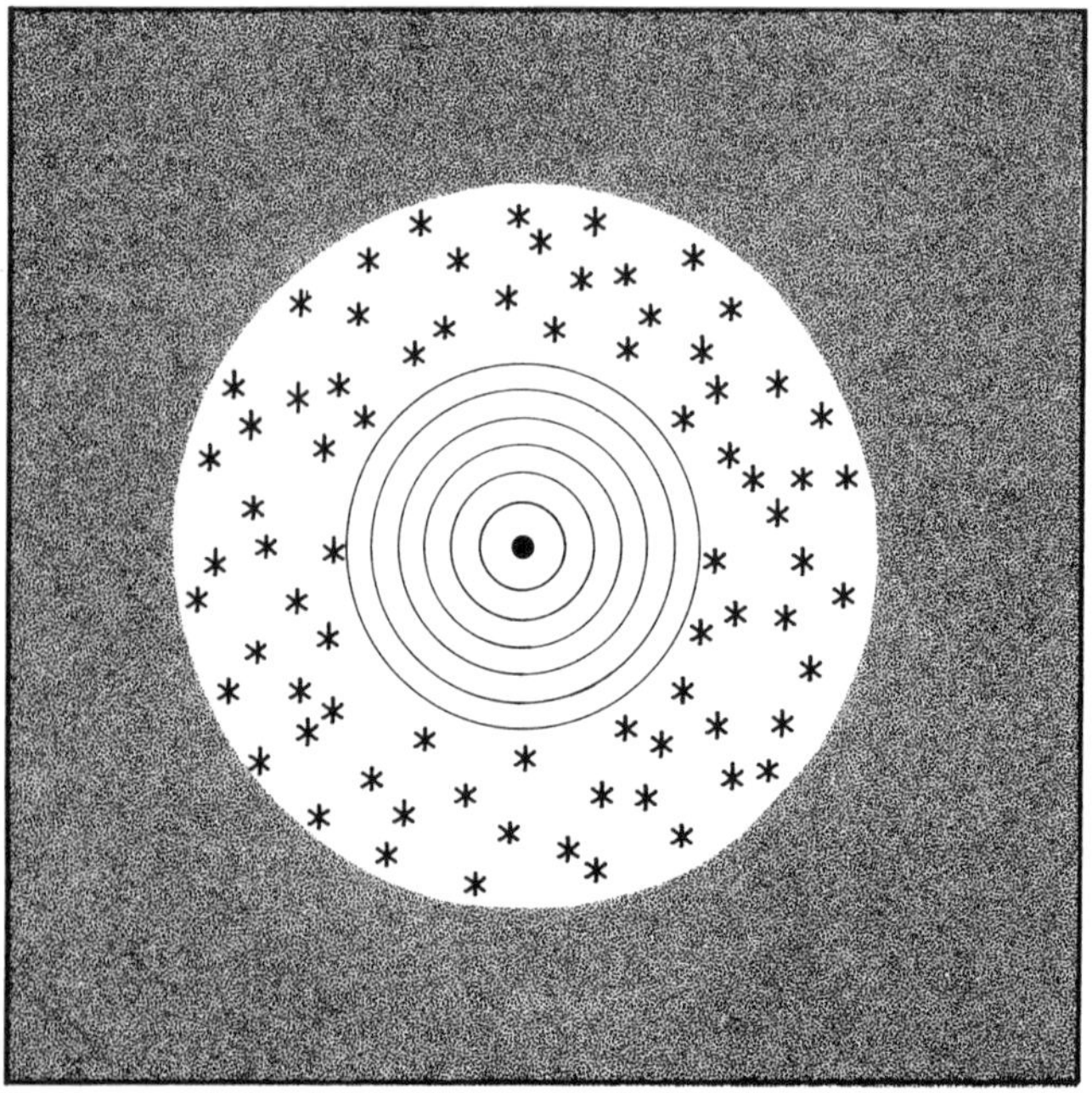

図2.6 アルキュタスによって示された謎に対し、ストア派は、星に満たされた島宇宙が、その縁に囲まれるのではなく、無限に広がる空虚に囲まれる形を提示した。ストア派はこの系に修正を加え、20 世紀までこの考え方に固執した。

代まで、姿をさまざまに変えながら二〇〇〇年以上にわたって持続した。この体系は、一七世紀以降、おそらくは一六世紀以降の多くの天文学者に対し、夜空の暗さを無理なく説明するものとして提供されてきた。我々は星の間から外を見ており、その宇宙体系を超えると無限の空虚である外宇宙の闇が広がっている。ストア派の体系は、新しい天文学が台頭するまでの間、一九世紀の宇宙論の枠組みを形成した。二〇世紀の最初の数十年間、ハーロー・シャプレーのようなアメリカの若い天文学者は、夜空を見上げ、ストア派が唱えた天の川銀河の縁を超え、終わりのない海である空っぽの闇を見ていたのである。

大きな光学望遠鏡や電波望遠鏡によって、我々は、銀河系や多くの銀河から成る局所銀河群を超え、さらに局所超銀河群やその彼方の深宇宙までを見ているが、いまだに、星で満たされた宇宙の果ての外側に空虚の場所を見つけることができない。ストア派の宇宙に住んでいるのではないことに、我々はやっと気がついたのだ。

■宇宙の果ての謎

歴史的記録には、アルキュタスの宇宙の果ての謎について数多くの言及があり、疑いなく、それによって我々は新しい謎の世界を開くことになった。ピタゴラス派のこの謎は、本書の話の中で一番重要であり、それも、究極的にはこの謎が夜空の暗さの謎へとつながるからである。ここに示したいくつかの引用文は、その魅力がどのようにして何世紀もの間、色あせずに存続しつづけたかを示している。

六世紀の新プラトン主義者の最後の一人であるシンプリキオスは、アリストテレスの物理学の解説書でアルキュタスを引用し、「もし私が、星々の貼りついている恒星天の果てにいるならば、手か杖を外に伸ばすことができるだろうか？　それは不可能だと考えるのは不合理である。もしできるとしたら、外にあるのは、実体か空間かどちらかのはずである。それなら同じようにまた外に向かって手か杖を伸ばし、その動作を再び繰り返す。そしてもし、手か杖を伸ばすことのできる新しい空間が常に存在するとしたら、これは明らかに、広がりが無限に延長できることを意味する」と述べた。この部分は一六世紀までラテン語に翻訳されることはなかった(7)。

ルクレティウスは『物の本質について』の中で以下のように述べた。「ゆえに、宇宙のどの方向にも限界がないことがわかるのだ。もし限界があるなら、その場所を特定できるはずだ。しかし、制限する何物かが外側に存在しない限り、そこに限界がないことは明らかである。……どの部分に場所を定めようと、どの位置に誰が立とうと問題はない。宇宙は、その人物からすべての方角へ限界なく伸びているのだ」。彼はアルキュタスの論争を再び取り上げた。「さしあたり空間全体に限界があるとした時、誰かがその一番縁まで進み、矢を投げたとしよう。力の限り投げられたその矢は、目標とされたコースを飛ぶだろうか。それとも、何かが道を阻み、矢を止めるだろうか。どちらと思うか。あなたはどちらかの選択肢を選ばなければならない。しかし、そのどちらにもあなたの逃げ道はない。どちらにせよ、宇宙は果てなく続くことをあなたは認めなければならない。境界線上に何か障害物があり、矢がさらに遠くまで進むのを妨げるにせよ、あるいは、矢が境界を超えて進むにせよ、これまでに矢が境界を超えたことがあるはずはない。この議論によって、さらにあなたを追及できる。あなたが究極の限界をどこに設定したとしても、『それなら、その矢はどうなるのか(8)』と尋ねるつもりだから」。

アルキュタスの宇宙の果ての謎は、中世にシンプリキオスがアリストテレスの『天界論』を解説した著作によって知られていた。「しかしながらストア派は、空の果てには真空の領域があると考えており、以下のような仮定によってそのことを証明している。ある人が世界の果てに立って、手を前方に伸ばすとしよう。もし、彼の手が伸びるなら、空の先には手を伸ばせる空間があることになる。もし、手を伸ばせないなら、手を妨げている何かがすでにその外に存在することになる。そこで、もし彼が、手を伸ばすことを妨げている障壁の縁に立ってまた手を伸ばすならば、前と同じ質問がされなければならない」(9)。トマス・アキナスも含めた中世の全盛期から後期における多くの神学者たちは、シンプリキオスによるこの説明に言及した。

ジョルダーノ・ブルーノによる著作『無限宇宙と諸世界について』(一五八四)の中で、頑なアリストテレス学派だとされるブルシオは、以下のように論じた。「もし、ある人が天球の凹面を超えて手を伸ばすとしても、その手の占めるべきどんな空間もない。よって、手は存在しないことになる」。しかし、ピロセオ(ブルーノ自身)は、内側の空間も外側の空間も連続しているに違いないと答えて、以下のようにつけ加えた。「このように、境界面がどんなものであるにせよ、私は常に以下の問いを発しなければならない。『その先には何があるのか?』(10)」。この著作や他の著作において、ブルーノが、中心もなく、果てもなく、生命の存在する世界が無数にある宇宙の考えを示した先駆者であったことを、我々は見てとることができる。

ジョン・ロックは、『人間知性論』(一六九〇)の中で同じ議論を繰り返した。「もし、物体が無限ではないと考えられるのなら――無限だとは誰も言わないだろうが――、私は問う。もし、神がある人を物体が存在する極限のところに置いたなら、その人は、その物体から手を伸ばすことができないだろうか？　もしできるとしたら、彼は、それまで物体でなく空間が占めていた場所に腕を置くことになる。そして、そこで指を広げるならば、指の間には、物体ではなく空間が存在することになる。もし、彼が手を伸ばせないなら、それは、外部に何か妨害物があるからである。……さらに私は問う。彼の手が外へ動くのを妨げているのは、本質的なことか、それとも偶然によるものか。何かあるのか、それとも、何もないのか？　というのも、思考の中で、(彼が存続しうるより広い) 空間に何らかの境界を設定することができるか、あるいは、思考によってどちらかの果てにたどり着きたいと思う人がいるのか。そういう人がいたら私は会いたいものである[11]」。

　アルキュタスは空間の連続性を示すことによって空間は無限であることを証明した、と幾何学者たちは考えた。境界のない空間はすべての方向に無限に広がっていて、ユークリッドの幾何学が成り立つはずだ、と彼らは考えた。しかし、空間がある果てで終わることがないことを証明するのは、単に空間に境界がないことを示すにすぎない。一九世紀半ばから、我々は、境界のない空間が必ずしも無限ではなく、ユークリッドの幾何学法則に従う必要もないことを知っている。別の可能性を示す例は、有限だが境界のない三次元空間であり、それは、有限だが境界のない二次元空間である球面と似ている。球面上の生活者——球面上に住んでいる二次元の生物——は、縁がないにもかかわらず有限の世界に住んでいるからである[12]。

第3章　天球の光

そしてあなたは天を仰がないようにしなさい。太陽や月、星々を見ると、それらを拝み、奉仕する気持ちに駆り立てられるから。

『申命記』四－一九

ローマ帝国が衰退するにつれて、異民族による征服が起こり、キリスト教が広がっていった。東欧では、官僚の支配するビザンチン帝国が古代の多くの知識を蓄積してはいたが、新しい知識を加えることをせず、持っている知識をいやいやながら異邦人たちと分かち合っていた。地中海世界では知識を探究する精神が衰退し、陰りが見えてきた。それでもなお、社会的に最も重要な動きは進行していた。キリスト教が流布するとともに奴隷制度はゆっくり衰退し、ベネディクト会の修道士たちは六世紀に修道院を設立し、その後数世紀にわたって西欧文化の間の融合が起こってきた。

バグダッド、カイロ、コルドバ、その他繁栄しているイスラム帝国の学問の中心地から、心をかき立てる知識のささやきが流入し、西欧を目覚めさせた。技術革命が始まり、一二世紀および一三世紀

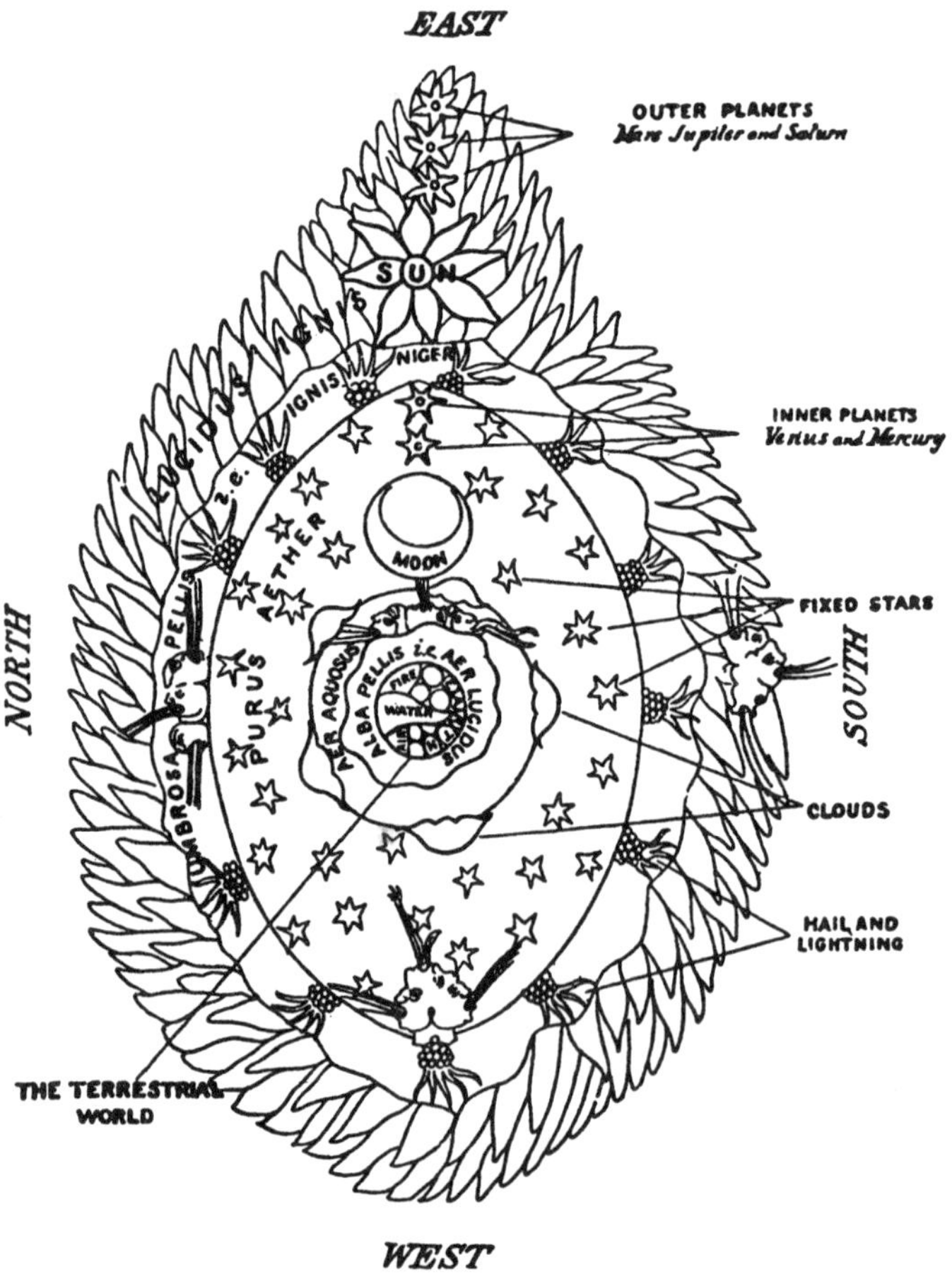

図3.1 ドイツのビンゲンのヒルデガルト（1098-1179）による宇宙。彼女の著作から、12 世紀に流入した知識によって、中世のキリスト教徒の宇宙がどのように修正されたかが見て取れる。図の改良はダンテの『神曲』において頂点に達した。（Wiesbaden Codex B a figure 2 in Charles Singer, "The scientific views and visions of Saint Hildegard" より転載）

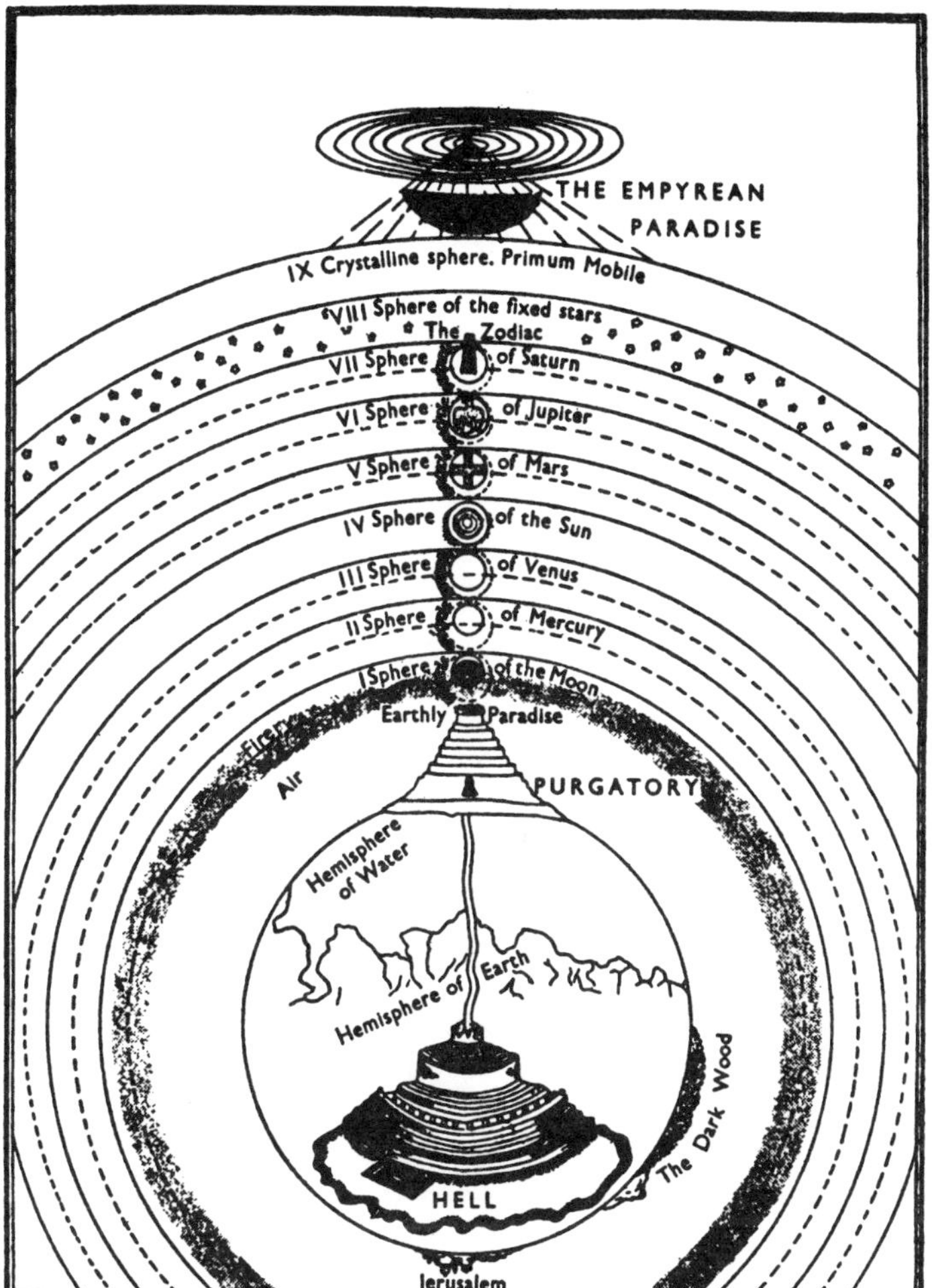

図3.2 しばしば示されるダンテの体系。(その複製が図 4 として収められている Charles Singer, "The scientific views and visions of Saint Hildegard" より転載)

図3.3 グスタフ・ドレ（1832-1883）による「最高天」。ダンテとベアトリスが、地球を中心とする天球の世界の縁から、神を中心とする天使球の世界を見つめている。

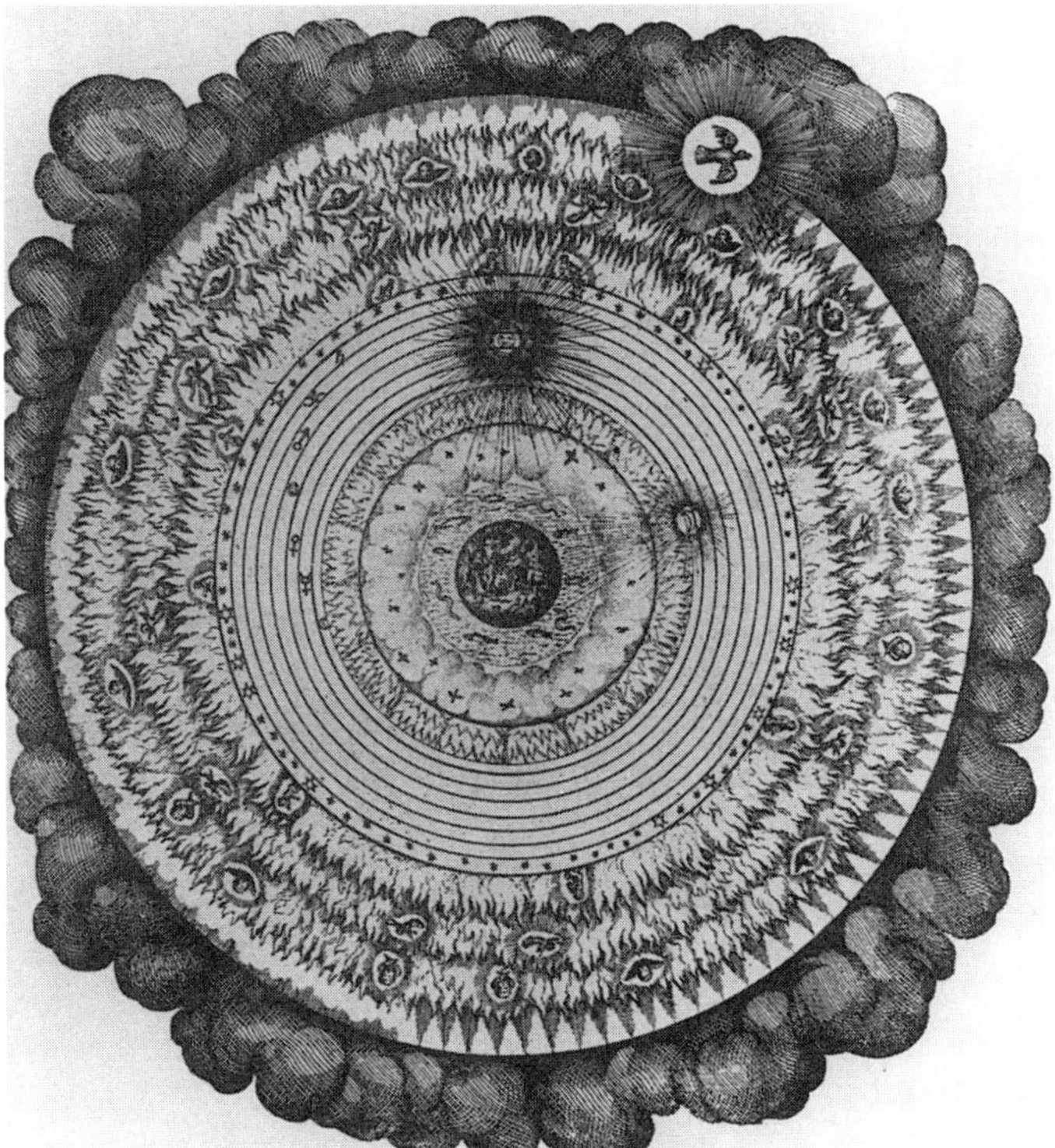

図3.4 4巻から成る人類の知識に関する百科事典に描かれた「世界の創造」(1617-1619)。この事典は、17世紀初頭のロンドンの医師、ロバート・フラッドによって編纂された。アダムとイブが地球の楽園の中心に立っており、天球と星の貼りつけられた恒星天に囲まれている。その向こうには、最も清い火を持ち、ミルトンの時代のあとに「最高天」として詩人たちに知られるようになったアンセルムの天球が存在する。

には、古代にはどこにも見られなかった社会制度が興った。[1] 製粉業者は、川や潮、風をエネルギーとして利用するようになり、カテドラルは、九つの天球にあこがれ、町の人々や村の人々は、何百もの技術や職業に熟達するようになった。

アラブ人、それからユダヤ人、そしてキリスト教徒は、哲学や神学の研究で、同心天球のアリストテレスの体系を取り入れた。アラブ人は、その外側に第十天（原動力）の天球を創造した。第十天自身は神の意志によって動かされ、その動きが他のすべての天球に伝えられるとされた。一一世紀にカンタベリーの大司教であったアンセルムは、さらにその外側に「エンピリアン（最高天）」の天球をつけ加え、そこには最も清い火がともり、神が住むとした（図3・1〜3・4）。

中世の最盛期は、アラブやギリシアの写本を翻訳する時代となった。そこからもたらされた新しい知識は修道院や聖堂における学問の領域を超えるものであり、研究をつんだ学者たちの集団が大学を設立する基礎となった。[2] 学生たちはこれら学問の中心地に集まり、アリストテレスやユークリッド、プトレマイオス、ガレノス、その他、古代における賢人たちの著作の翻訳は、知識が人間の精神力を高揚させ、将来を見通すものであることを明らかにした。

■全知全能であらゆるところに存在するもの

しかし、聖職にある権威者たちは次第に警戒を示すようになった。宇宙の性質についての古代の信念を十把一絡げに取り入れることは、認められる以上にキリスト教の教理を変える恐れが生じたからである。地球は宇宙の中心に存在し、天は回転するエーテルの天球で成っているというのはまだしも、さらに進んで、大学の教授たちの教えのように、たとえ神自身が望んだとしても、神が地球を動かすことができず、地球以外の世界を創造することができないと主張するのは、聖なる教義を否定することであった。一二七七年、パリの司教であったエティエンヌ・タンピエは、神の力と支配をあえて制限しようとするすべての教授に対し、有名な二一九項の禁令を公にした。

一九世紀後半から二〇世紀初頭にかけてフランスの物理学者であり科学史家であったピエール・デュエムは、一二七七年の禁令は宇宙論史における画期的な事件であると述べている。[3] この禁令は、中世の全盛期および後期において学問に携わる聖職者たちを活気づけ、より大きな力と広がりを持つ神の業績に適応する豊かな体系を模索させた。中世宇宙論の歴史は、終始、理想的で完全な神の存在を、ヘブライやアリストテレスの優れた著作物にいかに適合させるか悪戦苦闘することで成り立っていたと言ってもよい。[4] この司教は、禁令によってアリストテレス説の誤りを示し、また、すでに行き詰まっている人間中心の有限の体系を葬り去って、全知全能の神の存在と両立する体系を求めるよう、学者や聖職者たちに注意を促したのである。

オックスフォードのマートン大学に所属し、後にカンタベリーの大司教となったトマス・ブラッドウォーディンは、一四世紀までは以下のように述べることができた。「神は、その力を限定できず、それ封じることのできない存在である」。彼は、中世初期の学者の言葉を繰り返したのであったが、それとて、紀元前五世紀のエンペドクレスの言葉を繰り返したにすぎなかった。また、以下のようにも述べた。「神は、中心がいたる所にあり、周辺のない無限の球である」。ブラッドウォーディンは、最高天の概念を、物質世界の外にある無限の空虚に拡張する重要な一歩を踏み出したのであった。星々のある天球を超えたところに、精神に満ちた神秘的で果てのない領域が広がっている。彼は、アリストテレスの提唱した境界のある体系を、ストア派の提唱した境界のない体系へと文字通り移し替えたのであった。[5] 一四世紀以降、物質世界の外の神秘的で空虚な領域が恒星天球の外側に存在するとされ、この重要な修正によって、アリストテレスの宇宙は、ある意味でストア派の体系と類似したものになった。

一世紀後、ドイツの枢機卿であり政治家でもあったニコラウス・クサヌス（一四〇一－一四六四）は、その著作『知ある無知』で中世後の宇宙論の基礎を築いた。[6] 彼は、全知全能の神の潜在力を集めて、境界のない宇宙の実在性をうち立てた。彼は言った。神は無限であまねく存在するゆえ、宇宙には果ても中心もないはずである。エンペドクレスとブラッドウォーディンの原理から、当然の結果として「宇宙はあらゆるところに中心があり、周辺はどこにもない」ことが導き出される。これを神の御技でないとするのは不信心な行いとされる。一四二七年に、ルクレティウスの瞠目すべき著作『物の本質について』が発見されたことと、一四四〇年に、ニコラウス・クサヌスによって想像力に富む『知ある無知』が出版されたことは、一六世紀のジョルダーノ・ブルーノ、また、一七世紀のルネ・デカルトやアイザック・ニュートンが唱えた無限の宇宙へつながるものであった。

学問に携わる聖職者たちが、中心のない宇宙という考えに大胆に踏み込んだのと比較すると、ニコラス・コペルニクスが、古くともいまだ忘れられていない太陽中心の宇宙の理論を再現させたのはきわめて穏やかなことで、一見、それは革命的領域にほとんど踏み込んでいないように思われる。アリストテレスとプトレマイオスによる地球中心の体系が一五世紀初頭にはまだ支配的な宇宙モデルであった。コペルニクスは、学生時代に紀元前三世紀にアレクサンドリアのアリスタルコスによって提示された太陽中心の体系に触発された。この体系は計算上有利な点があり、地球中心の体系とよりよい調和を示していた。何年もの間、彼は、太陽を中心とする惑星軌道の計算に励み、七〇歳で亡くなる年

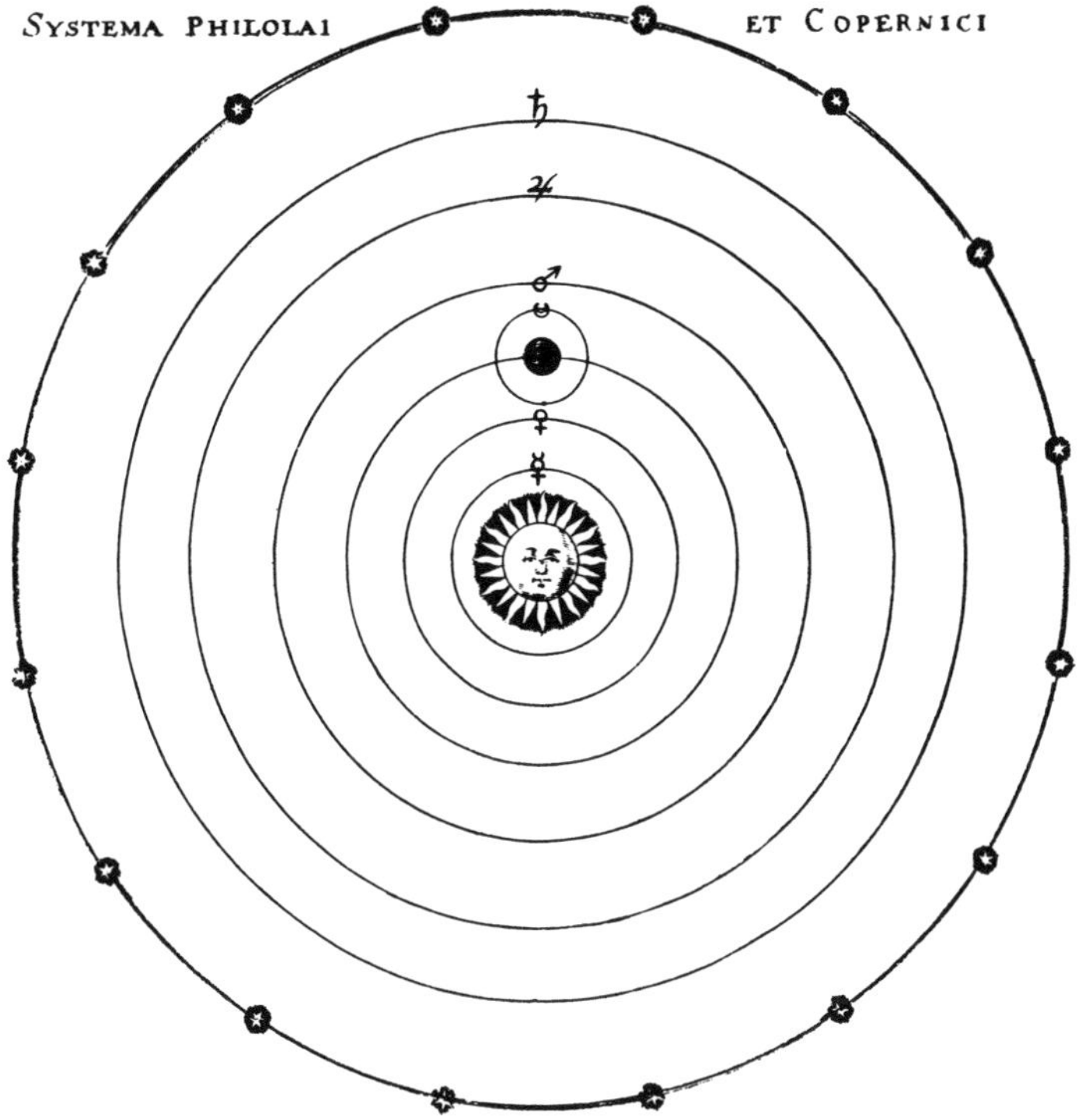

図3.5 コペルニクスによる、太陽を中心とした天球の体系。ピエール・ガッサンディ（1592-1655)の『天文学研究』より引用。ガッサンディはフランスの革新的思想家で、エピクロスの原子論体系を復活させ、広めた。

の一五四三年に、最後の著作『天球の回転について』を出版した。この著作は、天文学者と数学者に多大な影響を与えた（図3・5）。しかしこの著作は数十年間、不発弾のように、社会の他の分野にはほとんど衝撃を与えなかった。

太陽を宇宙の中心に据えることは、地球だけでなく恒星の地位をも降格させるものであった。[7]星々がちりばめられた天球は今や静止し、もはや天球の機械的運動の必須の要素ではなくなり、宇宙の外側の空虚の領域へ分解し、消散した。星々を分散させる重要な一歩は、一六世紀後半のイギリスにおける最も優れた天文学者であり優秀な数学者でもあった、トマス・ディッグスが踏み出したものであった。

■ディッグスが宇宙を拡張する

レナード・ディッグスによる一般的天文学案内書『永遠なるものへの予兆』が一五七六年に再刊された時、トマス・ディッグスは、父のこの著作を改訂し、それに『天空の軌道の完全な解説』と題した短い文章をつけ加えた。この著作（本書の付録1）には、「ピタゴラス派による最古の教理による天体軌道の完全な解説――のちにコペルニクスによって復活し、幾何学的証明がなされた――」というフルタイトルが付されていた。この著作で、トマス・ディッグスは、コペルニクスの『天球の回転について』の重要な箇所をいくつか翻訳し、彼自身による太陽を中心とした宇宙の図を添えた（図3・6）。彼は太陽中心の体系を擁護し、ラテン語ではなく英語で書くことによって、天文学における新しい考えを広い読者層に広めたのであった。[8]

星々が貼りつけられている天球の外側に何があるか、コペルニクスはほとんど何も言及しなかった。

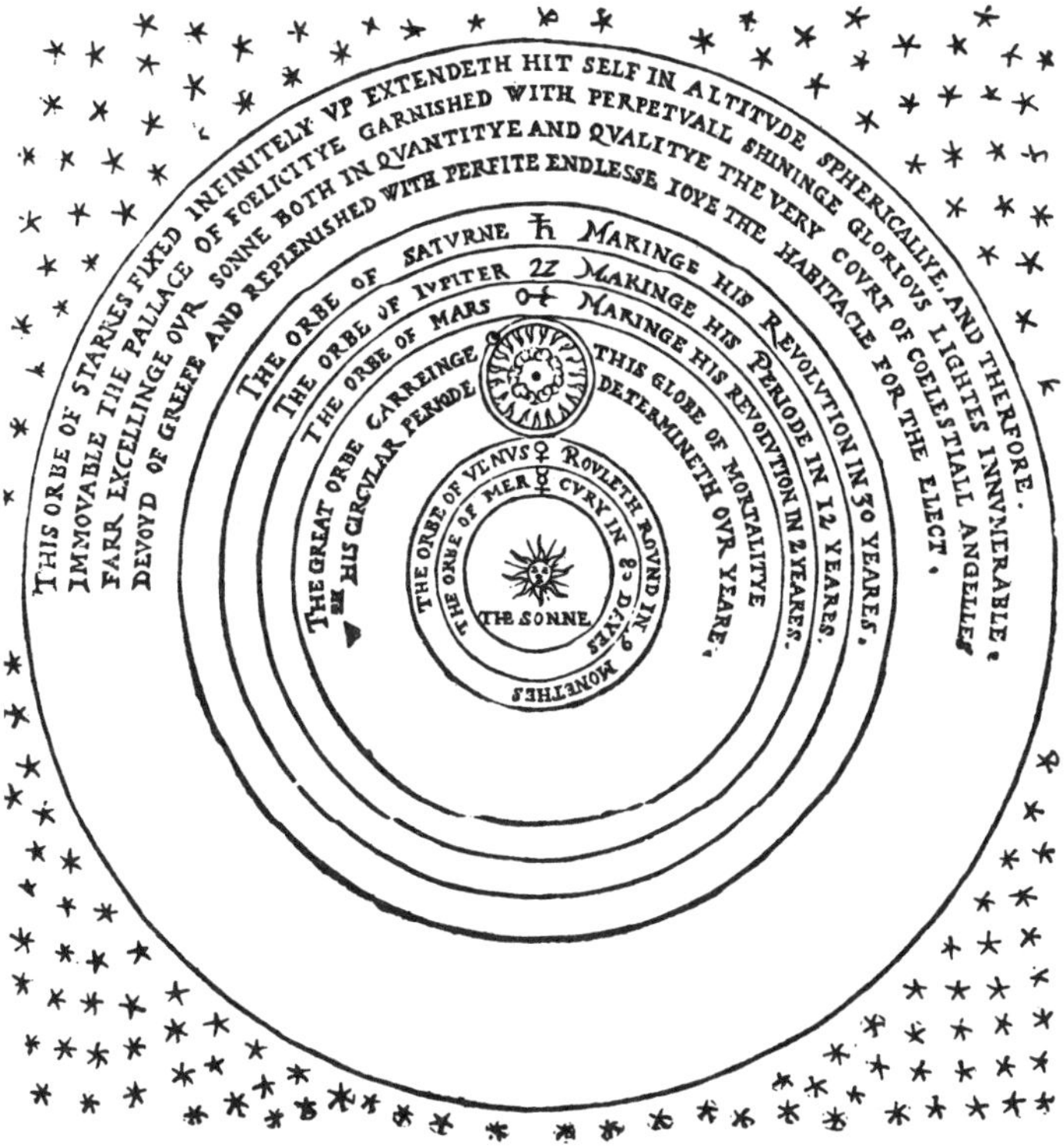

図3.6『天空の軌道の完全な解説』(1576) に収められている、トマス・ディッグスによる宇宙図。外殻をなしていた恒星天球がなくなり、星々は無限の空間に散らばっている。

宇宙論でディッグスが独自に貢献した箇所は、星々の天球を取り除いて、無限の空間に星々をばらまいたことであった。彼はそれを控えめに述べ、自分自身の考えであるとは主張しなかったので、おそらく読者の多くが、この新しいアイディアはコペルニクスのものと考えたと思われる。ディッグスの図には、以下のように、星々のちりばめられた天球に代えて、次の四行ほどの説明があった。

恒星軌道は天球の高みに無限に広がる
無数の神々しい永遠の光で飾られた宮殿が置かれている場所
質・量ともに我々の太陽をしのぐ天上の、天使たちの庭
悲しみのない、完全で終わりのない喜びに満たされた、選ばれし者の住むところ

彼の図は、惑星軌道を超えたところに終わりのない空間が存在することを示し、この空間は、質においても量においても太陽を超える無数の星々で占められ、荘厳な神の宮殿になっていたのである。
ディッグスは『天空の軌道の完全な解説』の中で次のように書いている。「我々は、神の作った頽廃しやすい我々の世界が何と小さいのかとすぐに考える。しかし、残りの領域の広大さを十分に評価することは決してない」。

特に、無数の光に飾られた恒星の軌道は、果てのない「天球の高さ」に到達している。天空の星の光で我々に見えるのはその下の方の部分だけである。我々の視界がそれより先に届かなくなり、見えなくなるにしても、その光は、高度が高くなるにつれてますます少なくなるし、最も素晴ら

しい残りの大部分の星はあまりに遠いため、とうてい我々の目に触れることはない。

果てのない空間をコペルニクスの体系と合体させ、その空間に星々をちりばめることによって、ディッグスは、無数の星々の混ざり合った光で満たされた無限の宇宙という概念を一六世紀の天文学に持ち込むパイオニアとなった。さらに彼は、宇宙の闇の謎についてはっきり述べた最初の人であった。彼は、遠方の無数の星を見ることができない事実に対し、何か説明が必要であることを知っていて、「残りの大部分はあまりに遠くにある」ために、ほとんどの星が見えないと、明確に述べている。一六世紀に光学が置かれていた状況を考えると、最も遠くにある星は、その数が多いにもかかわらず光が弱すぎて見えないと単純に考える以上に自然な発想があるだろうか。夜の暗さの謎は、その誕生のときから、完全に分別のある解答*を与えられており、この解答は、その後多くの天文学者に受け入れられた。

*二八七頁、表「提示された解答」の候補2。

夜空の闇の謎へトマス・ディッグスが画期的な貢献をしたことは、彼が謎の中に逆説的な要素を何も見いだしていないため、一般的に、天文学者や科学史家に見過ごされている。しかし疑いもなく、最初にこの謎を見つけたのは彼であった。というのも、彼は、目に見える星々の間にある暗い隙間には説明が必要であると考えた最初の人であったからである。(9)

■すべての世界は類似している

ドミニコ修道会の背教の修道士ジョルダーノ・ブルーノは、当時うわさとして広まっていた無限の宇宙の考え方に強く影響を受けた。一五八三年から一五八五年にかけてイギリスに住んでいた間、ブルーノは『無限宇宙と諸世界について』を著した。その後数年間に彼は何冊かの著作を書いたが、その中の『広大なもの』（一五九一）は、最も重要な最後の著作となった。疑いもなく、彼はディッグスの『天空の軌道の完全な解説』を読んでおり、彼は『物の本質について』に描かれたエピクロス派の体系や、ニコラウス・クサヌスの『知ある無知』の中で論じられた、中心も縁も存在しない宇宙に一度ならず言及している(10)。

ディッグスが、いまだ宇宙を、外縁はないが中心対称であると考えていたにもかかわらず、ブルーノは大胆にも、地球中心説や太陽中心説などの宇宙の対称性を痕跡なく捨て去ってしまった。彼は、すべての場所は均一であるという法則に従う「中心のない宇宙」の概念を広めて回った。どこを旅しても、彼は十字軍のような熱意を持って、広大な宇宙には無数の星があり、それぞれの星を人の住む世界が回っていると説いて歩いた。さらに彼は「天球にある無数の天体、星々、惑星、太陽、そして地球は、我々の知覚によってそこに認められる。それらが無数にあることは我々の理性から推論される。広大で無限の宇宙はこの空間の複合物であり、すべての天体はその中に含まれる」と述べた。最終的には天文学ではなく、完全なる神が勝利した。そして、無限の神は中世の束縛的体系の中でくだけ散った。

ジョルダーノ・ブルーノは異端としてベネツィアにおいて宗教裁判にかけられ、ローマで投獄され、数年間拷問に苦しめられたあげく、一六〇〇年二月一六日木曜日の未明、花の広場に連れて行かれ、火刑に処された。

同じ年、ロンドンの外科大学の学長であり、エリザベス朝の最も著名な科学者であったウィリアム・

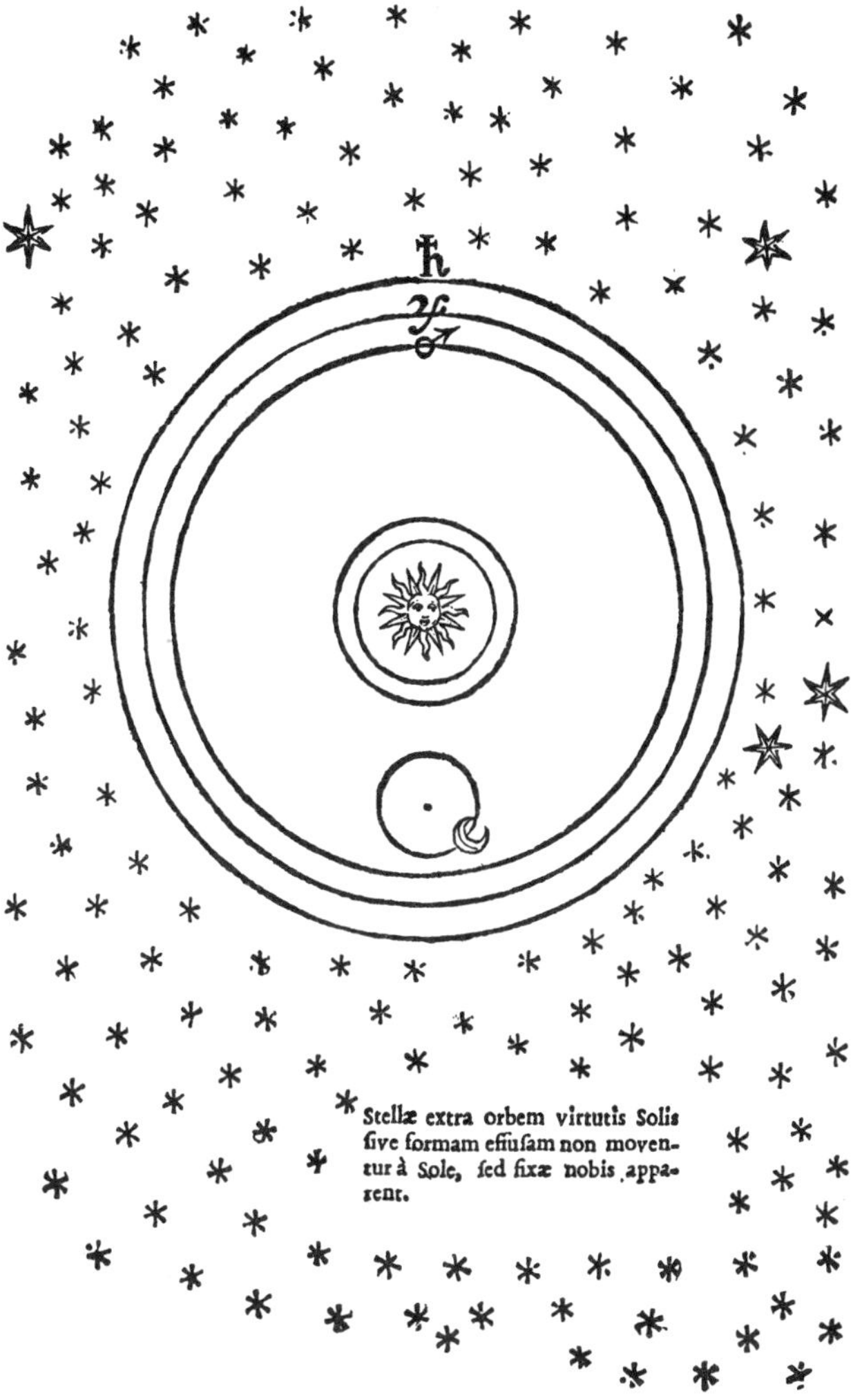

図3.7 ウィリアム・ギルバートの『新しい哲学』にある宇宙図。本書は彼の死後出版された。(その複製が図 9 として収められている Dorothea Singer, *Giordano Bruno: His Life and Thought* より転載)

ギルバートは、その著作『磁石について』を出版し、電気と磁気との相違を述べて（彼が「電気（electricity）」という言葉を作り出した）、地球が北と南に磁極を持つ巨大な磁石であることを示した。当時の多くの自然哲学者のように、彼は、太陽系の中心には太陽があることを認め、人の住む世界が多数存在するという考えを推進した（図3・7）。彼は、明らかにトマス・ディッグスから、またおそらくブルーノからも影響を受けていた。惑星は地球からの距離がそれぞれ違い、星々も同様である、と彼は言った。「地球からどんなに遠く隔てられていても、星々の間はもっと離れているに違いない。それは我々のすべての視界や、技量や、思考を超えた距離である！」。

だから、すべての天体は、定められた場所に置かれたかのようにそこで球形になり、自分自身の中心に集まろうとし、また、各部分の集まっている中心のまわりを回ることは明らかである。もし運動するなら、地球のように自分の中心を回る自転であるか、月のように中心が軌道上を前進する公転運動である。(11)

我々は、ギルバートの運命をブルーノのそれと比較しないわけにはいかない。彼は女王からナイトの称号を授けられ、女王の医師となった。信教上の自由があったイギリスは、カソリックの国々と違って、天文学における新しい考えを自由に述べることができたのである。

■すべての統一性は失われてしまった

中世後期から一六世紀にかけて起こった宇宙体系に対する革新的な概念は、後の一七世紀および一八世紀に頂点に達した。それらは四つにまとめられる。

(1) 異なる天球の他の惑星にも生物が住んでいるという考えを受け入れたこと。

(2) アリストテレスによって想定された中世の思想の、星々が貼りついている天球が最外殻にあるという考えがなくなり、星々がちりばめられているその先に、無限の空虚が存在するか（ストア派の体系）、あるいは、無限の宇宙いっぱいに星が分散している（エピクロス派の体系）と考えるようになったこと。

(3) 恒星は、おそらく我々の太陽と同様な天体であると認識したこと。

(4) 恒星は、我々の太陽系と同じように、多分、生物の住む惑星を伴っていると認識したこと。

一六世紀や一七世紀に、天文学における目を見張らせるこれらの新しい考え方は、宗教改革の行われた国々、特にイギリスにおいて、劇作家や詩人を大いに触発したが、反宗教改革の国々ではほとんど注目されなかった。

大衆的な『天空の軌道の完全な解説』は多くの版を重ね、クリストファー・マーロー、ジョン・ダン、ジョン・ミルトンに多大な影響を与えたが、ウィリアム・シェイクスピアにはほとんど影響を与えなかった。奇妙なことに、彼は「くるみの殻に閉じこもり」、新しい考え方による天の広大さや地球中心の体系から中心のない体系へ変化したことに関心を持たなかった。シェイクスピアは時間の世界に住む人だった。[12] 我々のテーマである宇宙の暗さに彼が最も興味を示したのは『お気に召すまま』の中で、無垢な羊飼いのコリンが、道化のタッチストーンから彼の哲学の程度を尋ねられた時、「夜が生まれる最大の原因は、太陽がないことさ」と答えたところである。

一方、マーローは空間の世界に住む人であった。彼は、広大で未開拓の天文学的展望を認め、新しい視点に大喜びした。ダンは『世界の解剖』の中で、「新しい哲学はすべてに疑いを差しはさむ」と言って次のように嘆いた。

太陽は失われ、地球も失われた。どの人間の機知も、
それを求めるところに向かわせることができない
そして、人は勝手に、この世界は使い果たされたと告白する
惑星において、また天空において、
彼らはそれほどまでも新しいことを求める。それから、
これは砕かれ、再び原子へと戻る
それらはすべて粉々になり、統一は失われた
そして、すべてこれを補うものも、関係づけるものも、みなばらばらになって。

ミルトンは『失楽園』の世界をさまよい、〝暗い無限の奈落の底〟、〝永遠の夜の広い胎内〟を見いだした。彼は淋しい足取りで探し求めた――

神々しく深いものの秘密――暗く
広大な海は果てなく、

大きさのない、そこには、長さも、幅も、高さも
時も、場所も、失われている。

しかし我々は先へ進もう。というのも、ミルトンは、望遠鏡によって明らかにされた不可解ではないにしても当惑させられる世界に直面し、その時代の驚きを何とか表現しようともがき苦しんだのだから。

第4章　星界からの報告

我々がここに見ている天のはるか上には
さらに明るい光を放つ他の星々がある
果てがなく、壊れずに同じようにあり続ける
無限の大きさと高さを持ちながらも、
動かず、完全な姿で、光に曇りはない

エドモンド・スペンサー「天の美しさの讃歌」

「神、光あれと云いたまいければ、光ありき」。天には光が満ちあふれているという古代の信仰は、一六世紀以降まで存続した。中世の人々にとって「明るく青い天空」は、我々が今日理解するように太陽光が上空で散乱するためではなく、神の魂が天上の天使の階段を上って最高天に到達する時に、神の光が輝きを増すためであった。[1] トマス・ブラッドウォーディンは、神は無限で永遠の空虚のいたる所に存在し、その空虚の中に限られた時間だけ存在する宇宙を創造したと述べ、創造された宇宙の

中では空間も光も均一に広がっていると信じていた。科学の黎明を告げる望遠鏡の発明が天空の光に対するこのような古い信仰をうち砕き、天を闇の中に投げ入れたのであった。

アリストテレスによる科学と地球中心の宇宙論が捨てられ、続いて、空間が拡張され、そこに星々が分散する体系が認められたことから、自然哲学にデカルト派とニュートン派の体系が出現した。明らかに、これらの新しく優れた宇宙体系の流れの中でのみ、宇宙の闇の謎が明るみに出され、その逆説的な姿が顕わになったのである。しかし、これらの体系はともに、過去に存在し、最も卓越した二人の科学者であるガリレオとケプラーの業績に負うところが大きい。

■多くの新しい星々

ガリレオ・ガリレイ（図4・1）は一五六四年にピサに生まれ、残存していた中世の科学に秩序を与え、自身の「遠眼鏡」を用いて天文学において後世に残る発見をした。望遠鏡を誰が発明したかは定かではないが、しばしば発明者とされるのはハンス・リッペルスハイである。彼はオランダのレンズ磨きで、レンズを組み合わせることによって、偶然にも拡大された像を作り上げたのであった。そして一六〇八年、彼の発明としてその特許を出願した。[2]「望遠鏡（telescope）」という言葉はケファロニアのジョン・デミシアーニによって作られ、一六一一年、ガリレオの天文学的発見を讃えてローマで開かれた晩餐会で紹介されたという。

一六〇九年、四五歳の時、ガリレオは望遠鏡の発明のことを聞き、彼独自の形式を持つ望遠鏡の製造に急いで取りかかった。それは、「二枚のガラスのレンズから成り、二枚とも片面は平らだが、反対側の面は、一枚のレンズは凸面で、もう一枚のレンズは凹面であった」。この器材で彼は天空を観

図4.1　ガリレオ・ガリレイ（1564-1642）。

測し、一年後にその観測を『星界からの報告』という小さい本にしてベネツィアで出版し、学問の世界を震撼させた[3]。

ガリレオは月の山々、木星の四つの衛星（イオ、エウロパ、ガニメデ、カリスト）、また、それまでは見られなかった星団を発見した。天の川は素晴らしい眺めで、「どちらの方角に望遠鏡を向けても、ただちに広大な星々の群れを見ることができる。それらの星々には大きくて非常に明るいものも多いが、他方、より小さな星々は文字通り数え切れないほどある」と彼は言っている。

天文学者たちは、紀元前二世紀のヒッパルコスの時代から等級によって星を分けていた。一等星には十数個の最も明るい星が含まれ、六等星には肉眼で辛うじて見ることのできるすべての星が含まれていた。そして、一等星は六等星の一〇〇倍の明るさであった[4]。ガリレオは望遠鏡を用いて、等級の範囲をさらに暗い星々にまで広げた。彼は以下のように述べた。「六等級の星々に加えて、他にも肉眼では見えない多くの星々を望遠鏡を通して見ることができる。その数はほとんど信じがたいほど多い」。彼の望遠鏡によって、これまで見えなかった星が見えるようになり、その数は、これまで肉眼で見えていた星々よりはるかに多かった。これらの結果が出版されたことによって、ガリレオの名声は高まった。

のちに、パドヴァの大学を離れてピサで教授となった時、彼は金星の位相を観測し、この位相の変化によって、金星が地球のまわりではなく太陽のまわりを回っていることを証明した。彼は太陽黒点を研究し、月の山と同様、天体もまた無傷ではないことを示して、アリストテレスの主張を覆した。また、太陽黒点の動きから、太陽が二七日周期で自転していることも発見した。

六八歳の時、ガリレオは彼の最高傑作である『天文対話』(一六三二)を書き、その中で、コペルニクスによる太陽中心の体系と対比させて、プトレマイオスの地球中心の体系を否定し、当時まだ学者や聖職者の間で重んじられていたアリストテレスの多くの説を笑いものにした。[5] この著作は、ラテン語ではなく、日常的に用いられるイタリア語で書かれていたため、広く読まれ、多くの人々の関心を集めた。宗教裁判所は、あけすけにものを言うこの科学者に「誤りにみちた異端の説」の撤回を強制し、その結果、終身刑だった判決文は、フィレンツェ付近のアルチェトリの自宅における監禁刑へと軽減された。この刑は一六四二年に彼が七八歳で亡くなるまで続いた。晩年病弱であったにもかかわらず、彼は重要な著作である『新科学対話』を執筆し、一六三八年、オランダで秘密裏に出版した。彼の『天文対話』は一九世紀の前半まで『禁書目録』に残っていた。

■魔法使いの天文学者

ヨハネス・ケプラー(図4・2)は、一五七一年、ドイツのビュルテンベルクに、家族を顧みるこ

図4.2 ヨハネス・ケプラー(1571-1630)。

とのない裕福な軍人の息子として生まれ、生涯虚弱な体質と弱い視力に悩まされた。数学における彼の優れた才能はテュービンゲン大学在籍中に顕著に現れ、若年のうちにオーストリアのグラーツで数学と天文学の教師となった。彼はコペルニクスによる太陽中心の体系を非常に熱心に支持し、太陽は磁力によって惑星を動かすというギルバートの説に賛同した(図4・3)。彼は光学を基礎づけ、そこでは、光と視覚を区別し、目がどのように機能するかを説明した。またその後に、顕微鏡や望遠鏡に関する光学理論を発展させた。ケプラーは神秘主義的な性格で、ピタゴラスと同様、数の関係の神秘性を信じ、また、太陽に象徴される光を放つ物質を、天球上の調和を作り出すものとして崇拝した。

一六〇一年、デンマーク人で当時最も優れた天文学者であったティコ・ブラーエがプラハで亡くなった時、ケプラーは、神聖ローマ帝国から与えられる「皇帝の数学者」の地位をティコ

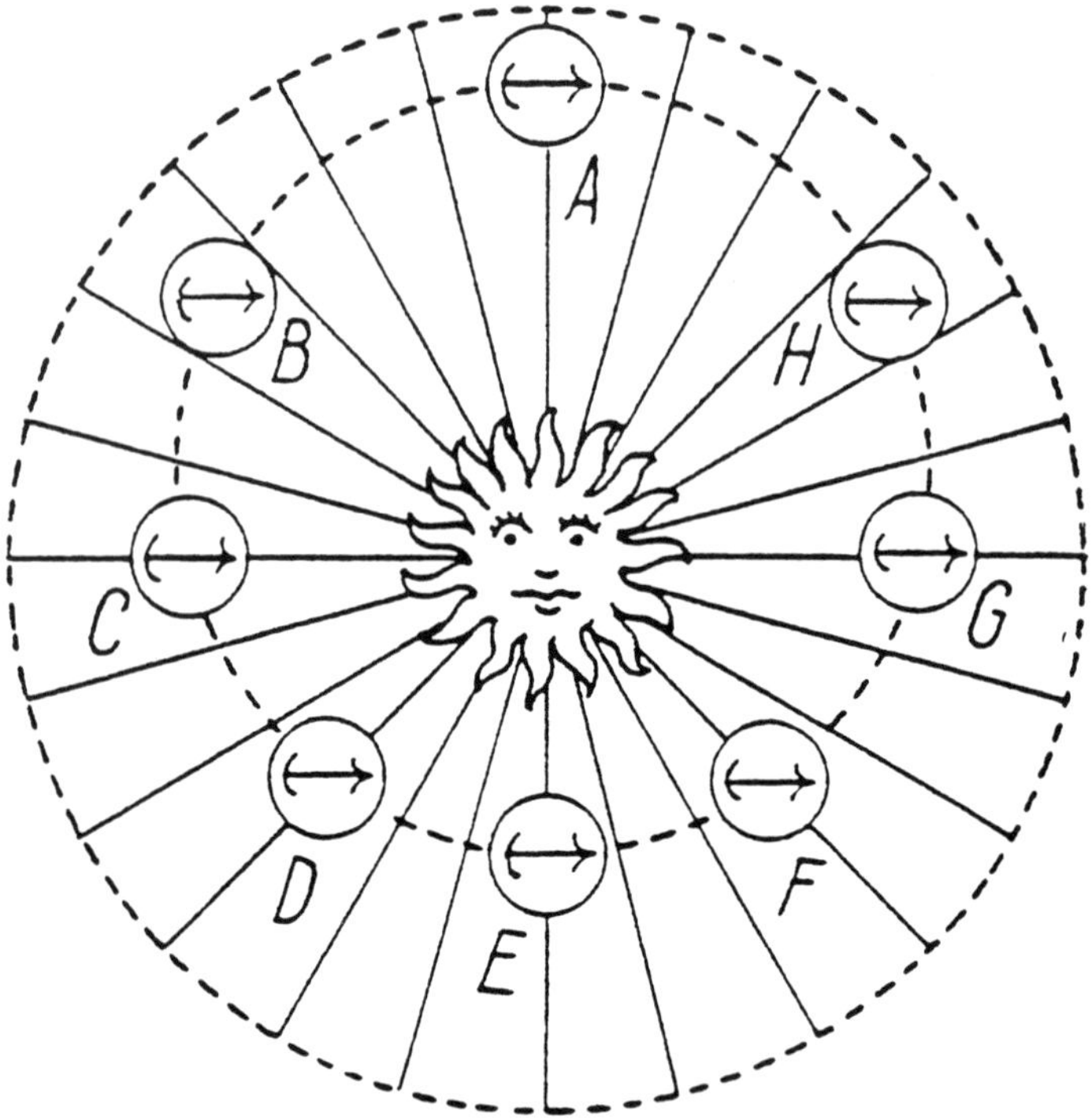

図4.3 太陽が惑星の動きに影響を与えている。太陽のこの幸福そうなシンボルは、ケプラーによって『コペルニクスの天文学大要』(1618) の中で何度か使用された。この著作の中で彼は次のように述べた。「私は、世界に関するコペルニクスの仮説、ティコ・ブラーエの観測、そしてイギリス人のウィリアム・ギルバートによる磁気に関する哲学の上にすべての天文学をうち立てた」。

から受け継いだ。皇帝の数学者といっても、宮廷の占星術師にすぎず、ケプラーの公式の任務は、政府高官のために星占いをすることと、一般人のために暦編纂をすることとであった。これは面倒な仕事ではなかったが、報酬は少なく、彼は、より多くの時間を科学の研究に没頭した。とはいえ、貧困や病気、また、家族の悲劇――たとえば、彼は一時、母が魔女として糾弾されたことがあり、法廷で母の弁護を行った――に悩まされた時は別であったが。

ケプラーはさらに、惑星について注意深く観測したティコの記録も受け継いだ。これらの観測は、望遠鏡が発明される前としては最高の精度を持っていたので、ケプラーはそこから、惑星の運動に関する有名な三法則を導き出した。第一法則は、惑星が太陽を焦点とした楕円軌道を描くことを述べたものである。第二法則は、太陽から運動する惑星へ引いた直線が移動時間を等しくとれば同じ面積を掃くというものである。彼は、この二つの法則を『新天文学』(一六〇九)で発表した。望遠鏡を利用する以前のそれらの発見は、「惑星は周転円を描く」という長い歴史を持つ思想に終止符を打つものであった。ケプラーの第三法則は『宇宙の調和』(一六一九)で紹介され、彼自身の言葉を借りるならば、「どの二つの惑星をとってみても、その公転周期の比(倍数)は、(太陽までの)距離の平方根を三乗した値の比に正確に一致する」と述べられている。これは、言い換えれば「ある惑星がその軌道を回る周期の二乗は、太陽からの距離(長半径の長さ)の三乗に比例する」ことである。

ケプラーは宇宙が有限であることを熱狂的に信じていた。『宇宙の神秘』(一五九六)の中で、彼は、惑星を駆動する磁力の源である太陽が、宇宙のハブ(車輪の中心部分)の役割をしていると論じた。宇宙の縁の恒星は、公転する惑星を超えたところに位置する。宇宙は、すべてが太陽と類似した星々によって満たされ、果てがない、という考えを我々は拒絶しなければならない。この恐るべき考えは、

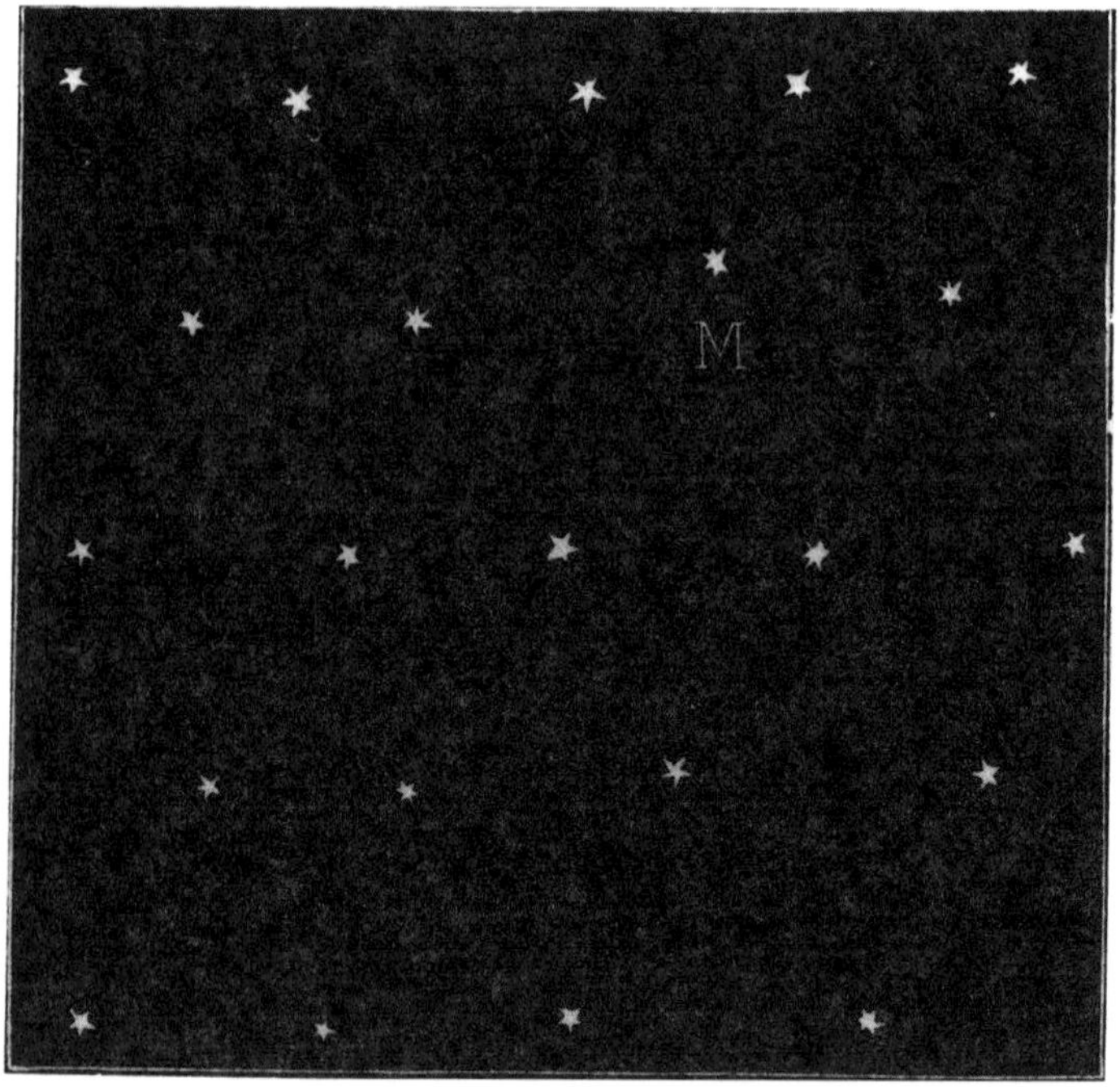

図4.4 ケプラーの『コペルニクスの天文学大要』におけるM星。ケプラーは言った。「すべてがまったく同じように見える果てのない宇宙では、我々の太陽は、このようにMと名づけられた何の特徴もない星と同等のものになってしまうだろう」。

太陽からその権威を奪い去り、茫漠とした荒野のような空間に追放してしまうのだから（図4・4）、と彼は断言した。

『新しい星』（一六〇五）の中で、再びケプラーは、星々の存在する海が無限に広がっているという考えに激しく反対した。「この思考から、どのような秘密や隠された恐ろしさがもたらされるか、私にはわからない。人は間違いなく、果ても中心もなく、したがって、すべての場所が同じようであるこの広大な宇宙の中をさまよう自らの姿を見いだす」。また彼は言った。「ほんの偶然の観測者にさえ、星々が均等にちりばめられているのでないことは明らかである。太陽と恒星との間には巨大な空間が広がり、遠方の天の川はとぎれることのない輪を描いて、中心に我々を囲んでいる」。「天の川も恒星も、ともに宇宙の末端を占める役割を演じている。それらは我々のこの宇宙を限定し、同様に外部から隔てている。実際のところ、こちら側には限界があるのに、もう片側は無限に広がっているという可能性があるだろうか？[6]」。

宇宙には星々が無限に続いているという考えに対し、ケプラーは有効な反論を二つ提示した。二番目の反論は我々の話の主要なテーマと関連するので、次節で話すこととする。最初の反論は『新天文学』に書かれていて、以下に示すものであった。星々は、明るさの等級が異なるにもかかわらずまったく同じ大きさに見える。「したがって、星々までの距離が異なることはあり得ず、どの星も同じ距離にあり、本来の明るさが異なるのだ」とケプラーは結論づけている。

ケプラーによって提示された反論の要点は、一九世紀になるまで十分な説明が与えられなかった。光線は、瞳孔や望遠鏡の開口部に入る時、わずかに散乱したり回折したりする。最初に瞳孔について考えよう。瞳孔に入った光は回折するので、目は、約一分より小さい角を解像することができない

（角度の一度は六〇分で、一分は六〇秒である）。一五〇メートル先のゴルフボールの大きさは、角度にして一分である（実際には、アメリカのゴルフボールならば、距離が一四七メートルの時、角度が一分になり、イギリスのゴルフボールならば一四一メートルで一分になる。卓球のボールならば一三一メートルで一分の大きさになる）。さらにずっと距離が離れたところに置いたとしても、ゴルフボールは一五〇メートルの時と同じ大きさに見える。

開口部を通った光の曲がり（回り込み）すなわち回折は、光の波長が増加するにつれて大きくなる。これが明るく光った物体のまわりに見えるハローで、プリズムを通したような色が見えることで説明できる。我々はまた、開口部が大きくなるにつれて回折が小さくなることにも注目しなければならない。望遠鏡は、口径が大きいので回折はかなり小さい。大まかに言えば、高性能の望遠鏡を使って撮影された写真乾板における分解能の限界は、ざっと一秒角である。九キロメートル先にあるゴルフボールが、一秒角の大きさである。望遠鏡を通して見る時、細部まで判別するには、このゴルフボールの大きさを六〇倍以上に拡大しなければならない。最も近くにある星でも、その視直径は一秒角の一〇〇〇分の一以下であるから、すべての星は、それがどんな遠さであっても、肉眼で見ようと、望遠鏡で見ようと、大きさは変わらない（ここでは、網膜の詳細な構造や、大気が原因でぼんやりとしか見えないという事柄は考慮していない）(7)。

■暗い夜空

一六一〇年、ガリレオの『星界からの報告』が一冊ケプラーのもとに届き、数日後、彼は、皇帝の数学者としての意見を求めるガリレオに応えて一気に返事の手紙を書き上げた。一か月後、ケプラーはこの手紙を、『星界からの報告者との対話』というタイトルのパンフレットとして出版した[8]。ケプラーはその返答の中で、木星の月を「衛星(satellites)」という言葉で述べた。この言葉は、ラテン語で「重要な人物の忠実な従者」を意味する言葉から取られていた。

ガリレオが新しい星を数多く発見したことは、最初、ケプラーに危機感を抱かせた。太陽中心の宇宙には有限の星しかないのだから、どうしてこんなことがあるのだろうか？ この発見は、ほとんどの星が望遠鏡がなければ見えないほど遠くにあることを意味しているのだろうか？ 違う。望遠鏡でしか見えない光の弱い星も、肉眼で見える明るい星とほぼ同じ距離にある可能性が最も高い。ガリレオによって発見された数多くの新しい星々は、そのほとんどが、実際にはおそらく太陽よりはるかに小さいことを示しているのだ。

ケプラーは、『星界からの報告者との対話』の中で以下のように述べた。「目に見える星が一万個以上あると言うことにためらいを感じる必要はない。それらが多ければ多いほど、より混み合うから、『新しい星』に述べられているように、無限の宇宙という考えに反対する私の主張は、より強固となる」。それから彼は、以下の重要な見解を述べた。

恒星を一〇〇〇個だけ取り、それらはどれも一分角以上の大きさはない(星表にある星の大部分はそれより大きいが)としよう。もし、それらをすべて一緒にまとめて、一つに丸めたとしたら、その直径は太陽くらいになるだろう(太陽より大きくなるかもしれない)。もし、一万個の星をまとめたら、その見かけの大きさは太陽の何倍になるだろうか？ この考え方が正しいとし、そしてもし、それらの星々が我々の太陽と同じ性質を持っているとしたら、なぜこれらの星々は、

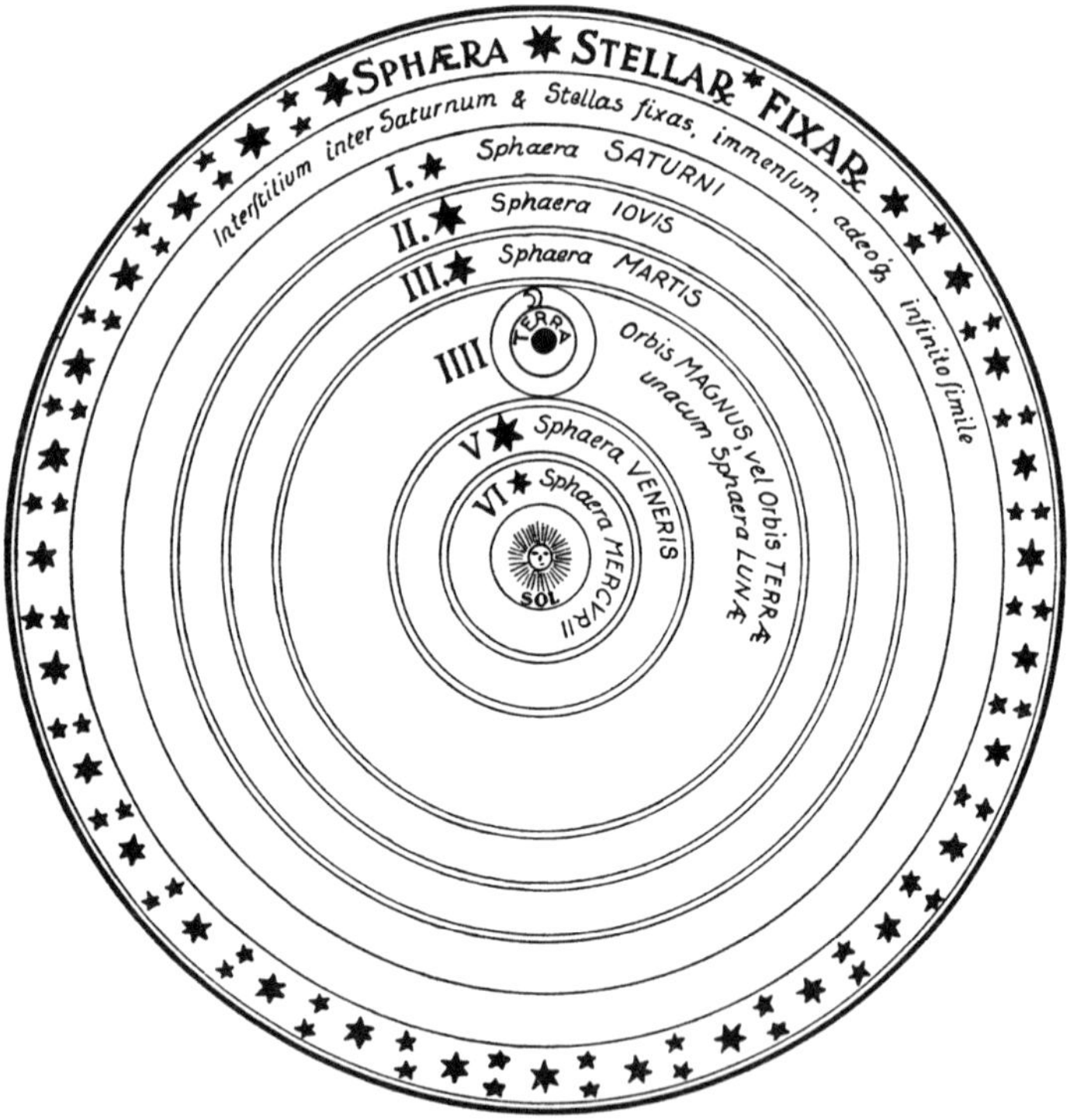

図4.5『宇宙の神秘』(1596)の序文に記された、境界で区切られたコペルニクス的宇宙のケプラーによる図。最後の主要な著作『コペルニクスの天文学大要』の中でも、彼は、境界の存在する宇宙という自らの信念を保ち続けた。

その光を集めても、明るさが我々の太陽にはるかに及ばないのだろう？　すべての星々を全部一緒にしても、最も近いところにすら大層ほの暗い光しか送ってこないのはなぜだろうか？

ここに来て我々は、ケプラーが、手探りながらも、二番目の反論——星々のちりばめられた無限の宇宙という考えに対して最も説得力のある反論——を形成しつつある様子を見て取ることができる。彼は論じた。ガリレオによって発見された多くの新しい星々は、恒星が太陽より小さくて光が弱いことを証明している。さもなければ、天球は太陽よりもはるかに明るくなるはずである。彼は、星の大きさが重要ではないことに気づいていなかった（森の木々は、幹がいかに細かろうとも連続した背景を作り上げているのと同じである）。それだけでなく、彼は注目すべき主張——宇宙が星々で満たされていると、宇宙が大きいほど星々は空を密に覆い尽くすはずである——で誤りを犯した。とうとう、星々に照らされた夜空がなぜ暗いかという謎が、明確な形で現れたのである。

ケプラーは、夜空が暗いのは、単に、宇宙には全天を覆うのに十分な星がないからであると考えていた。境界のある有限の宇宙は、なぜ星が少なすぎるかの説明となる（図4・5）。彼は、最後の主要な著作となった『コペルニクスの天文学大要』（一六一八）の中で、星々の世界は「丸天井の壁によって囲まれている」と述べ[9]、この意味において、彼の考えた世界はアリストテレスの体系と類似していた。*

*二八七頁、表「提示された解答」の候補3。

ケプラーはエピクロス派の体系を退け、また、ストア派の体系をも退けた。星々の先にある果てのない空虚な空間とは、以下のようなものだ。「もしそこに何もないのなら、どうしてそんなものがありうるのか。そんなものが神によって作られたはずがない。神は確かに無からこの世界を創造したが、『無』を作り上げることから世界を始めたのではなかったはずだ」[10]。ケプラーは、宇宙の枠組みの中で、人間は、他のすべての生物を超える特別な地位にあるという一般的な信念を共有していた。『星界からの報告者との対話』の最後で彼は問いかけた。「もし、天に我々の地球と同様な球体が存在するとしたら、……どうしてすべての物事が人間のために存在すると言えるのか？　どうして、我々は神の創造物の中で最も優れたものでありうるのか？　人間の生活に何の役にも立たない他の世界の生物が神の計画の中に存在するなんて、想像もできない」。

境界の存在しない宇宙という考えにケプラーが強く反論したにもかかわらず、一七世紀中頃までに、アリストテレスの体系は滅亡の中をあがいており、外壁は突き崩されてしまった。地平線の向こうには、高々とうち立てられたデカルトの体系を望むことができたが、これも間もなく、摩天楼のようにそびえ立つニュートンの体系の影にかすむことになる。

第Ⅱ部　謎の展開

第5章　デカルトの体系

しかし我々は、無限について討論しようとしてはならず、世界の広がり、部分への分割、星々の数など、我々が限界を見いだせないものは、すべて単に確認できないものと考えよう。

デカルト『哲学の原理』

一六一〇年、ケプラーが宇宙の闇の謎を明確に述べ、宇宙が有限であるという彼の考えに賛同しないすべての人々を戸惑わせていた時、デカルトは、ラ・フレーシュにあるイエズス会大学の若者であった。

その独創性において抜きん出た有名な数学者であり哲学者であったデカルト（図5・1）は、一五九六年、フランスのラエー（トゥール近郊）に生まれた。彼はニュートンのように生涯独身であったが、八四歳で亡くなったニュートンとは異なり、五四歳という若さで亡くなった。彼は、スウェーデン宮廷の学問のレベルを高めるためにクリスティーナ女王によってストックホルムへ招聘されたが、

図5.1 ルネ・デカルト（1596-1650）。

この任務に加えて、彼女に週に三回、真冬の朝五時から哲学の講義をするように求められた。これはデカルトには重荷であり――彼は、ふだんはベッドで仕事をするのを好み、決して丈夫ではなかった――一六五〇年、彼は肺炎で亡くなった。

ガリレオが晩年、異端審問所の糾弾に苦しんでいた時、デカルトは、プロテスタントの国であるオランダに避難し、新しい哲学の『方法序説』（一六三七）を練り上げていた。「理性を正しく働かせる」方法と、合理的なものが正しいはずだという原理に導かれて、彼は偉大で包括的な哲学を構築した。その中で最も不朽の特質は、物理的問題の数式化と、肉体と精神の二分法にあった。その著作『哲学の原理』（一六四四）は、彼の生徒と、彼の愛した快活な女性ボヘミアのエリザベス（パラティン伯王女であり、またスコットランドの女王、メアリーの孫娘でもある）に話しかける形で書かれたものであったが、その中でデカルトは、自然哲学の体系に、いかなる古典よりも革新

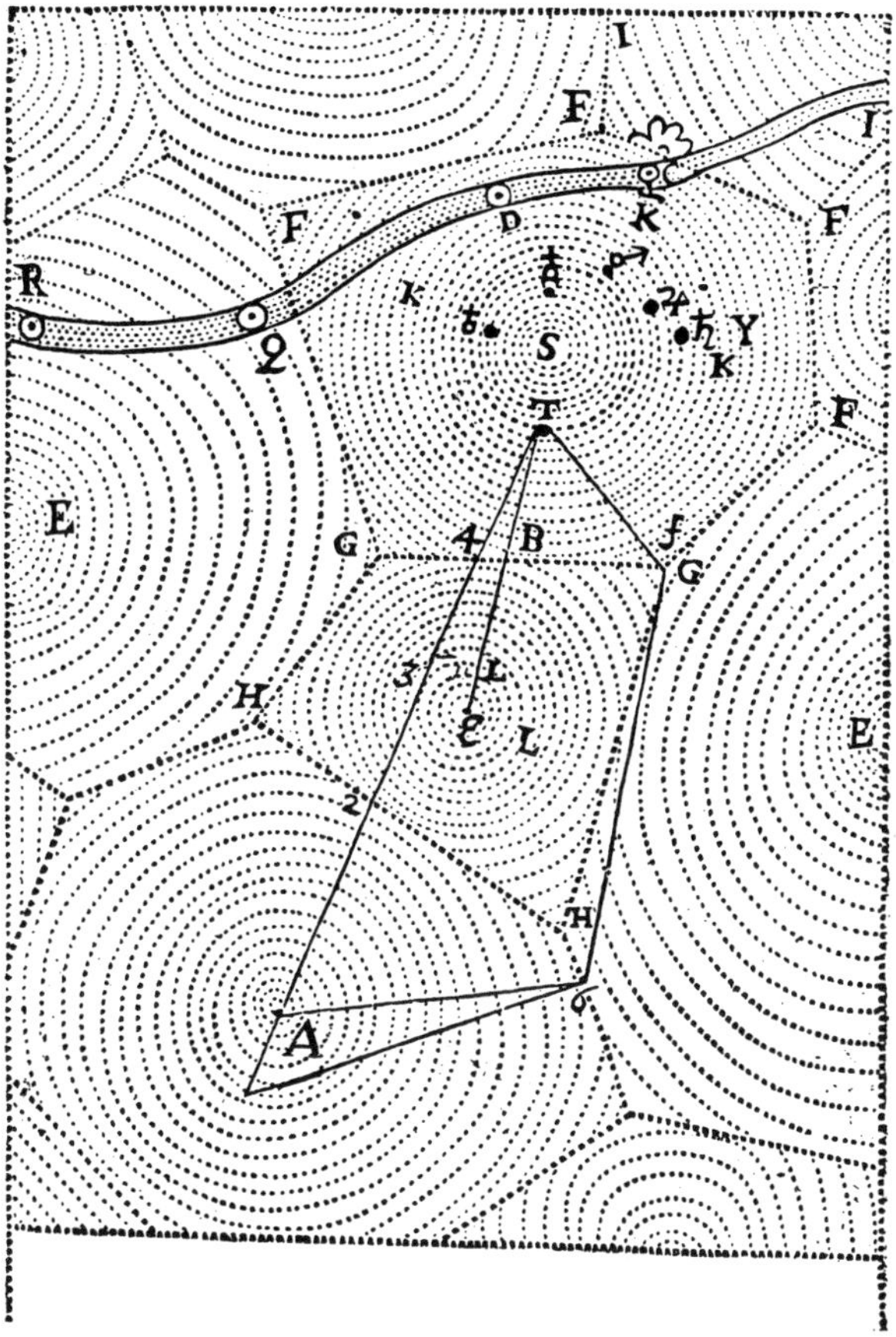

図5.2 渦状の流体と旋回する天体のデカルトの体系。デカルトの『宇宙論または光についての論考』(1636) より。各々の渦は、いくつもの太陽系が連続して無限に広がった中の一つの太陽系を示している。S、E、A で示される渦の中心には、渦の中心における回転運動によって明るく輝く星々が存在する。点線は、渦を形成する流体の要素の経路を示している。この図の上部を横切っている天体 C は彗星だが、動きが速すぎるため、渦を巻くどの太陽系によっても留められることはない。

的な体系を導入した[1]。

真の意味で神のみが無限でありうる、とデカルトは言った。そして彼は、物質世界における空間の広がりを、無限というよりむしろ確定できないものであり、「〝無限〟とは神のみのためにある言葉」とした。デカルトの体系では、空間はすべての方向に広がっているが、その距離は確定できない。そして、連続した物質が空間全体に行き渡っている。物質と運動の外部世界は超自然力の介入を受けず、自然の法則に従って完全に機械的な振る舞いをする。最初に、神が自然法則をうち立てた、そして、「創造の奇跡を侵害することなく、この方法によってだけ、純粋に物質的なすべてのものが、時が経つうちに、現在我々が認めている状態になると信じてよい」と言った。

デカルトは、直接接触し合うことによって作用が伝わるという原理を押し進めた。物体は、曲線に沿うように押す力が働かない限りは直線上を運動する、とデカルトは言う。そして、働く力、つまり押す力や引く力は、隣り合う物体や流体の要素から圧力や張力が働いた結果である。さまざまな規模の渦やつむじ風が互いに押し合うことが、星や惑星の自転や公転を説明する。デカルトは、惑星の運動に関するケプラーの三法則を知らなかったらしいし、彼にとって幸いだったのは、渦を巻く流体や旋回する世界で回転運動を説明するデカルトの体系に従って、これらの法則を流体の渦の作用によって説明する必要の生じなかったことである（図5・2）。

空間自体だけで他に何もなければ、空間は広がりを持たない。理性がそれを確信させる、とデカルトは言った。空っぽで何もない単なる空間が、どうして長さや幅、高さを持つことができるのだろう？物質のみが広がりを持つのであり、物質の存在しないところに空間は存在しえない。物質はさまざまな形で――惑星内部のように濃かったり、惑星間や星間空間のように希薄であったりはするが――いたる所に存在する。一方、真空は理屈に合わず、どこにも存在しない。それ自体だけでは空間は存在できないというのが、自然哲学におけるデカルトの体系の基本的な考えであった。

この考えから、原子論はありえないというデカルトの確固とした信念が生じた。直接接触する物体によって作用が起こるという原理から、物質は隙間がなく連続したもので、原子でないことが必要である。デカルトは言う。「原子は真空によって隔てられているというが、理性に反する真空は物理的に存在不可能である。考えてみよ。分離するものが何もない時、〝原子〟は、互いにじかに接触するのである。すると、それは原子ではなく、全体が連続したものの一部になってしまう」。さらにこうも述べた。「一つの部分はどれほど小さくても、そこには本質的にある広がりがある。したがって、思考の中では、どの部分も、さらに小さい二つ以上の部分に分割できる。つまり、それらは分割可能である」。

ガリレオの人生最後の数か月間彼の話相手であったエヴァンゲリスタ・トリチェリは、自然が嫌っている真空を研究した。一六四三年、彼は、ガラス・チューブの中で、高さ八〇センチの水銀柱の上に、驚くほど簡単に真空を作り出すことに成功した。彼は、片端を密封したガラス・チューブに水銀を注いだ。それからチューブをひっくり返し、空いた方の端を水銀の入った容器の中に漬けただけであった。トリチェリはいろいろなテストを行った末、水銀柱の上に真空部が存在するという正しい結論に達し、水銀柱の高さが空気の重さ（というより圧力）を測っていることを説明した。彼は、大気状態の変化によって、その高さが毎日変化することに気づき、これによって水銀気圧計の発明者となった（図5・3）。

この証拠はデカルトの体系に反するものであり、かなりの関心を引き起こした。しかし、多くのデ

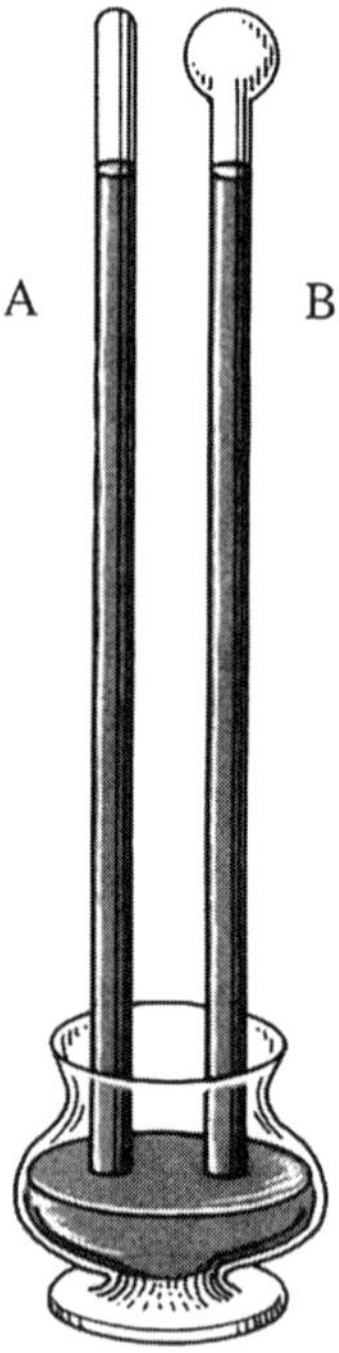

図5.3 水銀柱の上に作られたエヴァンゲリスタ・トリチェリの真空。1644年、トリチェリは以下のように書いた。2本のガラス・チューブAとBが「水銀で満たされ」ている時、それらの口を指で押さえ、水銀の入っている容器Cの中で上下を逆さにする。すると、ガラス管自体の中に空っぽの部分が見える」。水銀柱の高さはガラス・チューブの形状には関係しないため、水銀を持ち上げている力は真空の中には存在しない、とトリチェリは論じた。（W. E. Knowles Middleton, *The History of the Barometer* を参照のこと）

存在するとか、それはたいへん希薄だが完全な真空ではないとかいう議論を一七世紀中続けていた。カルト主義者はこれを信じることができず、水銀柱の上に見られるトリチェリの空間にはまだ空気が

■デカルトの宇宙論の興隆と衰退

デカルト主義者たちは、宇宙の広がりが確定できないものであり、そこでは、すべてのものが直接接触で作用する力によって押されたり引かれたりすると信じていた。原子や真空のように遠く離れたものに作用する力は無意味であるとし（ただし、ガリレオ、クリスティアン・ホイヘンスはこの点に賛同していなかったが）、光の速さが有限であるという考えは、彼らの優美で完全に合理的な体系からはじき出されてしまっていた。

非現実的な教義に浸っている聖職者たちや学者たちの精力的な反対にもかかわらず、新しいデカルト哲学は人々の気持ちを捕らえ、急速に広まり、自由主義者たちの想像力を虜にしていった。それは一八世紀の「理性の時代」への道しるべとなった。また、イギリスにおける科学と神学の針路にも影響を与え、ニュートンによる体系の台頭を刺激した。

最初、イギリスの自由な神学者や哲学者は、デカルトを救済者と考えた。しかし間もなく、彼の哲学は称賛より批判を浴びるようになった。ケンブリッジの神学者ヘンリー・モアは、初めは、自然法則に従う宇宙の見方に感銘を受けたが、後年、デカルトの物質主義が含んでいるものに脅え、物質がなくとも、精神の存在によって空間が存在できるという古い考えに戻った(2)。モアは、地球外の無限の空間に包まれて有限の物質宇宙があるというストア派の思想を信じた。空間の性質に関するモアのこの考え方が、ケンブリッジ大学における若い時代のアイザック・ニュートンに影響を与えたのは、き

わめてありそうなことであった。

ロバート・ボイル、クリストファー・レン、ロバート・フック、アイザック・ニュートン、エドモンド・ハレー、その他のイギリスにおける自然科学者たちは、デカルトによって描かれた、無生物が純粋に機械的な法則に支配されるという青写真を否定した。ニュートン派は、中世的宇宙観による占星術的な感化力と星々の力という考えを保持し続けていたが、他方、デカルト、ホイヘンス、ゴットフリート・ライプニッツ、バーナード・デ・フォントネル、その他ヨーロッパ大陸の自然科学者たちは、広大で空虚な空間を超えて星々の力が作用するという伝統的な考え方に関わろうとはしなかった。その後デカルトが何を言おうと、ニュートンは反対の意見を唱えた。ニュートンによると、無限の空間と永遠の時間に存在する神は、物質世界を創造しただけでなく、その驚異と栄光を明らかにし、宇宙が秩序を保って動作するよう維持することに常に携わっているのであった。

ケプラーの後、宇宙構造の考え方に大変動が起こる中で、宇宙の闇の謎は、はじめ、直接には大した注目を集めなかった。いくつかの手がかりは認められるが、エドモンド・ハレーの業績によってその逆説的性質が明らかにされるまで、問題が大きく取り上げられることはなかった。しかし、デカルト哲学の辛辣な批評家であったオットー・フォン・ゲーリッケによって、ニュートンの体系が誕生する前に非常に明解なある解答が提示された。

■マグデブルクの実験

オットー・フォン・ゲーリッケ（図5・4）はドイツの軍人であり、技術者でも科学者でもあった。三〇年戦争が終結に向かう頃に故郷のマグデブルクに戻り、町の再建に助力した。彼は、一六四六年

図5.4　オットー・フォン・ゲーリッケ（1602-1686）。

から一六七六年まで（やはり三〇年間）市長を務め、この期間に大きな真空容器を用いて大がかりな実験を行った（図5・5）[3]。彼は、真空中ではロウソクは燃えることができず、動物は生きられないことを示した。また、真空は光を通すが、音は通さないことも示した。さらに、有名な実験の中には、真空中を自由落下する物体は速度が無限になるという古い考えの反証になるものがあった。それまで普及していたアリストテレスの思想に基づくと、物体は強いられた時にのみ動き、媒質の抵抗が少ないほど速度は速くなるのであった。

この驚くべき市長は、静電気についての実験も行い、彗星は太陽系の構成要員であり、太陽の近傍に周期的に戻ってくることを最初に示唆した[4]。一六七二年、七〇歳の時に彼は自身の考えと実験結果を『マグデブルクにおける真空についての新しい実験』として出版した。

神と空間のみが無限となりうる。そして、星々の存在する宇宙は広大ではあるが、大きさは有限

図5.5 オットー・フォン・ゲーリッケは1650年、最初の空気ポンプを組み立て、大がかりな実験をして有名になった。最も有名な実験は、1657年、最初にマグデブルクにて行われた。銅で作られた二つの半球は真空によってくっつき合い、馬の群で引いてもそれらを引き離すことはできなかった。この図に示された実験で、ゲーリッケは、真空にした二つの半球をくっつけている大気圧を測定している。

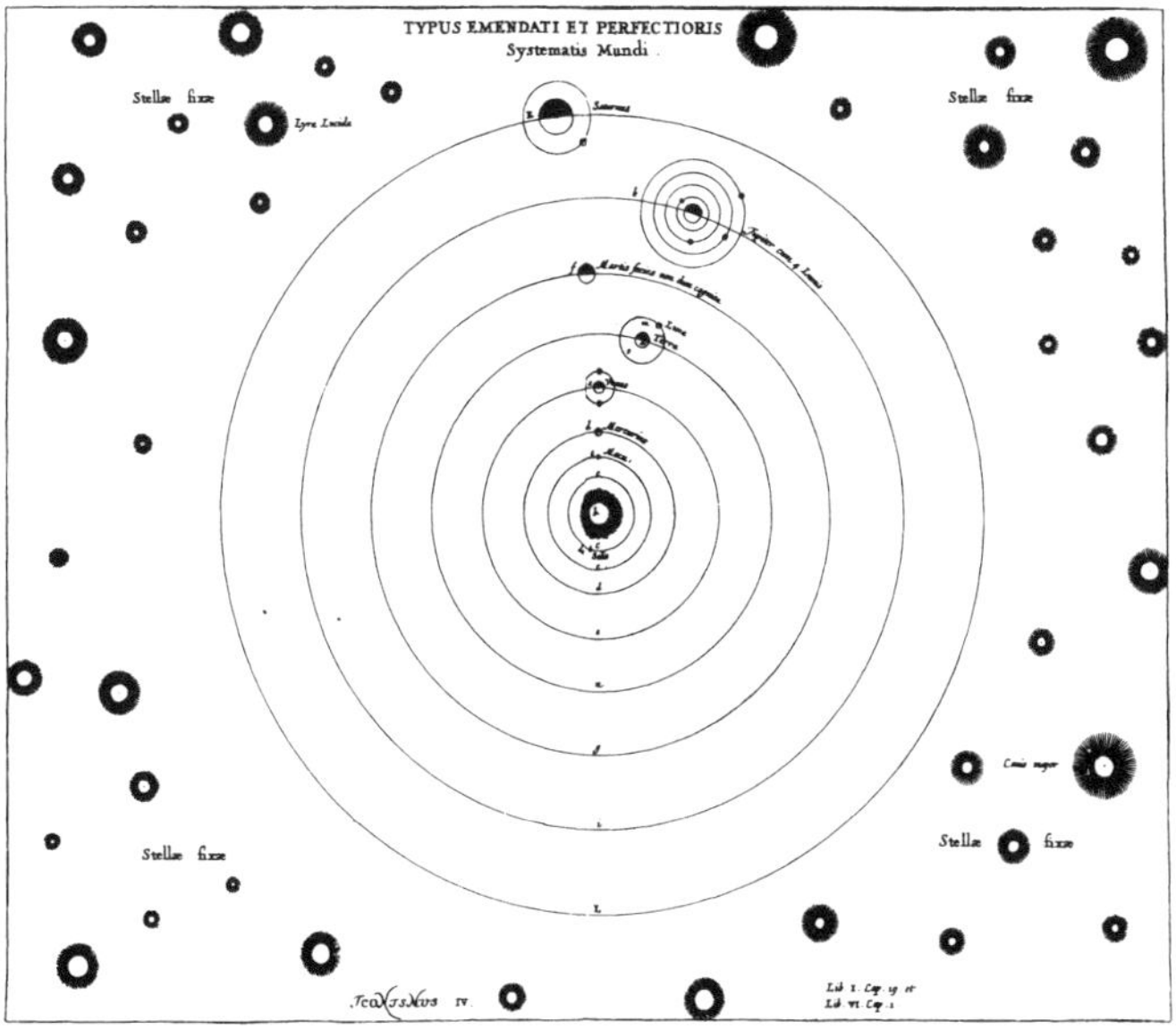

図5.6『マグデブルクにおける真空についての新しい実験』に記されたオットー・フォン・ゲーリッケによる世界の体系で、恒星が散らばりを示している。彼は以下のように書いた。「多くの星々は見ることができないが、それが存在しないという考えを持つべきではない。森は、個々の木がそれ以上見えないところで終わっているわけではなく、おそらく星々も、望遠鏡で見えるすべての星々の領域を超えたところでは、光るのを見ることができないだろう」(第7冊、第2章、57頁)。ゲーリッケは、真空に異を唱えるデカルトの議論に精力的に反論した。彼は、ストア派の体系の、星々による有限の宇宙が無限の空虚に囲まれて存在することを信じていて、我々は星々の間から、その向こうにある星のない空虚の空間を見ているのだから、夜空は暗いのだと述べた。

であるとゲーリッケは言い、森の比喩を用いて、果てのない森林の樹木が無数ではないのと同様、星々も無数ではないと述べた。ゲーリッケはストア派による有限の宇宙を信じており、星々の間の隙間は、宇宙の外側にある真空の空虚さと暗さを表していると考えた（図5・6）。彼は、ストア派の体系が夜空の闇の謎を解くことを暗に述べた最初の人物として記録に残っている。*

*二八七頁、表「提示された解答」の候補4。

賢明な考案者である神が、無限で永遠の空間の中に有限の大きさと限られた時間を持つ物質世界を創造したという教理が、ゲーリッケの時代には広く受け入れられていた。自然科学者たちは一般にストア派の体系を好み、おそらく、ゲーリッケと同様多くの人が、星々の間の暗い隙間は宇宙の外に空虚がある証拠と考えていた。ディッグスとケプラーによって提示された夜空が暗いという謎は、デカルトとは違い、ストア派の宇宙を信じる人々にとっては明らかな解答があった。その解答はほとんど言及するに値しないほど非常に自明なものであった。

■天を交差する光

科学の時代の初期であった一七世紀、ルネ・デカルトが、光線はまっすぐ進み、互いに妨げ合うことなく交差すると主張した時、ケンブリッジ大学でルーカス数学教授であったアイザック・ニュートンは、太陽光はその屈折率が異なるさまざまな色の光線から成るという考えを述べていた(5)。より鮮明な焦点を結ばせるための光の特性を説明するのに、デカルトとネオ・ニュートン学派の自然科学を調和させ、王立協会で非凡な実験担当係をしていた、ロバート・フック以上の人を挙げることはできなかったろう。エドワード・アンドラーデは、ロバート・フックについて「おそらくかつて存在した中で最も発明の才豊かな者である」と書いている[6]。一六三五年、フックはワイト島のフレッシュウォーターで聖職者の息子として生まれたが、虚弱な体質と頻繁な病気に悩まされていた。彼は、後にロンドンの王立協会の中心的存在となったオックスフォードの自然科学者たちと交友を結んだ。一六六五年一月二〇日、サミュエル・ピープスは行きつけの書店へ行き、「顕微鏡についてのフックの著作を買って家へ持ち帰った。そして、これはたいへん優れた著作で、私は非常に誇りに思っている」と書き記した。顕微鏡下の世界を開拓し、挿絵のたくさんついているフックの『ミクログラフィア』に対する科学界の反応は、ガリレオによる『星界からの報告』と競い合うものであった。

一六八〇年初め頃に行われた「光の性質・属性・効果の解説」の講演の中で、フックは天を交差する光線について考察した。彼は言う。各々の光点は光線を球状に放射する。そして、それらの光線は「透明な媒体」の中では無限の距離を進む。「私がすでに述べた光の放射は、すべての光る物体から生じ、それらの光る物体のすべての点から連続して伝播していく。……世界にはこれらの放射点が無数にあり、それらの無数の点から無数の放射がある」。無数の点から来た光線は、瞳孔を通って眼球の中に入り、目を宇宙の中の小宇宙にする。「外の宇宙のどの点を取っても、目の中にはそれに対応する点があり、天の半球が視界にあるときは、目の中にもその半球がある。光が放出されるそれぞれ異なる点と同じ数だけ、目の中には光を受ける対応点がある[7]」。

ディッグスが一〇〇年前に考えていたのと同様に、フックは、非常に遠いところにある星から受けた光線は、目に像として記録されるには弱すぎるという正しい考え方をした。しかしディッグスは、多くの弱い光線が累積した効果を考えなかった。目は、一つの原子から放出される弱い光線を捕らえることはできないが、たくさんの原子から放出される光線が合わされば、これを捕らえることができ

図5.7 ロウソクの炎の中の励起された原子は光のパルスを放射しているが、個々の光を目で捕らえるには光が弱すぎる。しかしその効果が集まれば、光り輝く炎が目に見えることの説明がつく。ディッグスとハレー、またおそらくフックも、個々の光源は弱すぎて知覚できないとしても、それがたくさん集まると効果的になることを見落としていた。

るのである（図5・7[8]）。

フックは、いかなる場所でも、星々で満たされた無限の宇宙を本当に信じているとは述べていなかった。空間の広がり自体は「有限であれ無限であれ、あまりにも広大なので、あるがままの本当の姿は我々の想像を超えている」と彼は言った。星々の存在する空間もその範囲は広大なはずで、「したがって、長くて性能のよい望遠鏡を使えば使うほどさらに小さな星々が発見され、それらの星々は、我々からさらに遠いところにある見込みが大きい」。おそらくフックは、ゲーリッケと同じように、星々で満たされた宇宙は有限で空間の広がりより小さく、それで夜空の暗さの説明がつく、と考えたのだろう。

ベルナール・ド・フォントネルは、一六五七年ルーアンで生まれ、機知とユーモアのある著述家であり、また科学者でもあった。彼は生粋のデカルト主義者で、きらびやかなパリの社交界で、高貴な夫人たちの集まるサロンを飾る存在であったが、一〇〇歳に達するわずか一か月前に亡くなった。彼は、一神論の教理をたくみに避け、理性の時代の理神論の先駆者の役割を果たした（一神論とは、神が宇宙を創造しその動きを司るとする考え方であり、理神論とは、宇宙を創造したのは神であるが、宇宙はそれ自体で動いているとする考え方である）。フォントネルはわかりやすい説明をすることに巧みであったため、科学を、広範囲の人々に向かって興味深く、かつわかりやすく述べることができた。彼は二九歳の時、『複数の世界についての対話』の中でコペルニクスの体系について解説し、それまで信じていなかった多くの人々の考えを変えるのに成功した。彼は、伯爵夫人と想像上の会話をする形で、デカルトによる渦巻き運動の立場から、天文学を生き生きと描き出した。

「空に白いものが見えるでしょう」とフォントネルは伯爵夫人に向かって説明した。「天の川と呼ばれるものですが、これが何だか想像できますか？　これは、小さな星々が無数に集まったものにほかなりません。それらはたいへん小さいので、我々の目にはそうは見えません。この星々は互いに重なり合うようにびっしりとばらまかれているため、白くひと続きに見えるのです。もしそう呼ぶとすれば、この〝星のアリ塚〟や〝世界の群れ〟を見るのに、あなたが望遠鏡を持っていらっしゃればと思います」[9]。もしあなたが天の川にあるこれらの世界の一つに住んでおいでなら、次のような光景をご覧になれるでしょう――

互いに密集してあなたのごく近くにある無数の星の灯で、天は明るく輝いているでしょう、いつもの太陽の光がなくても、あなたのそばにはいくつもの太陽があって、その違いにほとんど気づかないぐらい、夜を昼と同じくらいに明るくしていることでしょう、というのも、実際のところ、夜は決して来ないからです。永遠の明るさに慣れきったこれらの世界に住む者たちは、世の中に、暗い夜があるところに住み、昼間になっても太陽が一つしか現れないあわれな人々がいることを知ったら、奇妙なこととして驚くでしょう、彼らは、自然はその人々に対してあまり親切ではなく、人々が何と悲しい状態に置かれているのかと考えて、恐怖に震えることでしょう。

もし、目に見える星々が空を埋め尽くし、夜を昼に変え、天から闇を葬り去ってしまったら何が起きるかを、フォントネルは見事な書きぶりで読者に示している。

オランダのクリスティアン・ホイヘンスは、一七世紀の著名な自然科学者で、土星の環を発見し、光の波動説を押し進めた。彼の死後、一六九八年に出版された『新しい天体の発見』の中で、彼は以下のように書いている。「星の領域を超えたところに神が置いたものは、我々の日常生活や知識をはるかに上回る存在である。神がなしたすべてのことは、神がなし得ることに比べればどんなに些細なものであるか。それを示すために、一定の空間の外側に真空の領域を残したのだとしたら、神はそれを喜ぶであろうか[10]」。このくだりにおいてホイヘンスは、デカルト哲学がストア派の体系と多くの共通点を持つことを、違った形で表現したのである。彼は、神は無限で神秘に満ちた空間と共存し、星々のある宇宙は有限で決められた大きさを持つと想像していた。

ゲーリッケは、またおそらくフックもそうであったろうが、ホイヘンスとほとんど同様に考えていた。ケプラーの『星界からの報告者との対話』と、その一世紀以上後にハレーによって書かれた重要な著作との間に、宇宙の闇の謎をまともに取り上げることがほとんどなかった理由は、ここにあるのであろう。

第6章　ニュートンの針とハレーの球殻

天はすべて彼のもの、
回転する渦や天球の複雑な規則から、
すばらしく簡単な規則を取り戻したことで、
学者たちは驚嘆して立ち上がったが、
強力な証拠と戦うのは虚しいこととわかった
目覚めぬままに、真実の炎の下の夢に対して
かれらの心地よい光景は
快活な朝の影と混ざり合って、すぐに消え失せた
我々の哲学の太陽であるニュートンが起き上がった時に

ジェームズ・トムソン『ニュートン』

宇宙の闇の謎は、デカルトとニュートンによる体系が確立されるとともに、ますます人を困惑させる度を深めた。エドモンド・ハレーの言によると、この謎は一七二一年までに、無限に星々が続く宇

宙を信じるすべての者に対して挑戦状をつきつける「形而上学的パラドックス」となった。

デカルトの体系は、アリストテレス派やエピクロス派の考え方と結びついていた。アリストテレス派と結びついたのは、真空の存在や物質が原子で構成されているという考えを受け入れていなかったためであり、またエピクロス派と結びついたのは、無限に広がる空間を認めていたためであった。ニュートンの体系は、最初は、ストア派とエピクロス派の考え方と結びついていた。ストア派と結びついたのは、星々が無限に広がっているという考えを受け入れていなかったためであり、また、エピクロス派と結びついたのは、真空と物質の原子を認めていたためであった（図6・1）。後に、ニュートンが万有引力の理論を考え出して間もなく、ニュートンの体系はほぼ完全にエピクロス派的になり、星々が果てなくちりばめられているエピクロス派の体系を選んだために、ストア派による有限の宇宙は捨て去られてしまった。

ヘンリー・モアとアイザック・ニュートン（図6・2）は、神の霊が宇宙にあまねく広がっていると信じていた。物質がなくても神霊があれば、十分に空間に広がりを与えることができる。物質のないところに空間が存在し得ないと考えることは神霊の存在を否定することで、これはすなわち、宇宙における神の存在を否定することであった。ニュートン主義者たちは、真空と物質の原子論とは矛盾しないことがわかっており、ボイルとフックは空気ポンプを開発し、真空容器を使って実験を行い、原子論を用いて物質の属性を説明した。神霊の広がっている空間という概念で武装しているニュートン主義者たちにとって、星の力が惑星間の真空を超えて作用し、原子の力が原子間の真空中で作用するという考えは、抑えることができないものであった(1)。

ニュートンは、ケンブリッジ大学にいた若い時代に、デカルトの『哲学の原理』に対するものとし

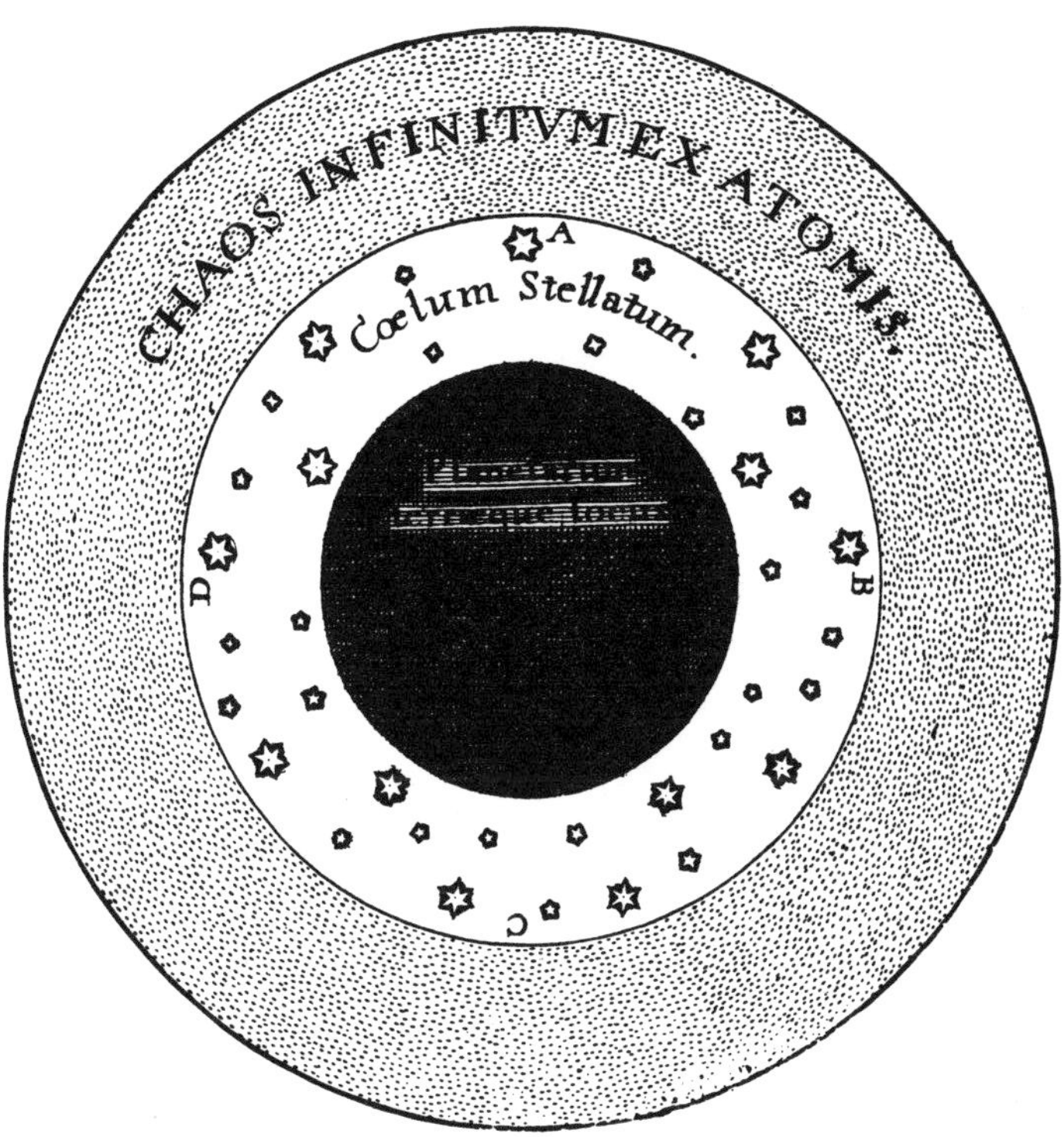

図6.1 マニリウスによる『天球』の中の「古代の世界体系」。エドワード・シャーバーンの翻訳（1675年、ロンドン）による。この図は、エピクロス派とストア派の体系の要素を合体させており、おそらくニュートンが、若年でケンブリッジにいた1666～1668年の間のどこかで『重力』を書いた頃の、宇宙に対する彼の見解を示している。

図6.2　アイザック・ニュートン（1642-1727）。

て、空間に関する彼の考えを作り上げた。一六六六～一六六八年のどこかの時点で書かれた、未出版の『重力』の原稿の冒頭の文句で、ニュートンは以下のように述べた。「無限で永遠の」神の力は、「すべての方向に無限に広がり」、さらに「永遠に存続する」[2]。デカルトは、「物質が存在しないところに空間は存在し得ない」と主張したが、ニュートンは逆に、あまねく存在する神霊の力によって、物質がなくても空間は存在すると述べた。デカルトは、物質の広がりは確定できないと主張したが、ニュートンは逆に、「神秘に満ちた無限の空間の中に、神は有限の広がりを持つ物質体系を作り出した」と述べた。

若いニュートンが以下のように書いたのを我々は想像できる。「空間に何もなくても、空間が存在しないと考えることはできない。ちょうど、永続するものが何もないと考えることはできても、永続時間がないと考えられないのと同じである。このことは、我々が存在するはずだと考えている世界を超えたところに空間があることからも明らかである（我々は世界を有限と思っているからだ）」。人生のこの時点で、ニュートンはストア派的宇宙を信じていた。一七世紀後半という時代に、我々は、一方では、命のない物質世界を支配する自然法則を備えた物質空間のデカルトの体系を見いだした。そして他方には、同じく自然法則を備えてはいるが、神の導きのもとに、原子の力によって活気を与えられた物質世界を支配する神霊的空間のニュートンの体系があった。

空間の性質に関するニュートンの考えは、生涯にわたって驚くほど変わらなかった。しかし、宇宙の性質に関する彼の考えは、彼が万有引力の法則を作り出した後にかなり変わった。彼はストア派の有限の宇宙を捨て去り、代わりにエピクロス派の体系である星々に満たされた無限の宇宙を採用するようになった。

■『プリンキピア』

アイザック・ニュートンは四五歳の時、一六八七年に出版された『自然哲学の数学的原理（プリンキピア）』の中で、運動に関する法則を厳密に定式化し、宇宙におけるすべての物体は重力によって互いに引き合っており、重力は、物体の質量の積をその相互距離の二乗で割った値に比例すること、そして、これらの力は天体の運動を支配することを示した。彼は、惑星運動に関するケプラーの三法則、惑星・衛星・彗星の軌道、地球上での一日二回の潮汐、春分点歳差、自転による地球赤道部の膨らみ、その他、宇宙において当時力学上重要と思われていたすべての事象を説明することに成功した。『プリンキピア』を書くようニュートンを励まし、その著作を編集し、費用を負担したエドモンド・ハレーは、その評論で次のように書いている。「これほど多くの有意義な哲学的真実が発見され、論争の余地なく提示され、それがただ一人の人間の能力と業績に負ったことは、かってなかったと言ってよい[3]」。

ニュートンは『プリンキピア』の改訂版を何版も出したが、一六八七年、一七一三年、一七二六年の三つの版にも、星々に満ちた宇宙の広がりについての考えがほとんど述べられていない。この主題に関する情報は、書簡や出版されなかった論文など、どこか他の資料を調べなければならない。

■ベントレーの書簡

ストア派の宇宙観を捨てさせる原因となったのは、おそらく、ニュートンと若い牧師であったリチャード・ベントレーとの往復書簡であったろう。ロバート・ボイルは、十分な収入を遺贈する遺言を残し、コーヒーショップや居酒屋で機知たっぷりに公言されている無神論と戦うための講義を毎年開かせることにした。遺産の受託者たちは、一六九二年、学者でもある牧師のリチャード・ベントレーを「ボイル講座」を最初に行う人物に選んだ[4]。信仰によってではなく理論によって無神論者を論駁する仕事に、ベントレー以上に広範な学識を持つ人を他に選ぶことはできなかったろう。

ベントレーは、ニュートンの「卓越した発見」で理論武装し、自然法則だけでは宇宙の働きを説明するのに不十分で、時に、神の力による超自然的な行いによって補わなければならないと主張した。この講義録を印刷に回した後、彼は用心のため、いくつかの技術的な点についてニュートンに問い合わせ、最後の修正がきくようにした。ベントレーの緻密で困惑を招く質問は、ニュートンに衝撃を与え、彼自身の宇宙論を再構築させることとなった。そして、ニュートンがベントレーに宛てた四通の手紙は、科学史上最も重要な文献と位置づけられている[5]。

最初の手紙でニュートンは、彼の講義を承認すると言明した。ベントレーは、物質から成る大きさが有限の体系における重力の影響について質問したが、これに対してニュートンは以下の有名な文章によって答えた。

最初の御質問についてでは次のように考えられます。もし、我々の太陽や惑星の物質、宇宙の物質が全天に均等にちりばめられているとして、さらに、すべての粒子が、その他の粒子に対し固有の重力を及ぼすとしたら、また、粒子がちりばめられている宇宙全体が有限であるとしたら、この空間の外部にある物質はすべて重力によって内側に向かい、その結果、全空間の中央に落ち込んで、一つの大きな球形の物体に固まると私には思われます。しかし、もしその物質が無限の空間に均一に拡散していたとしたら、それは一つの物体に集まるのではなく、ある一部が一つの物体になり、別の一部がまた別の物体になるというふうに、無限の宇宙全域にわたって、大きな距離を隔てて大きな物体が無数にできるでしょう。そして、もしその物質が光るものであれば、このようにして太陽や恒星が形成されるのでしょう。

ニュートンは、重力によって互いに引き合う物質系は必然的に無限であり、外部との境界がないという意見を表明した。もし、有限で境界が存在するとしたら、それは平衡を保つことができず崩壊してしまうからである。おそらくニュートンは、ルクレティウスが『物の本質について』の中で同様のことを述べたのを思い起こしたのであろう。「さらに、もし、宇宙のすべての空間がどの方向も有限の境界によって取り囲まれていたとしたら、そこに供給された物質は、すでに自らの重さによって底に積もっているはずで、空の丸天井の下では何事も起こらないだろう。これまでに供給された物質はすべて沈み込み、永遠に堆積したままであろうから、そこには空も太陽光もないであろう」[6]と述べた。

ニュートンとベントレーは、星々が（エピクロスの体系のように）果てなく広がっているという点で合意した。というのも、もし恒星が（ストア派の体系のように）有限であったら、星々は中央に落下してしまうからである。ニュートンは、彼の二通目の書簡で以下のように述べている。「それぞれの粒子が無限の空間に散らばっていると、無限の量が全方向にわたって存在する。無限のものはすべて等しいため、結果として全方向に無限の重力が働き、各粒子は均衡状態に落ち着くはずである、とあなたは主張しています」。無限に広がる宇宙を神が作り出し、そこでは、針先で立っている針のように（図6・3）不安定な平衡の中で星々が釣り合いを保っているという点で、ニュートンはベントレーに同意した。それから彼は、無限の力を互いに差し引きした時に、そこに有限の力がどのように残るかを説明した。「よって、全空間に均等に広がっている物質が、その重力によって一つまたはそれ以上の数の大きな固まりに集まると私が言った時に、その物質は正確な釣り合いの位置に留まることがないとわかりました」。

見たところベントレーの着眼点は、ニュートンが『プリンキピア』の第二版に長い論説を起草し書き直すことを促すものになったらしい[7]。この論説の中で、彼は、天文学的観測が、星々が均一に散らばっているという考えを支えることを示そうとした。星々は太陽と同様の天体であると仮定し、見た目の等級順に並べれば、距離もその順になると考えた。この探究は結論が出なかったため、最終的に第二版にはそっけない記述が書かれただけであった。すなわち「天空に無作為に散らばっている恒星は、互いに反対方向に引き合う力によって相互の作用を相殺している」。

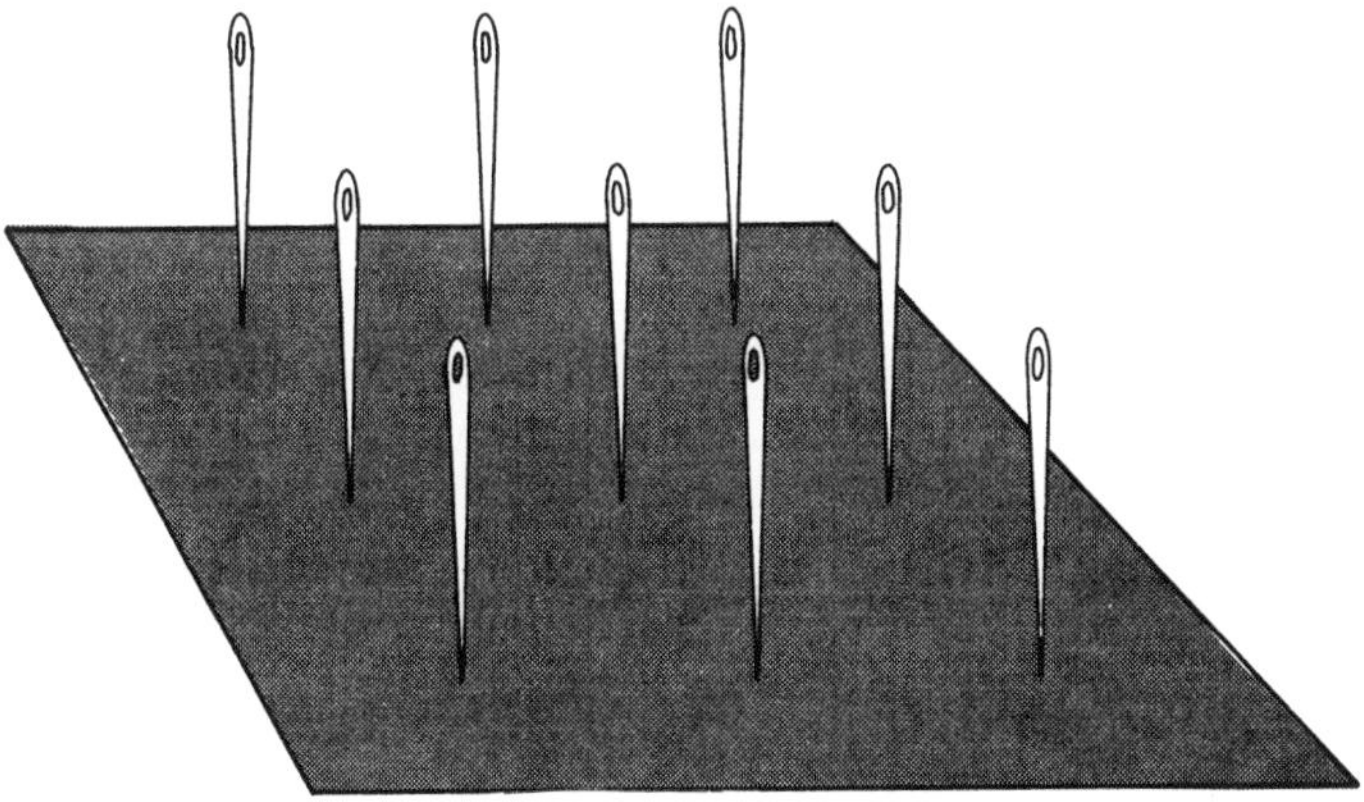

図6.3 ニュートンとベントレーは、星々が有限の体系を形成することはできず、もしそうなら、それらはすべて中央に落下してしまうことで合意した。そうではなく、それらは無限の空間の中に均一に散らばっているはずである。重力はすべての方向へ均等に引き合っており、個々の星は釣り合っていると思われる。二人とも、この均衡状態は不安定であることがわかっていた。星々は針先で立った針の列のようなものであり、それらは、わずかな撹乱で、あちこちにすぐ倒れる状態にあるとニュートンは述べた。

二通目の手紙でニュートンは以下のようにも書いている。「したがって、重力が惑星を動かしているが、神の力がなかったら、太陽のまわりを回る今のような回転運動をすることは決してなかったでしょう。このことや他の理由からも、この体系の枠組みには、何か理性的な作用が働いていると考えざるを得ません」。無限の宇宙と神の摂理が果たす役割の主題は、四通の手紙のすべてに取り上げられている。ベントレーは、自然法則によってすべての説明がつく自己完結型の体系や、無神論者が笑いものにする特別の奇跡を望んだわけではなかった。彼は、ニュートンの自然法則が必要不可欠な神の行為で補足され、それによって神の存在が証明されることを望んだのである。その証明は不可能であったが、ストア派の体系は神の意志のみによって維持されるものであるのに対し、エピクロス派の体系は、重力崩壊によって形成された惑星系の中で自然法則に従って平衡を保っていて、多くの領域にわたり神の行為が補足的に働いていると見られることを示していた。

ニュートンは、『プリンキピア』第二版の「一般的注釈」の中で以下のように記した。

太陽、惑星、彗星という最も美しい体系は、知的で力強い存在の神の意図と支配によって運行している。そして、他の恒星が同様な体系の中心になっているならば、恒星の光は太陽の光と同じ性質を持ち、光はそれぞれの系から他のすべての系へ届くから、これらの存在も、同様に賢明な意図によって形作られ、唯一の支配者である神のもとに置かれているはずである。そして、恒星の体系が、重力によって別の体系の上に落下しないように、神はそれらの体系を、互いにはるか遠方に離して配置したのである(8)。

原子の問題について、ニュートンは『光学』（初版は一七〇四年）の中で以下のように書いている。「神は始めに物質を、頑丈で充実した、突き通すことができないほど固いさまざまな大きさと形の、動かすことのできる粒子として作ったように思われる。そして物質は、異なる性質を持ち、空間に対する調和を持って終末へ向かうように作り出された」[9]。古代の原子論者の哲学は、無神論者の痕跡をすべてはぎ取られて英国国教会の嗜好に合うものとなっていた。

ヴォルテールは、彼の風刺的発言の餌食となった人々からひどい怒りを買ったため、一七二七年、ニュートンが亡くなった年にはイギリスへ避難していた。彼は、一通の手紙の中で以下のように書いた。「ロンドンに到着したフランス人には、他のすべてのものと同様、哲学にもたいへんな違いがあることがわかります。フランス人は満たされた世界を去って、空虚な世界を見いだすのです。パリでは、宇宙は微小な物質の渦によって構成されると考えられていますが、ロンドンでは、まったくそうではありません。パリでは、海の潮汐を引き起こしているのは月の圧力だとされていますが、イギリスでは、海が月に引きつけられているというのです。……デカルト主義者は、すべての物事は誰も理解できない衝撃によって起こると考えています。ニュートン氏によれば、それは引力によって起こるものですが、その原因はまだあまりよくわかっていません」[10]。数年後、科学に関心を持つシャトレ公爵夫人の城へ彼は再び避難した。彼女がニュートンの『プリンキピア』をフランス語に翻訳している間に、ヴォルテールは、『サー・アイザック・ニュートンの哲学の要点』（一七三八）を執筆し、この著作がニュートンの科学をフランスで流行させることになった。

■「主張するのを聞いた」

エドモンド・ハレー（図6・4）は、ハーガストン（後に拡大したロンドンの一部になった）に生まれ、若い頃から天文学に惹かれていた。二〇歳の時、勉学を終える前にオックスフォードを離れ、南半球のセントヘレナ島で行った天文観測によって世に知られるようになった。彼は、ハレー彗星の周期性を発見したことで有名である。また、最初に球状星団を発見し、さらにアークトゥルスやプロキオン、シリウスが、古代に比べてその位置を変えていることに気づき、これによって、星々が天球に固定されてはいないことを最初に発見した[11]。ハレーの論文には、星々の輝く空の問題に彼が次第に興味を募らせていった様子が表れている。天球上に輝く雲状天体について、一七一四年、彼は以下のように記している。「この広大な宇宙の中にいると、好奇心に満ちた博物学者と同様、天文学者としての思索の題材を提供してくれる絶え間ない日々が続くに違いないと思われます[12]」。

一七二一年、六四歳の時——王立天文台長になってからだが——、ハレーは宇宙の無限に関する短い論文を二つ書いた（本書の付録2[13]）。最初の「恒星天球の無限について」を、彼は以下の文章から書きはじめた。「今日理解されているように、世界の体系は、〝奈落の宇宙〟の全体を占め、また、実際に無限である。そして、より性能の良い望遠鏡を向けるにつれて、見たところの恒星天球により小さい星々が発見されることは、この考え方を確証しているように思われる」。さらに「もし体系全体が有限ならば、……そのすべては、どの方向も何もない無限の空間によって囲まれることになる。すると、その表面近くにある星々は、重力を受けて、加速運動をしながらその中心へ向かい、時間が経つにつれて合体し、一つになってしまうだろう」。

これらの最初の記述において、彼には、無限の真空（無）に囲まれて、星々で満たされた有限の宇

図6.4 エドモンド・ハレー(1656-1742)。

宙が存在するという考えには、二つの反論が存在することがわかっていた。最初の反論は、望遠鏡が改良されるたびにさらに遠くの光の弱い星まで見えるようになるため、目に見える星々を隔てている暗い隙間は、探知されるのを待っている見えない星々で埋め尽くされてしまうことである。二番目の反論は、有限の物質体系は平衡が保てず、崩壊するはずだということである。「もし、すべてが無限なら」と彼は続けた。「どの部分もほぼ平衡状態にあり、結果的に、個々の恒星は逆向きの力に引かれるから、その位置を保つだろう。そうでなければ、その位置から移動して、落ち着くべき平衡状態の場所に達するだろう。この説明から、恒星天球が無限であるという主張がそれほどいいかげんな仮定ではないと考える人がいるかもしれない」。ハレーは、仮定されているこのような無限で均一の宇宙は、安定な平衡を保つと考えていた。しかしニュートンは、この錯覚に陥ることはなく、ベントレーに宛てた手紙に書いたように、推定されている平衡は、針先で立っている針の列のように不安定であることをはっきり知っていた。

ハレーは続けた。「私は、もし、恒星の数が無限であったなら見かけの天球の全表面が明るく輝くであろうという主張を聞いたことがある。というのも、光り輝く天体は、天球上のどんな小さい領域をとっても、そこに数千個以上もの数が存在することを否定できないからである」。この議論は、おそらくケプラーの業績に由来していると思われる。(14) 講演の場所ははっきりしないが、一七二一年にハレーが行ったこの議論は、境界のない宇宙に無数の星々があると、それは全天を覆うはずであるという考えに注目を集めさせた。星々で埋め尽くされた果てのないニュートンの宇宙は、宇宙の闇の謎を浮き彫りにし、空が星で覆い尽くされるという解釈を避けて通れないものにした。

星々で満たされた無限の宇宙で、なぜ夜空は暗いのか？　ハレーはその答えを出そうとした。彼は、星の見かけの明るさはその距離の二乗に反比例する、つまり、星までの距離が半分になれば明るさは四倍になると言った。この「明快な計算」により、彼は、星々の見かけ上の間隔は星までの距離に反比例し、星々までの距離が半分になれば、星どうしの間隔は二倍離れて見えることに気づいた。もし彼が、均一に散らばっている星々の見かけの間隔のつもりでそれを言っているのならば、この結論は正しい。しかしながら彼は、そこから、これらの二つの効果の相違——すなわち、距離の二乗に比例して見かけ上の明るさが減少することと、見かけ上の間隔が距離に反比例して減少することとの相違——を誤って解釈し、夜空の暗さの説明を導き出してしまった。*

＊二八七頁、表「提示された解答」の候補5。

おそらくこの議論には明瞭さが欠けていると気づいたのだろう、ハレーは他の解答も提示した。彼は言う。夜空は暗い。それは「最も遠い星々よりは近いにしても、遠くの星々は極端に微小なため、最高の性能を持つ望遠鏡でも見ることができない。したがって、事実、このような場所にある小さい星々の光線は、すでに知られているどんな手段の助けを借りても、我々の知覚で感知できるほどにはならない。これは、望遠鏡でしか見えない小さい恒星が決して肉眼では見えないのと同様である」。この議論は一四五年前のディッグスの議論と類似していた。すなわち、遠方にある個々の星からの光線が目で捕らえるには弱すぎる、と考えたのは正しいが、たくさんの星々からの光が合わさっても弱いままであるという誤った推論をしたのである。

二番目の論文「恒星の数、順序、光について」の中で、ハレーは、最初の論文で取り上げた「形而上学的パラドックス」について言及している。彼は、星々の等級を議論し、等級が一段階増すごとに観察される星の数が増加することを論じたが、最初の論文の混同による誤りを正すことはできなかった。彼はこう結論づけた。我々が遠方の星から受ける「光のパルスは非常に小さいので、どのような機材の補助を受けたとしても、それらの光が目で感知できるようになるかどうか、はなはだ疑問である」。

■無限の球殻

これまで我々は、無限の宇宙が星々で満たされていれば、空のすべての場所は星の光によって炎のように輝くはずであることを、視線方向の議論を用いて示してきた。ハレーや、視線方向の議論よりずっと昔の通常の議論は以下の通りである（図6・5）。地球を中心として次第に大きさが増していくいくつもの巨大な球面を想像してみよう。そしてこれらの球面が、タマネギの層のように、同じ厚

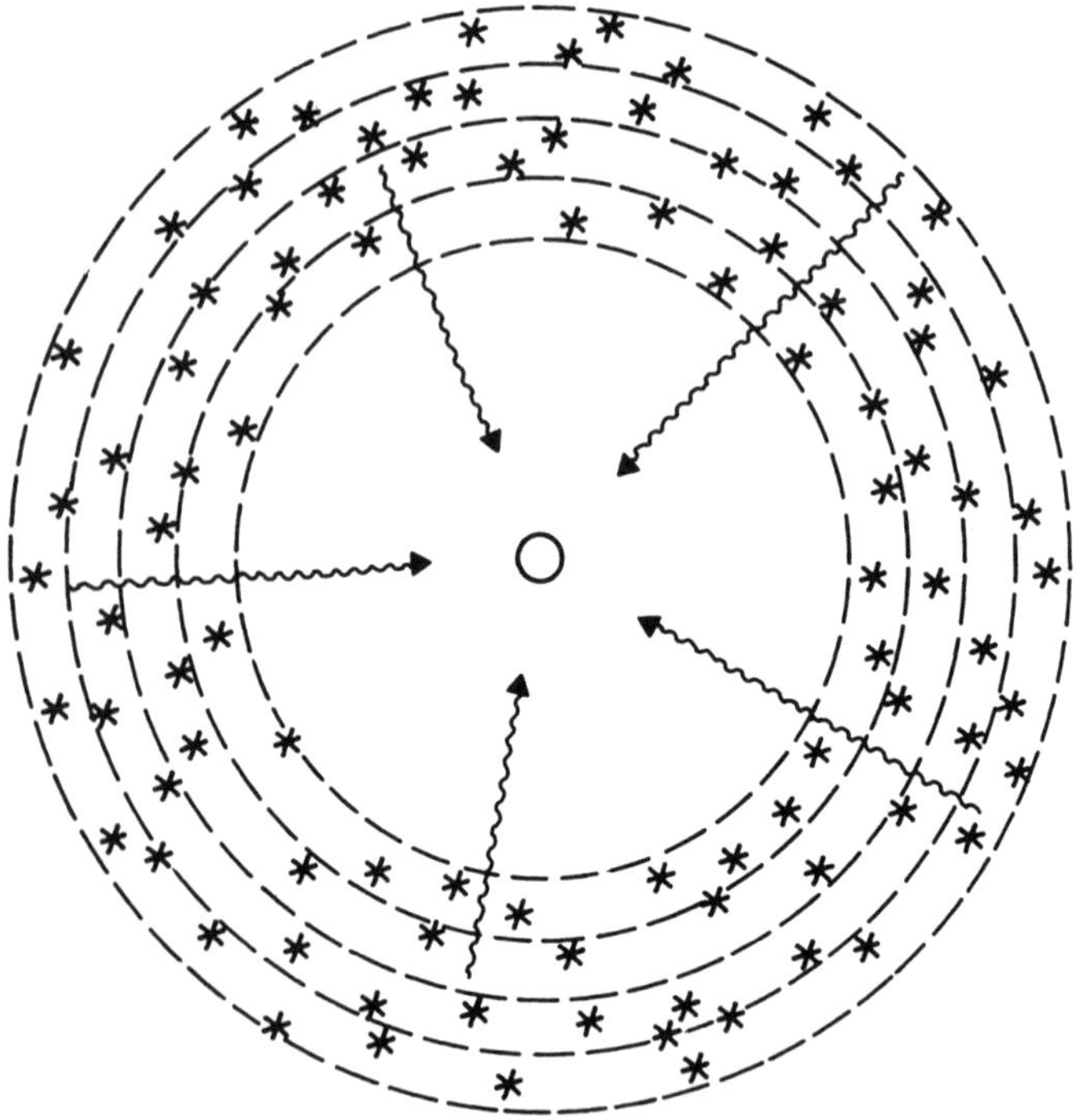

図6.5 我々を中心にして、大きな仮想上の球が作られたとしよう。これらの球は半径が増すにつれ、タマネギの層のように一定の厚みの球殻を形成する。一つの球殻にある星の数は、球殻の半径が増すごとに増加するが、中央で受ける個々の星からの光は減少する。これら二つの効果（星の数の増加と、個々の星からの光の減少）は、互いに相殺し合い、すべての球殻は同じ光量を供給する。

みを持つ一連の球殻を形成するとしよう。厚みを同じにして球殻の大きさを二倍にすれば、球殻の体積は四倍になる。しかし、どの球殻にある星の数も球殻の体積に比例するから、球殻の大きさを二倍にすれば、含まれる星の数は四倍になる。

星までの距離を二倍にすると、そこから受ける光の量は四分の一になる。同時に、球殻の大きさが二倍になれば、星の数は四倍になる。したがって、我々はそれぞれの球殻から同じ量の光を受けることになる。光の弱い星をたくさん含んでいる遠くの球殻は、数は少ないが明るい星を含む近くの球殻と同じ光量を我々に与える。

球殻による議論はどちらかと言えば一般的なものである。星が集団となって銀河を形成しているなら、我々は、銀河が均一に分布している場合を考えなければならない。我々は、仮想上の球を大きくして、星の代わりに銀河を球殻にちりばめればよい。大きさが二倍の球殻は、四倍の銀河を、したがって四倍の星を含むことになる。

この議論によると、それぞれの球殻は、小さいが決まった量の光の寄与をする。しかし、無限の空間の宇宙には無数の球殻があるので、これは、我々が無限の光を受け取ることを暗示している。夜空の暗さの謎を調査したほとんどの人は、この結論が正しいはずはないと気づいていた。少し考えれば、近くにある星は、遠方の星の光をいくぶん遮ることがわかる。連続する球殻を考えると、それぞれ近くの球殻の星は、遠くの球殻の星より少しだけ余分に空を覆い、また、遠くの球殻の星の光を少しだけ余分に我々の視界から遮断する。球殻を次々と加えていくと、いつかは空が完全に星の円盤像で覆われ、最終的な背景、つまり光の遮断限界に達することになる。そして、さらに遠くの球殻からの光が我々に届くことはほとんどなくなってしまう。

二四年後、若いスイス人の天文学者、ロイ・ド・シェゾーが、ハレーの議論における混乱を明らかにした。

第7章　星の森

この議論から、もし、星々の存在する空間が、無限か、太陽系および一等星の占めている空間に比べて七六〇、〇〇〇、〇〇〇、〇〇〇、〇〇〇の三乗対一以上の比率で大きいとしたら、空のどの部分も、太陽の表面と同じくらい明るく見えることがわかる。したがって、天の半球のそれぞれから受ける光量――一方は地平より上で、もう一方は地平より下の――は、どちらも我々が太陽から受ける光量の九万一八五〇倍となる。

ジャン・フィリップ・ロイ・ド・シェゾー『彗星』

一七一八年、スイスのローザンヌ付近にあるシェゾー村に中産地主の息子として生まれたジャン・フィリップ・ロイ・ド・シェゾー（図7・1）は、病弱で早熟な神童であった。彼は、数学者であった祖父、ジャン・ピエール・ド・クローサの教育を受け、若い頃から天文学への関心を育み、自分の観測所を建設した。一七歳の時、彼は、衝突、空気抵抗を受けた砲弾の減速、および音の伝播に関する物理学の論文を著した。彼はあまり健康に恵まれず、三三歳の時、パリ訪問中に亡くなった。

図7.1　ジャン・フィリップ・ロイ・ド・シェゾー（1718-1751）。

ハレーの亡くなった翌年の一七四三年一二月、シェゾーは注目に値する彗星を観測した。その彗星は、一七四四年三月七日から八日にかけての夜、二本の尾が六本に分かれた（図7・2）[1]。そのわずか数か月後に、シェゾーは『一七四三年一二月から一七四四年三月にかけての彗星』と題した本を出版した。この著作には、太陽系の描写、彗星の研究の天文学における有益性、彗星の軌道計算に関する議論が収められていた。また、天文学に関連するさまざまな話題をエッセイ（小論文）の形式で書いた八編の付録が巻末についていた。二番目の付録には、「光の強さ、エーテル中の伝播、恒星までの距離」（本書の付録3）と題して夜空の闇の謎が論じられ、この問題に関する初めての定量的な解析が提示されている。

シェゾーは、夜空の闇の問題に関し、先行する著作を何も挙げなかった。おそらく、天文学の文献、特に二〇年ほど前ハレーによって書かれ、その頃復刊された二つの短い文献を、読者がよく知っ

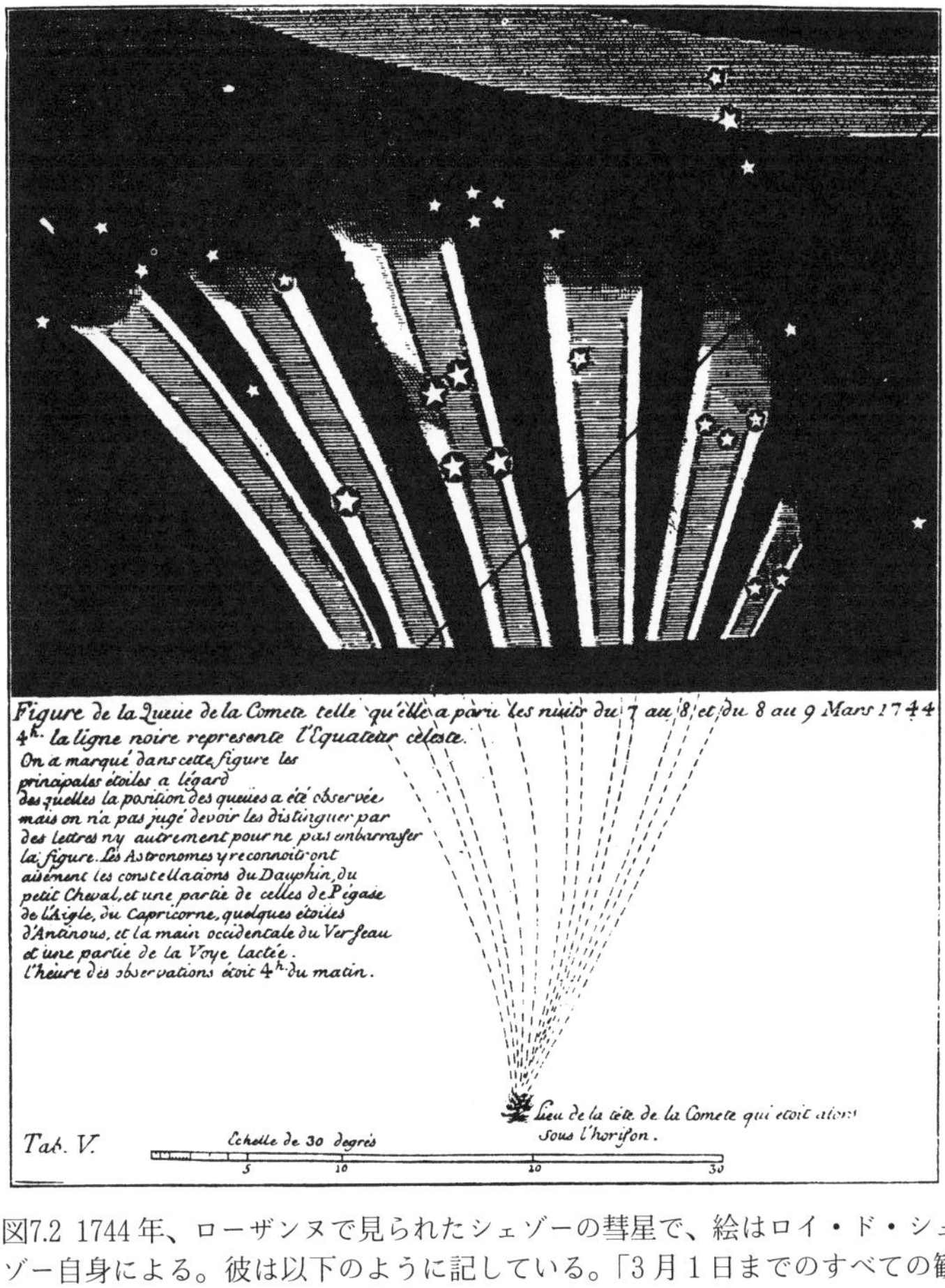

図7.2 1744年、ローザンヌで見られたシェゾーの彗星で、絵はロイ・ド・シェゾー自身による。彼は以下のように記している。「3月1日までのすべての観測から見ると、もしこの彗星が、たとえば、沈んだ太陽のすぐ近くではなく、真夜中で月光がない、より望ましい環境で出現していたら、頭の大きさでも尾の長さでも、かつて知られている中で最も衝撃的な彗星になっていただろう。この時点まで尾は単に2本であった。しかし、さらに驚くべき何かが起ころうとしていたのである」。3月7日まで空は曇っていたが、その間に、扇の形をした尾が6本に分岐していたのを、シェゾーは驚愕して見たのであった。3月7日から8日にかけての夜の後、彗星が再び見られることはなかった。

ていると考えたからと思われる[2]。

ハレーは、空が本当は星で覆われ、星は無数にあるにもかかわらず、ほとんどの星は光線が弱すぎるため目で感知できないと論じていた。シェゾーはこの誤りを犯さなかった。計算のため、彼は、ハレーの考えを受けて以下のように考えた。太陽を中心として半径が次第に大きくなる同心球を考える。隣り合う球面にはさまれた同じ厚さの薄い球殻の体積はそれらの表面積に比例し、すなわち半径の二乗に比例する。もし、星々が空間に均一にちりばめられているとしたら、一つの球殻に含まれる星の数は球殻の体積に比例し、すなわちその半径の二乗に比例する。たとえば、球殻の半径を二倍にすると、含まれる星の数は四倍になる。

シェゾーは、すべての星は太陽と同様の天体と仮定した。星像の見かけの面積は、星までの距離の二乗に反比例するから、距離が二倍になれば見かけの面積は四分の一になる（彼は光の回折には気がついていなかった。しかし、回折があったとしても、空の明るさの総量を正しく決定するには無関係である。大気によるぼやけや光学機器の不完全さも同様に、特に関係するものではない）。このようにして、連続する各々の球殻における星の数の増加が、個々の星の見かけの面積の減少を相殺する。この議論によると、すべての球殻は、星々が空を覆うという点では均等であり、中央にいる観測者はすべての球殻から等量の光を受け取ることになる[3]。

■星までの距離

クリスティアン・ホイヘンスは、暗室でスクリーンに開けた小さな穴から太陽を観測し、その像がシリウスと同じになるように光量を調節することによって、シリウスが三万天文単位離れていると算出した。一天文単位とは、地球から太陽までの距離である。この比較は、夜のシリウスの明るさを昼間に判断するので、その判断の当否によって影響を受ける。ホイヘンスは知らなかったが、スコットランドの天文学者ジェームズ・グレゴリーは、明るい星までの距離を測るさらに優れた方式を数年早く提唱していた。それは、記憶に頼るのではなく、近くにある明るい星を太陽と同様の天体であると仮定し、その明るさを外惑星である火星や木星、土星の明るさと直接比較したのである。それらの惑星の大きさや太陽までの距離がわかっているから、惑星面での太陽光の反射が不完全であることも考慮した上で、彼は、明るい星までの距離を概算することができた。ニュートンは、彼の本『世界の体系』の中でグレゴリーの方式を引用し、また、未出版の原稿の中で、最も明るい星までの距離を大まかに五〇万天文単位とした。この結果は、近くの星に対して二倍以内の誤差で正確であったが、一七二八年まで知られることはなかった(4)。

光の進む時間は、天文学において大きな距離を表すのに便利な二〇世紀の手法である。光は毎秒三〇万キロメートル進み、太陽光が太陽から我々のところまで届くには五〇〇秒かかる。したがって、一光秒は三〇万キロメートルで、一光年は一〇兆キロメートル、あるいは六万三〇〇〇天文単位である。距離を光の進む時間で表すと、太陽が五〇〇光秒の彼方にあることから、我々は、その五〇〇秒前の姿を見ていることが即座にわかる。太陽を除いて最も近くにある星は四・三光年の彼方にあるアルファ・ケンタウリ(実際は三重連星である)で、我々が見ているのは四・三年前のアルファ・ケンタウリである。

ジェームズ・グレゴリーの測光法を適用することによって、シェゾーは、最も明るい星々までの距離は二四万天文単位、より現代的な単位で言うならば四光年であると概算した。星々は色が異なっており、すべてが同一ではないため、これは大まかな推測でしかないことが彼にはわかっていた。方式が粗雑であるにしては、彼の結果は注目に値するほど正確であった。

■シェゾーの計算

計算によってシェゾーは、天の半球が星々に覆われると、太陽の九万倍の明るさになることを発見した。この結果は、すべての星が太陽と同じ天体であるという仮定と、天球の面積が、太陽の見かけの面積の一八万倍であるという事実とから導き出されたものである。

それから彼は、それぞれ四光年の厚みを持つ球殻が七六〇兆個あれば、全天は星で覆われることを見いだした。これらの星はすべてで、半径が三〇〇〇兆（三の後にゼロが一五個つく）光年の広大な球を占める。空が星で完全に覆われてしまえば、さらに遠い球殻からそれ以上の光が加わることはありえない。

シェゾーの理論によると、各々の球殻は一定量のわずかな光の寄与をする。しかし、無限に広がった宇宙には無数の球殻がある。それゆえ、無数の球殻から無限の光量が降り注ぐと結論づける者もあるだろう。しかしシェゾーは、この落とし穴には引っかからなかった。事実、連続するそれぞれの球殻は星から少量の光を寄与するにすぎないが、受け取る光の総量は球殻の数とともに増加する。しかしながら、もし空が完全に覆われてしまうと、さらに遠くの球殻を追加しても光を受けることはない。目に見える星々はつながって連続した背景を作り出し、背後の星々を見えなくしてしまう。

シェゾーの論じ方は、平均すれば宇宙のどの場所も同じであることを仮定している。同心球殻の体系は宇宙空間のどこにでも設定でき、常に同じ結果に落ち着く。我々は、宇宙のどの場所で観測しても、星々に覆われた空を見るという結論に達する。

星々がちらばり、無限の彼方まで広がっている宇宙を、我々はどこまで見渡せるだろうか。別の言い方をするなら、宇宙に向けて視線を一直線に伸ばすと、星の表面に突き当たってその視線が遮られるまでに、平均的にはどのくらいの距離があるだろうか。シェゾー自身あまり明断でないと考えていた方法で、彼がどのようにしてその結論に達したかを説明するよりも、我々は、やや異なってはいるが、より簡便な方法で計算してみよう。

■森林による類推

森の中に立っていると想像しよう――木の密集したジャングルではなく、複雑に入り組んだ雑木林でもなく、背の高い木が十分間隔をとって生えている森林である（図7・3）。我々のまわりで視界に入る木々はおそらく数百本で、互いに重なり合い、連続した背景を形成している。この背景は円形の壁のように我々を囲んでおり、内側には森の木々が見えるが、その外側には視界に入らない木々がある。もし、すべての木々が見え、幹の間から外の世界をのぞき見ることができるとしたら、そのように少しの木しかない場所を森と呼ぶことはまずないだろう。

森林の中で我々はどのくらい遠くまで見通せるだろうか。水平方向を見ると、ある方向では距離は短く、視線はすぐ近くの木で遮られてしまう。別の方向では距離は長く、視線は森林の背景の奥深くまで届く。ぐるりと見渡すと、平均的には「背景限界距離」と呼ぶ距離を見通すことができる。この「背景限界距離」は、他の場合には「平均自由行程（mean free path）」とも言われ、すなわち、飛ばした矢が木に当たるまでに進む距離の平均値である。

図7.3「森林とは……樹木が多く、牧草が豊かで、獣や鳥の楽園であり、猟場や兎の繁殖地があり、王が喜びと楽しみの気持ちを持って、気前よく安全な保護を与え、そこで休息をとったり留まったりする領域である」。(Manwood, *Lawes of the Forest*, 1598)

「背景限界距離」は簡単に計算できる。[5] 同じような木々が均一に生え、それぞれの木が目の高さで代表的な直径を持ち、平均的な面積の土地を占めていると考えよう（図7・4）。平均占有面積を幹の直径で割ると、「背景限界距離」が得られる。つまり

背景限界距離＝1本の木による占有面積÷木の直径

である。図のように、木と木の間の標準的な距離を一〇メートルとすると、一本の木が占める平均面積は、10×10＝100平方メートルとなる。もし、木々の代表的な直径が〇・五メートルならば、「背景限界距離」は、100÷0.5＝200メートルとなる。当然、目に見える木々の中には、二〇〇メートルより近いものもあるし、遠いものもあるが、それらの平均距離が二〇〇メートルなのである。

目に見える木の数もまた同様に容易に計算できる。この数は、非常に大雑把に言って、半径が背景限界距離である円の面積を、一本の木の占有面積で割った値である。上式からこの関係は、

目に見える木々の数＝(π×1本の木の占有面積)÷(木の直径の2乗)

になる。ここでπは、円の直径に対する円周の比であり、三・一四、近似的には22/7である。各々の木の代表的な直径が〇・五メートルで、平均占有面積が一〇〇平方メートルの森林を例にとると、目に見える木の数は、π×100÷0.25＝1256本となる。もし、木々の間隔が一〇メートルではなく五メートルならば、背景限界距離は五〇メートルに落ち、目に見える木の数は三一四本となる。

この議論から我々は、星々の森の問題にどうアプローチしたらよいかわかる。ついでながら、森林において、背景限界距離と見える木の数を算出するこれらの単純な法則は、木の直径の値を適切にとりさえすれば、人々の集団や動物の群に対しても適用できる。

「光学的な厚み」は便利な専門語である。天文学者は、見通しのきかないすべてのものを「光学的

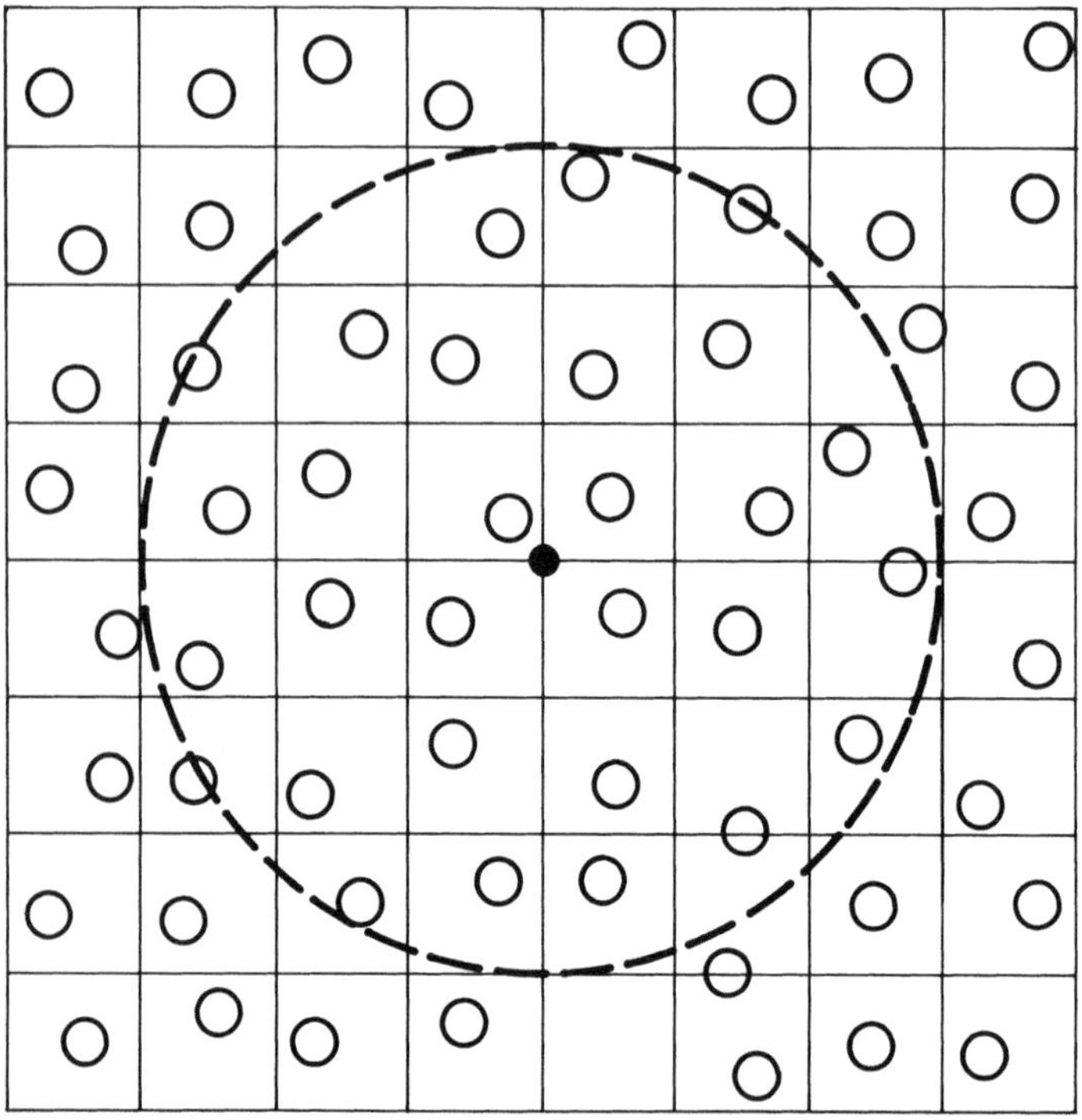

図7.4 木が均一に生えている森の模式図。点線の円が、図の中央にいる観察者から見た背景限界距離である。観察者から見た背景限界距離は、1本の木の平均占有面積を、目の高さで見た幹の直径で割った値である。この図では、木と木の平均距離は幹の直径の3倍で、したがって、背景限界距離は幹の直径の3×3＝9倍、あるいは木と木の距離の3倍である。

に厚い」という。(6)背景限界距離より遠くへ広がっている木々の群は、見通しがきかないため、「光学的に厚い」のである。すべての森林は、その定義によって「光学的に厚く」なければならない。背景限界距離にまで広がっていない木々の群は、「光学的に薄い」のであり、木立や林は、たいてい光学的に薄い。

■星々の森林

宇宙は星々のある森林のようなものである。しかし非常に奇妙なことに、我々は星が連続して背景を作っているのを見ることができない。森林からの類推は、夜空の闇の謎のどこが問題なのかを即座に明らかにできる利点がある。

我々はどのくらい遠くまで星々の森を見通すことができるのだろうか。星々はどこにあってもほとんど同じで、さらに、無限の空間に均一にちりばめられているとしよう。前景にある星々は、見かけの大きさが幾何学的には小さくても、より遠くの星が見えないようにわずかながら妨げをしている。ある方向を見渡すと、視線は近くの星にぶつかるが、他の方向を見れば、星の背景のはるか深くまで見通すことができる。

星の散らばり方が均一で果てのない宇宙では、背景限界距離は容易に計算できる。一つの星がある代表的な断面積（半径の二乗×π）を持ち、ある代表的な体積を占有しているとする。その体積を断面積で割ると、背景限界距離が求められる。つまり、

背景限界距離＝一つの星の占有する体積÷星の断面積

である。目に見える星の数（むしろ見えるはずの数）は、大まかに言って、背景限界距離を半径とす

る球の体積を、一つの星が占有する体積で割った値である。この関係と、背景限界距離の等式から、

目に見える星の数＝(4π×一つの星の平均占有体積の2乗)÷(3×星の断面積の3乗)

となる。この数式から、星々が均一にちりばめられている時、全天を覆うのに必要な星の数が求められる。たとえ無数の星を含む無限の宇宙であっても、我々は有限の距離と有限の星を見るにすぎないのである[7]。

背景限界距離と目に見える星の数を算出するこれらの関係式は、断面積のところに適切な値を入れさえすれば、蜂の群や鳥の群に対しても適用できる。

■背景限界距離の算出

これで我々は、シェゾーの計算を、より簡便な等式と最近の数値を使って再度実行する準備ができた。

最初に、太陽から一〇光年以内の距離に、約一〇個の星があることに注目しよう。銀河のこの部分において一〇個の星が占めるのは、一〇×一〇×一〇＝一〇〇〇立方光年の空間であるから、一つの星は、平均して一〇〇立方光年の空間を占有すると仮定しても、そう大きな誤りとはならないだろう。

太陽の半径は、月までの距離の約二倍の七〇万キロメートルで、したがって、その断面積は一・五兆平方キロメートルになる。簡便のため、どの星も、その大きさと明るさが太陽と同じであるとして計算を続けよう。もし、すべての星が、太陽の近くの星と同様に、平均して一〇〇立方光年の空間を占めるとすると、この体積を断面積で割って、背景限界距離は六〇〇〇兆光年、つまり六のあとにゼロが一五個つく数値となる。シェゾーの出した背景限界距離は、この結果の二分の一であるが、これ

は、星一個当たりの平均占有体積をより小さくとったためである。全天を覆い尽くすのに必要な星の数は、大まかに見積もって一〇〇億×一兆×一兆×一兆個、つまり一のあとにゼロが四六個つく数字（10^{46}）になる。

この背景限界距離は、おそらく、天文学において過去に算出されたどの値をも超えるものであったろう。これがシェゾーに、空間内の吸収作用を考えさせる原因になったと思われる。ほんのわずかな吸収でも非常に遠くにある星を覆い隠し、我々が見るような夜空の暗さを作り出すからである。

第8章　もやの立ちこめた森林

先夜、私は永遠を見た
純粋で終わりのない大きな光の環のように
すべては穏やかで　それは明るく、
その下を回るにつれて、時間、日、年は
その球によって作られた
広大な影が動くように、その中で世界と
彼女の列車はすべて投げ出されていた

ヘンリー・ボーガン『世界』

星々に満ち、空虚の広がる無限の海に海岸を洗われている有限の宇宙が存在するという考えは、一八世紀にその魅力を失った。若きジャン・フィリップ・ロイ・ド・シェゾーは、晩年のエドモンド・ハレーのように、一七世紀以前に固く根を下ろしていたストア派の体系を捨て、デカルトやニュートンによる、無限の星々の森という考え方をはるかに好んだのである。しかし、理論から言うと、星々に満たされた無限の宇宙では、空はどの点も星の光で燃えるように輝くはずである。彼は、小論文「光の強さ、エーテル中の光の伝播、恒星までの距離について」の中で以下のように記している。

この結論と現実とに大きな違いがあるのは、以下の二つの考え方のうちのどちらかが正しいことを示している。すなわち、恒星の天球は無限ではなく、考えられる有限の広がりよりも実際ははるかに小さいか、あるいは、光の強さが距離の二乗に反比例する以上に急速に弱まるかのどちらかである。後者はきわめてあり得ることで、単に、星々の宇宙が、きわめてわずかに光を妨げる流体で満たされていさえすればよい。

シェゾーは、広大な星間空間を進む間に星の光が徐々に吸収されると仮定すること[*]によって、夜空の闇の謎を解いた(あるいは解いたと考えた)。

*二八七頁、表「提示された解答」の候補6。

シェゾーは、何かの媒質が星間空間にあまねく広がっていると機械的に仮定するという意味では、デカルト主義者であった。そしてこの媒質は、非常に希薄であっても完全に透明ではなく、星から進むにつれて徐々に光が弱まればよい。したがって、もやが森林の背景にある木々を視界から隠すのと同様に、星間空間を満たす霧が、遠方にあるすべての星を見えなくするのである。

シェゾーの解答では、背景限界距離よりずっと短い距離で星の光が吸収されることが必要である。[(1)]もし、空間が完全に透明でなくとも、透明度が水の三三京倍〔3.3×10^{17}倍〕であるならば、地球に入射する光の総量は、新月近くの地球照のわずか三三倍の明るさにしかならない、とシェゾーは述べた

（地球照とは、地球の光の反射で月面が光ることである）。この星の光の量は、星間空間の透明度にわずかに異なる値をとれば、観測結果と容易に合わせることができる。シェゾーの解答をたどり、その意義を捉え、なぜそれが誤りであるかを理解するためには、まず我々は時代を飛び越して、一九世紀におけるウィルヘルム・オルバースの業績を参照しなければならない。

■ウィルヘルム・オルバース

一七五八年にアルバーゲンに生まれたオルバース（図8・1）は、ブレーメンで眼科を開業して成功しており、（その時まだ揺籃時代であった）種痘に携わったり、コレラと戦う仕事に従事したりして称賛を集めていた。少年の頃から天文学に魅了され、彗星の研究や小惑星パラスやヴェスタの発見によって国際的に有名になった。一日に四時間しか睡眠をとらず、昼間は多忙な医師として、夜は熱心な天文学者として生活を送った。一八二〇年、彼の娘と二番目の妻が亡くなった後、彼は開業医を辞め、余生を天文学に捧げた。

一八二三年、オルバースは「空間の透明さについて」（本書の付録4）と題された重要な科学論文を出版した(2)。そこで彼は以下のように記した。「空間は無限か。その限界は想像しうるか。全能の神がこの果てのない空間を空虚なままにしたと想像できるか」。彼は、空間の無限に関するカントの著作を引用し、次のように言う。「宇宙には、我々が機器の助けを借りて見通すことができた部分や、将来見通せる部分が存在するのみならず、無限の宇宙に、太陽とそれに伴う惑星や彗星の系が他にも存在することは、まず間違いない」。彼は読者に、宇宙の他の場所には、我々が天に見ている太陽や惑星、彗星とは異なる想像を超える天体があるかもしれない、それを忘れてはならない、とも注意を

図8.1 ハインリッヒ・ウィルヘルム・マシュアス・オルバース（1758-1840)。「開業医として成功し、人格は誠実かつ好感の持てる人物であった」。(Thomas Dick, *Celestial Scenery, or the Wonders of the Planetary System Displayed*, 1838, p.127n)

促したのである。

オルバースはハレーの著作にふれ、宇宙は果てがなく星々で満たされているのに、なぜ夜空は暗いのかをハレーが明確には示せなかった、と指摘した。ハレーによって示された果てのない宇宙の問題は、彼が考えたほど簡単には解決できなかった。オルバースは興味深い記述を残している。

もし、無限の宇宙全体に本当に太陽のような天体がいくつも存在し、それらが互いに同じくらいの距離を隔てているか、あるいは、天の川のような集団をいくつも形成しているとしたら、それらの数は無数であるから、天球全体は太陽面と同じくらいに明るく輝くだろう。というのも、我々が想像できるすべての視線は、恒星のどれかに必然的に到達するはずであり、したがって、太陽光と同じ星の光が、天球面のすべての点から我々に届くはずだからである。

ここで我々は初めて、星々が均一にちりばめられているとは限らず、今日銀河と呼ばれるように、天の川のような集団を形成しているかもしれないという認識に出会う。オルバースは述べた。「星々が空間内に均一にちりばめられていようとも、大きく離れた集団を形成していようとも、明らかに同じ結論に導かれる」。我々は初めて、視線方向の手強い議論に遭遇する。どの方向に向けても視線は結局どこかの星の表面に突き当たる。これは、星々が均一にちりばめられているか、銀河という集団をなしているかに無関係に生じることである。星からの光を視線と反対の方向にたどると、結局は目に到達する。「天球がすべて星々で埋め尽くされているだけでなく、星々の背後にはさらに星々が存在し、我々の視界から隠された星が果てなく連なっている」と彼は言った。

背景限界距離より遠くまで広がっている森林の中では、たとえ木々は、その間隔が離れていようが、集団になっていようが、また、幹が細かろうが、先を見通すことのできない背景が常に存在する。同様に、背景限界距離より遠くまで広がっている宇宙では、たとえ星々の間隔がどれほどあろうが、星が集団になっていようが、また、星の大きさが小さかろうが、先を見通すことのできない星の背景が常に形成される。隠喩によって表現すれば、我々は小さな森が集まって形成されている大きな森林の中に立っており、そこでは、一本の木が一つの星を、また、小さな森が銀河を表している(図8・2)。たとえ木立の間を見通せるとしても、たくさんの木立の重ね合わせが連続した木々の背景を作り出す。銀河の集まりである宇宙も同様で、銀河の星の間を見通せても、たくさんの銀河を重ね合わせれば、星々の背景は連続する。銀河から成る宇宙のどこに立っても、どんな方向をとっても、視線は必ず星の表面に突き当たり、後ろを見通すことのできない背景がいつでも星々によって作り上げられる、と

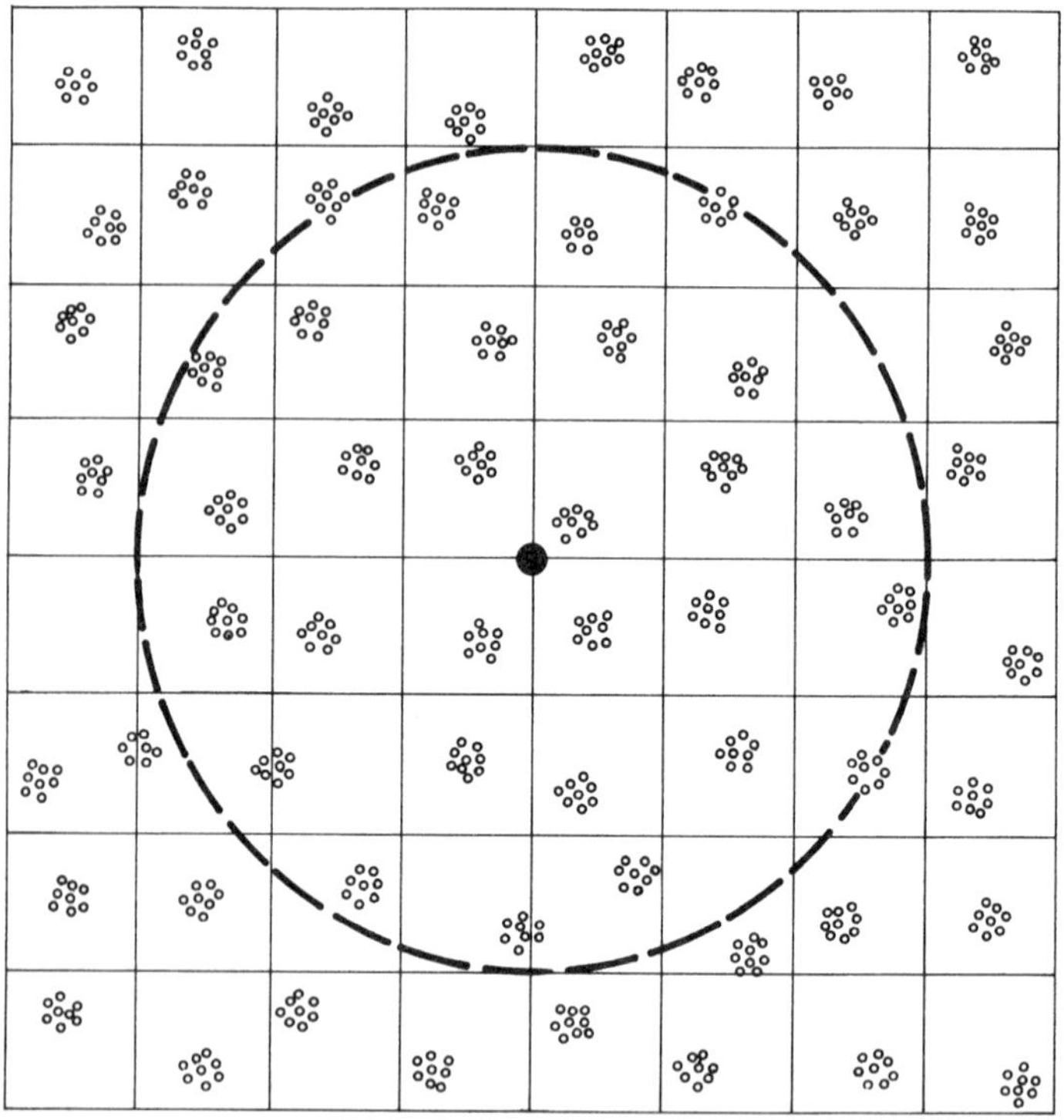

図8.2 オルバースは、視線方向についての重要な議論を提示した。星々（木々）の集団は、どの方向の視線も星（木）の表面に突き当たるため、議論に影響を与えない。図のように、木々の集団が間を見通すことができないほど厚みのある木立である時は、これは明らかに正しい。背景限界距離は、一つの木立が占める平均面積を、木立の直径で割った値に等しい。これは、木立がそれほど密集せず、間を見通せる集団の場合にもまた正しい。したがって、背景限界距離は、1本の木が占める平均面積を木の直径で割った値に等しく、この場合のように木立を作っていても、背景限界距離にほとんど影響を与えない。

いうか、作り上げられるはずである。

■奇妙な一致

オルバースは、星までの距離を決定するのに、シェゾーのようにグレゴリーの測光方式を用い、一等星の距離は約三五万天文単位、つまり五光年半であることを見いだした。この値はニュートンやシェゾーによって得られた値に近いものであった。光学機器が進歩し、間もなく一八三八年に、距離を測定するためさらに精度の高い方式を使うことが可能になった。オルバースの庇護を受けていたフリードリッヒ・ベッセルは、視差を利用して、近傍の星の距離を測ることに初めて成功したのであった。

シェゾーのようにオルバースは、同じ中心を持ち、半径が次第に大きくなる球面を考えることによって、同じ厚みを持つ仮想上の球殻を作り出した。それから彼は、背景限界距離の手前にあるすべての球殻からの光を集計した。しかし彼は、夜空の闇の謎の正しい答えを知っていた、あるいは知っていると考えていたので、全天が星々に覆われているという強い確信も、彼にはなんの不安も引き起こさなかった。「天球は、どこにも太陽のようには明るいところはない。だからと言って我々は、恒星系は無限だという考えを退けなければならないのか？　我々は恒星系を、果てのない空間の一部だけに限定しなければならないのか？」。

そんなことはまったくない。無数の恒星が存在することから導き出される推論には、宇宙全体の空間が完全に透明であり、平行な光線は、輝く天体から非常に遠くまで伝播する間に弱まらないという仮定があった。しかし、空間の絶対的な透明さは、立証されないどころか非常に可能性が

図8.3 背景の木々が視界から遮られ、前方の木々だけが見えるもやのかかった森林。

低い。

彼が提示した解答——星間空間において星の光が吸収される——は、ほぼ八〇年前、すでにシェゾーによって出された解答と同じであった(図8・3)。

オルバースは、一七四四年の彗星に関するシェゾーの著作を蔵書にしていた。[3] しかし奇妙なことに、自らの著作に先行しよく似ているこの著作を、彼は認識していなかった。彼は、天文学者たちがシェゾーの著作を知っているので、それを知らせる必要はないと考えたのかもしれない。それよりさらに可能性が高いのは、何年か前にシェゾーの著作を読んだことを彼が忘れてしまい、結果的に、光の吸収という考えを彼が独自に思いついたと考えていたことである。ある考えを主張しその情報源を忘れることは、一般に認められているよりしばしば起こるらしい。オルバースの不注意——我々はせいぜいこう言うにとどめよう——によって、近年、この謎はシェゾーのパラドックスとしてではなく、オルバースのパラドックスとして知られるようになったのである。

■白熱した炉

シェゾーもオルバースも、エネルギー保存など夢にも考えていなかったし、熱と光がエネルギーの一形態であるとは思っていたにせよ、それが、明るく輝く空の宇宙で何を意味するかを完全に評価することはできなかった。太陽の九万倍の光が降り注ぐ明るい空が、恐るべき災難をもたらすものとは、彼らには思えなかった。オルバースは、空が星々で完全に覆われ、光がずっと降り注ぎ続けたとしても、生命は適応可能だろうとすら言った。彼の主な関心事は、その時天文学者たちが窮状に陥るであろうことであった。「地球に住む者にとって、天文学は永遠に原始的な段階に留まり続けるだろう。恒星に関しては何も知らず、太陽の存在は、黒点のおかげで困難ながらわかるだろうが、月や惑星は、太陽面と同じ明るさを持つ背景の中で、単に表面が暗いことによって認識されるにすぎない」。

シェゾーの時代、そして後のオルバースの時代ですら、天文学者たちは、明るい空の宇宙は、まさに高温の炉の中の状態であることが理解できなかった。今日、我々はちょっと努力すれば、その表面が絶対温度で六〇〇〇度であるからこそ太陽は明るいのだと理解できる（絶対温度は、摂氏マイナス二七三度を〇度とする。水は絶対温度二七三度で凍り、三七三度で沸騰する）。高温の太陽面はとてつもないエネルギーを空間へ放射し、その波長のスペクトルは、目に見える部分から見えない部分まで広範囲に及ぶ。そしてその放射エネルギーは、物質へ入射し吸収されると、熱エネルギーに変わって放出される。

空がどの場所も太陽面と同じくらいに明るく輝き、地球が太陽の光球へ投げ入れられたかのような状態を想像してみよう。どんな状態になるだろうか。それは、地球が炉の中に入れられ、太陽面と同じ温度の白熱した壁面に囲まれているのとほぼ同じだろう。一八世紀の最も先端を行った天文学者であるウィリアム・ハーシェル――その業績を我々は間もなく見ることになるが――は、太陽の表面に生物が住んでいると考えていたらしい。熱力学が発展するまで温度はあまりはっきりした概念ではなく、オルバースと同様ハーシェルも、太陽の明るさが生物の存在できない高温に結びつく、とは思っていなかった。

真空炉の中に何かの物質を、たとえば金属の球を置くとしよう。球は熱せられて炉の内壁と同じ温度になる。温度が十分高くなると、球は溶けて液体になり、さらに温度が高くなれば気化して気体になる。ここで、アルゴンのような不活性ガスを炉の中に加えて、球を熱する実験を繰り返してみよう。不活性ガスは熱せられて、結果は前と同じになる。気体は、単に球を熱する過程をわずかに遅らせるだけである。次に、この球を耐火性の断熱容器に封じ込め、再び実験を繰り返す。断熱材は熱せられるが、吸収したのと同じエネルギーを放射して、結果は再び前とほとんど同じになる。熱を吸収する媒体は、熱せられる間、単に一時的に断熱するだけである。

こうして、明るい宇宙が星間空間の吸収によって暗くなるというシェゾーとオルバースの考えは、かなり望み薄のものとなってしまった。吸収媒体は熱せられて、やがて温度が星の表面と同じになる。それから媒体は、吸収したのと同じだけのエネルギーを放射し、先の考えよりましな結果になることはない。

ジョン・ハーシェル――有名な科学者、天文学者であるウィリアム・ハーシェルの息子――は、一八四八年に『エジンバラ評論』の中で、アレクサンダー・フォン・フンボルトの『宇宙』を評論する際に、オルバースの考えに言及している。「星々で満たされた天空の範囲は文字通り無限であるという仮定が、偉大な天文学者の一人である故オルバース博士によって立てられた。それは、天球の透明さがいくらか不十分であることが根拠となっている。そのため、ある程度以上遠くのところは、すべて永遠に見ることができない。もしそうでないなら、凹形の天球は、どの部分も太陽面のような明るさで輝くはずである(4)」。そして彼は、なぜ、吸収では夜空の闇の謎が解けないかを説明した。

光を消すことはたやすい。いったん吸収されたら光は永遠に消滅してしまい、我々をそれ以上悩ますことはない。しかし、放射熱はそうではない。放射熱は、たとえ吸収されたとしても、吸収した物質を加熱する効果が残り、その過程が続けば、その物質の温度を上昇させるか、あるいは、今度はその物質が熱を放射するかのどちらかになる。この時、受け取ったのと同じだけの熱を、いつも、どの点からも放出する。

ジョン・ハーシェルのこの言及が、エネルギー保存の法則が確立され、完全に理解される以前になされたことは、注目すべきものと思われる。彼は、光はエネルギーが形を変えたものであることに気づかず、また、彼の言及は当時の熱力学に存在した混乱を露呈しているが、少なくとも彼は、放射熱が吸収されると物体中の熱となり、再び放射熱として放出されることを理解していた。シェゾーやオルバースが示した解答のように、星から出された放射熱が星間媒体によって継続的に吸収された場合には、吸収媒体は熱せられて、最終的には「受け取ったのと同じだけの熱をあらゆる点からいつも」放射することを彼は知っていた。

ヘルマン・ボンディは、その著作『宇宙論』（一九六〇）で、近年、宇宙の闇の謎への関心を再度かき立てているが、その中でほとんど同じことを述べている。「気体によって吸収されたエネルギーはどうなるであろう？ それは明らかに気体を、受け取った熱と同じだけの熱を放射する温度に達するまで加熱するはずであり、したがって、放射の平均密度を減らすことにはならない[5]」。我々は、このことが生じる時の気体の温度が、星の表面温度の平均値と等しい、とつけ加えることができる。

しかし、吸収を考えても空が破局的な明るさになることを避けられないという主張は、それ自体批判的に検証されなければならない。もし、星の平均的な寿命が一〇〇億年で、吸収媒体が熱せられるのにわずか一〇〇〇年しかかからないとしたら、ハーシェルが主張したように、吸収はまったく役に立たない。しかしながら、吸収が星々の寿命より長い時間をかけてその媒体を暖めるのであれば、効果的である。

ハーシェルの批判は、エドワード・フルニエ・ダルベの解法には当てはめられない。科学者でもあり技術者でもあったこのイギリス人は、生涯のほとんどを、アイルランドの科学の発展とアングロサクソン人とケルト人との交流の促進に捧げた。一九二三年、彼はロンドンからテレビ画像を伝送することに成功した。フルニエ・ダルベは我々の物語にしばしば登場する。彼は、夜中に回廊から回廊へとさまよう幽霊のように本書の頁から頁へと飛び移るので、我々は再三再四、彼に出会うことになる。一九〇七年に出版された彼の小著『二つの新しい宇宙』(6)は、宇宙論の洞察について数多くの宝石を含む鉱山である。彼は、宇宙の闇の謎について以下の言葉を記した。「もし、無限の空間に我々の系のように星々がちりばめられていて、それらの星々が我々の太陽のように光り、また、それらがすべて永遠に存在するとしたら、空全体が太陽光のように明るい一つの炎となって見えるだろうことは、数学的な確証をもって示される」。彼は、この恐るべき事態から生ずる結果を強調し、吸収は何の助けにもならないことを示した。

私はこれに、同じくらい確かな結論、すなわち、空間のすべての部分は、地球や我々自身をも含めて、白熱しガス化することをつけ加えたい。というのも、放射熱は光と同様に伝播するからである。そしてさらに、空間環境が冷たいことは、空間における吸収によって放射の損失が少しも起こらない決定的証拠となる。それは、吸収媒体は吸収過程で加熱され、それから媒体自体による熱の放射が生じ、考えている科学者の頭まで熱くするからである。

フルニエ・ダルベはいくつかの解答を考え出したが、我々が即座に興味を覚えるものの一つは、ほとんどの星が通常は光を出していないという奇抜な考えによるものである。「もし、高温の星が何か例外的なもの――ビリオンに一度しか起こらない珍現象――であるとしたら、無限の宇宙における平均温度はきわめて快適なものとなるだろう」。彼の「ビリオン」とは一〇〇万の一〇〇万倍を意味し、アメリカにおける一兆と同じである。一個の光る星に対して一兆個の光らない星々があれば、明るい空の宇宙は暗い空の宇宙に変わり、ハーシェルの反論を克服できる。*

*二八七頁、表「提示された解答」の候補7。

通常の状況では、光らない星々は比較的低温であり、光っている間も周辺を暖めることはない。このように、もしχがほんの一部の光る星の存在割合であるとしたら（フルニエ・ダルベの例では一兆分の一）、χは、光る星々で覆われる空の割合でもある。この解答では、暗い星々が見える星の間にある暗い隙間を満たすことになる。星間媒体の組成と宇宙構造に関する現代の知識から考えるとこのように極端な解答は成り立たないが、星の光が吸収されても、暗い夜空の説明にはならないと言って差し支えない。

吸収による説明を除外し、我々は一八世紀に戻り、話の続きをすることにしよう。孤島のような系を考えるストア派体系は一時的にではあるが脇に置かれ、星々が果てなく存在する終わりなき空間を唱えるエピクロス派は、デカルト派が衰退し、ニュートン派的宇宙が力を増す形で復活した。しかし、たくさんのストア派の体系から成るさらに大きい宇宙――たくさんの島から成る宇宙――の可能性を主張して、異議を唱える声が聞かれるようになってきた。

第9章　世界の上の世界

神は、たいへんな広さを見通すことができて、
世界の上に世界が重なり、一つの宇宙となるのを見、
系の中に系が働くのを見ている。
別のどんな惑星が別の太陽を回っているか、
それぞれの星にどんなものが住んでいるか、
天がなぜ、人を今日のように作ったかを語ってほしい

アレクサンダー・ポープ『人間論』

亡霊のような天の川が夜空にアーチを描いている。有史以来、終始天文学者たちは、雲のように広がって夜空を一周しているこの光の帯の性質について考えてきた。デモクリトスは、天の川は輝く星々から成っているが、それらはあまりに数が多く距離も遠いので、星に見分けることができないと言った。ガリレオもほとんど同様のことを述べている。アイザック・ニュートンは、出版されなかった

『宇宙誌』の中で、「性能のよい望遠鏡で見る天の川は、微小な星々で満たされていて、これら星々の混じり合った光以外に何も見えない」と述べている。我々にとって、天の川すなわち我々の銀河系や他の銀河は、あまりに魅力的な対象なので、そこからわき起こってきたさまざまな考えを一瞥しないわけにはいかない。というのも、その歴史は宇宙の闇の謎の歴史と絡み合っているからである。

二〇世紀になると、より多くの知識を得た我々は、太陽系から、空に広がり渦を巻いて我々の銀河系を形成している星の集団やガス雲を見渡している。銀河系の中心からやってくる光は、銀河系の深部を通り、銀河系の円盤を横切るのに一〇万年かかるし、すぐ隣にあり、我々の銀河と似た巨大なアンドロメダ渦巻銀河に到達するまでには二〇〇万年かかる。

我々の銀河系からは、二〇ほどの銀河から成る局部銀河群を越え、さらに隣の銀河群を越えたところに、数百の、時には数千の銀河から成る巨大な銀河団が見える。この局部銀河団を超えたはるか彼方には、無数の超銀河団――それぞれは直径が数億光年ある――が、距離約一五〇億光年の宇宙の果てに散らばっているのも見える。

■トマス・ライトの推測

トマス・ライトは一七一一年、北イングランドのダーハムに生まれた。最初は住所不定の船乗りの若者で、人生後半には土地測量士、作家、科学と数学の教師となり、また、天の川は星の層から成ると考えた功績を認められるようになった。(1) 太陽はこの層にあるたくさんの星々の一つである。我々の位置からこの層とほぼ平行な方向を見ると、たくさんの星々の光が合わさってミルクのような見かけになるし、また、この層とほぼ垂直な方向を見ると、星々の間から外部宇宙の闇が見える、と彼は言っ

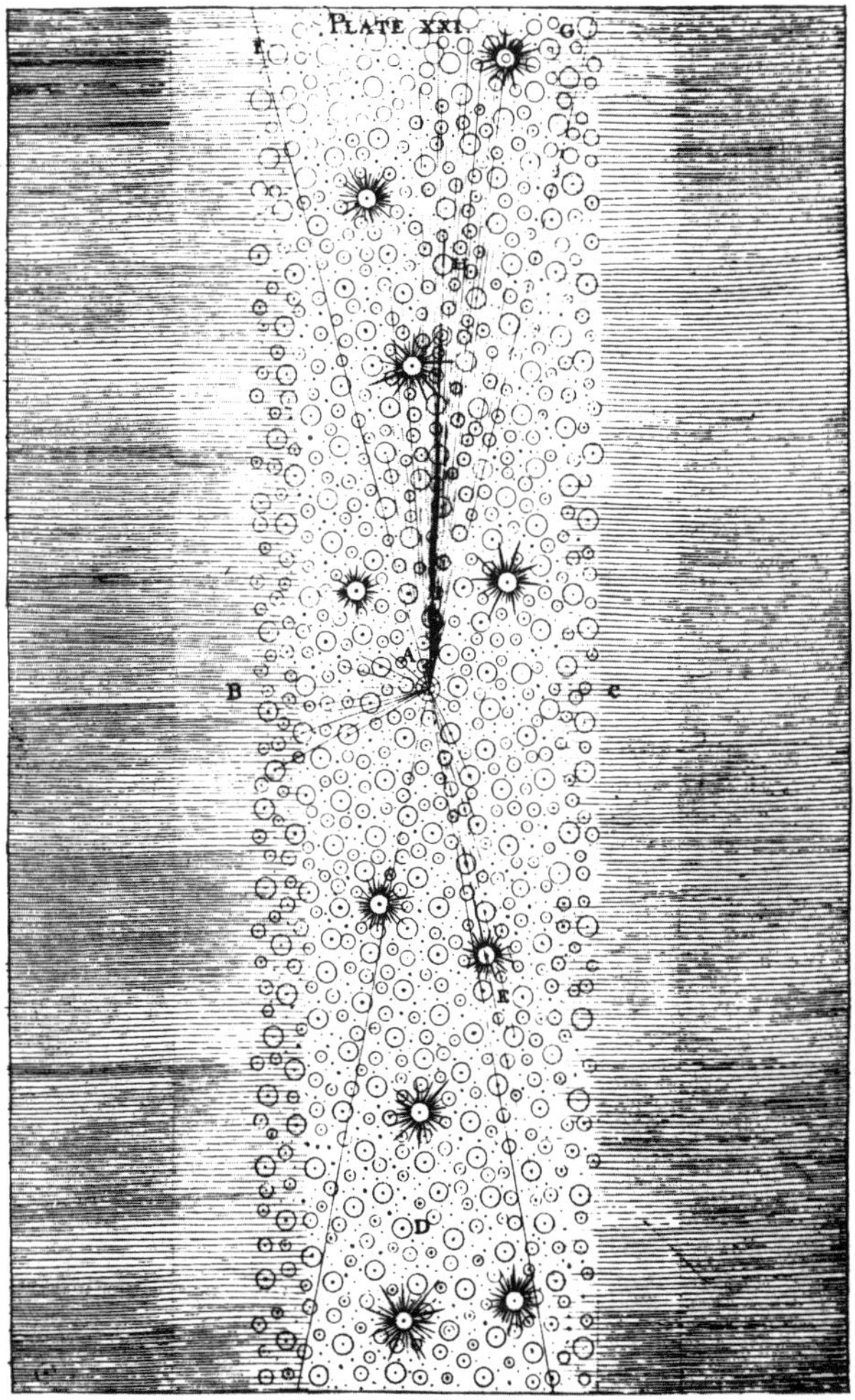

図9.1 ダーハムのトマス・ライトは、銀河系は星々の層から成るという独創的な考えを提示した。この図は、美しいイラストが描かれた彼の本『宇宙の起源または新仮説』(1750) にある。

た（図9・1）。

ライトは、一七五〇年に初期のこの考えや他の考察を発展させ、『宇宙の起源または新仮説』という彼にとって最後の主要な著作をまとめた。[2] ロイ・ド・シェゾーの亡くなる一年前に出版されたすばらしいイラストのついたこの本で、彼は以下の仮説を提案した。

(1) 銀河系は太陽を含む星々の層から成り、この層は、円盤か球殻かどちらかの形をしている（図9・2）。

(2) 最初にハレーが気づいたように、星々は固定しているのではなく動くものである。そしてそれらは、太陽のまわりを回る惑星のように銀河系の中心を回っている。銀河系にある動く星々はすべて「遠心力の作用を受け、遠心力は、単に星々をその軌道に保持するだけではなく、万有引力によってすべての星々が一緒にくっついてしまうのを妨げている」。

(3) おそらく、その他の銀河は非常に遠いところに存在しているのであろう。「これが現実である可能性が大きいことは、辛うじて認めることができる星のような斑点が存在することによって、ある程度明らかにされた。星々に満ちた我々の区域を遠く離れているので、そこでは、それらの斑点が、星か、特別に構成された天体かを誰も見分けることができない」。

この恐るべき人物による独創的な提案は、ひとつひとつが成果をもたらした。三番目の提案――天に見える小さく不明瞭な光の斑点がおそらく他の銀河だろうという直感的な考え――は、宇宙について真に素晴らしい展望を開くものであった（図9・3）。

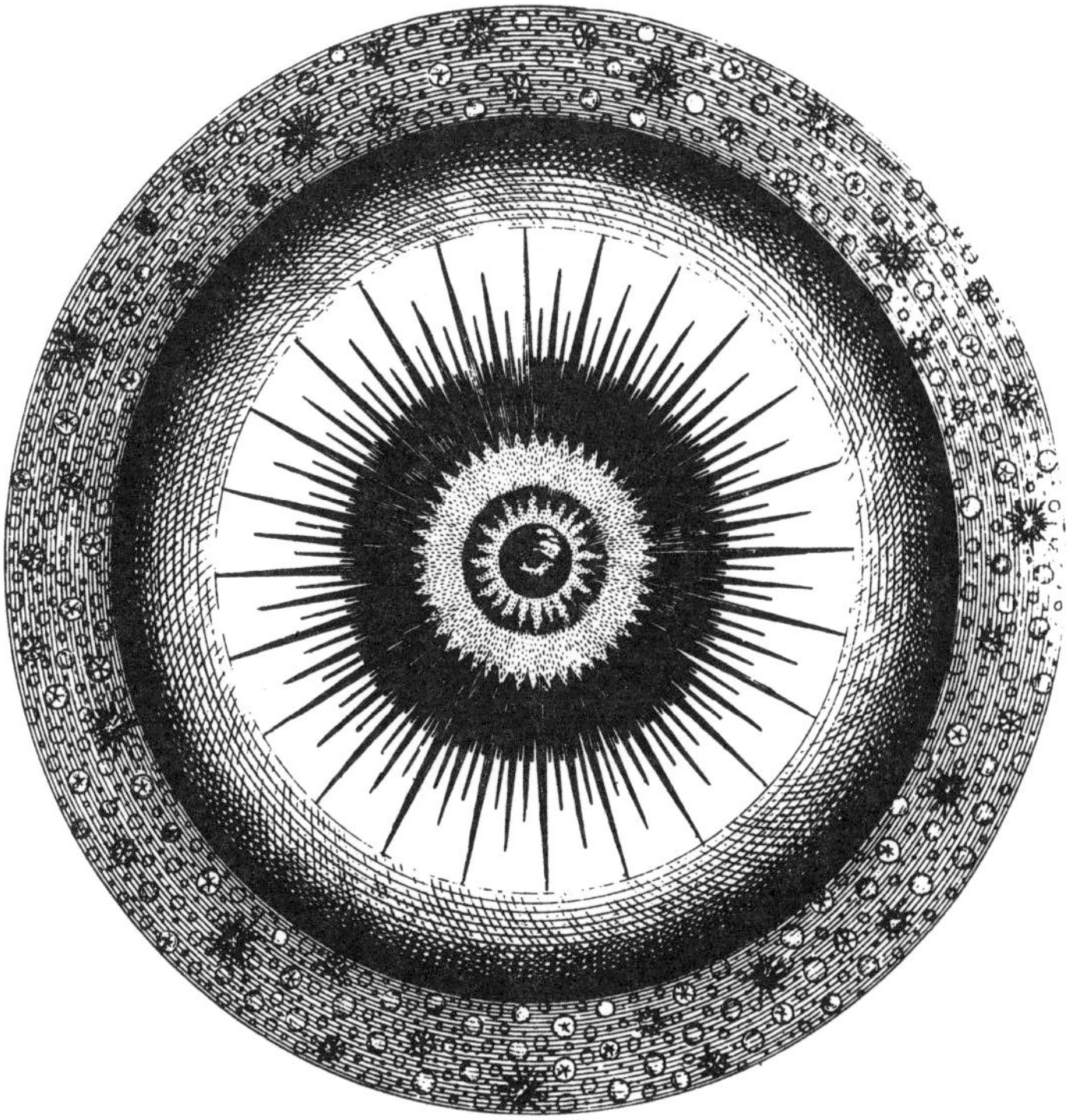

図9.2 ライトは言った。「他に、星々は不思議な銀河の中心を囲む球殻上に位置する図のような形がありうる」。

図9.3 ライトはまた、我々の天の川（銀河系）に似た遠くの天の川（銀河）の存在を提唱した。『宇宙の起源または新仮説』にあるこの図で、彼は、全天を覆っている遠くのいくつもの天の川を示した。

■雲のような星々

「世界の上の世界」についての我々の話は、複雑に絡み合った二つの主題——銀河の話と星雲の話——が、しばしば最も混乱し、もつれ合う様相を呈していた時代に否応なく入っていく。天にある弱くて不明瞭な光のかけらである星雲は、そのいくつかをプトレマイオスが記録していて、天文学者たちにしばしば「雲のような星々」と呼ばれていた。望遠鏡の発明後、それらは真剣に注目されるようになった。ガリレオは、それらは星々が集まったものであると考え、『星界からの報告』の中で、「銀河」は「無数の星々が一つの群となった」以外の何物でもないと書いている。

しかし、この白っぽい雲が見えるのは天の川の中だけではなく、同じように見えるいくつもの斑点が、エーテルの中のここかしこで弱い光を放っている。そして、もし望遠鏡をそのどれかに向けたら、我々は星々の集団に出会うだろう。そしてさらに注目すべきことは、すべての天文学者から今日まで「雲状のもの」と呼ばれていた天体が、見事に配置された非常に小さい星々の集団だとわかったことである(3)。

それからガリレオは以下のように述べ、いつものように彼の言及はまったく適切であった。「各々の星は、小さく距離が遠いので我々の視界から逃れているが、それらの光線は混ざり合い、かすかなきらめきになる」。そのきらめきは、以前は、太陽光の反射かエーテルの濃くない場所の星の光と考えられていたものであった。彼は、星雲に関するアリストテレス学派の説明を認めなかった。さらに、ハレーの見落としていた事実を理解していた。それは、個々の星は我々の目に入らなくても、多くの星々が一緒になると目に見えるきらめきを作り出すことである。

しかし、天文学者たちは、望遠鏡がどれだけ高性能になっても、すべての星雲が星々に分解できるとは限らないことに気づいた。事実、一八世紀のフランスの数学者で広範囲な関心を持っていたピエール・モーペルテュイは、空にある多くは楕円形のぼんやりした光のしみ――たいてい普通の星ほどは明るくなく、多少広がった形の――は、そのひとつひとつが自転によって扁平になった異常な星と考えていた。[4] ライトとモーペルテュイの考えに刺激を受けたイマヌエル・カントは、星雲のあるものは、実際は、ガスから凝縮しつつある新しい星か太陽系かもしれず、また、あまりに遠方にあるため我々にはかすかな光のしみにしか見えないが、他の星雲は、我々の銀河系と類似した他の銀河かもしれないという考えを提示した。

■カントと進化する宇宙

カントは一七二四年にケーニヒスベルク（プロイセンの首都。現在はソ連〔ソ連崩壊後はロシア〕に属し、カリーニングラードと改名された）に生まれ、八〇年後にこの地で亡くなった。彼は決して故郷を離れて旅に出ることはなかった。エピクロスに言及したルクレティウスの言葉で言うなら、「彼は、心の中で世界を囲む燃えさかる城壁を越えて旅に出、無限の世界を航海した[5]」のだ。最初、彼の関心は主に数学と自然科学にあった。ケーニヒスベルクで、何年間も講義を行ったあと、論理学と形而上学の教授に任命された。その時までに彼の関心は哲学へと移り、一七八一年に、彼は有名な『純粋理性批判』を出版し、知識の思想の確立に貢献した。

カントは、ライトについては、一七五一年にハンブルクの雑誌に掲載された書評記事で概要を見ただけであった。[6]そこから彼は、銀河系の星々がおそらくその中心へ引きつけられ、それらによって、太陽系の惑星とまったく同じように銀河系の中心のまわりを運動していることを知った。この考えは、イギリスの非凡な著者であるトマス・ライトによって提案され——報告書ではそのようになっている——、カントに、星が円盤型の系となって回転する銀河系の像を思い描かせたのであった。

一七五五年、博士号を取得した年、カントは天文学史の道標となる『天界の一般自然史と理論』を執筆した。残念なことに出版社が破産し、その時は数部しか世に出ることはなかった。にもかかわらず、この著作は科学界に興奮を呼び起こし、抄録が出回り、カントによる他の著作『神の存在についての唯一の可能な証明』の前書きにその概要が載せられたりした。

カントはライトに賛辞を捧げ、ライトが「恒星を、単に秩序も計画もなく散らばった群れではなく」、宇宙のすべてを満たすように体系的に配置されたものと考えた、と記した。ライトの最初の二つの推測——銀河系は平面上に軌道を描く星々から成ること——は、目がこの平面上にあると、なぜ「天球上で、この平面の方向に最も密度が濃く集積した星々が見え」るか、また、星々による帯は、「天の川（Milky Way）」という言葉で表されるように、なぜ「白く一様なかすかな輝き」を放っているかの説明となる。

カントは言った。最初に宇宙——神によって創造された——は、自然法則によって支配される原子のカオスだった。原子の流れの渦から、重力によって、惑星、星々、銀河が形成された。星々の形成や他の形成過程は今も続いており、おそらく永遠に続くだろう。「何百万世紀、無数の百万世紀が流れ、その間、常に新しい世界や世界の体系が形成される……創造は決して終わりもせず完成もしない」。

ピエール・ラプラスは、数学者としての聡明さゆえに「フランスのニュートン」という肩書きを手

図9.4 アイルランドの天文学者で、3代目のロス伯爵であるウィリアム・パーソンズ（1800-1867）は、巨大反射望遠鏡を建造し、星雲には渦状の構造を持つものがあることを発見した。1845年のこのスケッチには、72インチ望遠鏡で見た渦巻星雲 M51が描かれている。渦模様は、渦を巻くガス雲によるもので、カント - ラプラスによる星雲説と符合していた。

にした。彼は大衆的な『宇宙体系』の中で、収縮し自転する気体の雲から我々の太陽系や他の太陽系が生まれた、と述べた。それより前にカントはまったく同じ考えに達していたが、ラプラスは惑星系の形成における自転の重要性を強調し、大きな評価を得た。このカント‐ラプラスの星雲説は、批判や反論もあったものの、一九世紀の天文学者の想像力をとらえ（図9・4）、多くの改良を経て、太陽系の形成に関する現代理論の基礎を形作った。

天文学者たちは、ガリレオの時代から、多くの星雲を、個々の星が「非常に遠くにあるため星と確認できない」星の集団であるとしてきた。しかし一八世紀以降、天文学者たちは、他の多くの星雲は渦を巻くガス雲が収縮しているもので、新しい太陽系か、後に「島宇宙」と呼ばれる遠くの天の川である可能性も認めるようになった。カントは、多くの星雲は星がゆるやかに結びついた集団であるが、ガス雲もあれば、実際には天の川もあるという自由な見方をとった。それは偶然にも正しい見解であった。我々は、フラクタル宇宙について論じるところで、想像力に富むカントの考えにまた立ち戻ろう。

トマス・ライトとイマヌエル・カントの理論は、天文学的観測によってなされた発見よりはるかに影響力があった。望遠鏡製作が巧みで熱心な観測者であるウィリアム・ハーシェルにとって、理論と観測がバランスを取り戻す時は熟していた。

■天の構築

ウィルヘルム・ハーシェルはドイツのハノーバーで生まれ、一七五七年、一九歳の時に、七年戦争の兵役から逃れるためにイギリスへ移住した。彼は職業音楽家であったが、天文学に興味を持つようになり、余暇に望遠鏡を組み立て天体観測をするようになった。一七七二年、彼の妹であるカロラインがこれに加わった。二人は、音楽家としてのキャリアを続けながら天文学にも熱意を傾けた。ウィリアムとカロラインは、自作の反射望遠鏡を用いてたくさんの星雲を星に解像することに成功した。カロラインの助けもあって、結果的にウィリアムは、一八世紀における第一級の天文学者と認められるようになった。

一七八一年、彼は、それまで知られていなかった七番目の惑星――後に天王星として知られるようになる――を発見した。新しく発見されたこの惑星は土星の軌道の外側にあり、国王ジョージⅢ世に敬意を表して「ジョージの星」と呼ばれた[7]。王はウィリアムを宮廷の天文学者に指名し、この偉大な発見に対してささやかな給与を与えた。一七八八年、ウィリアムは裕福な未亡人と結婚し、彼と妹は音楽家を辞め、天文学に専念することになった。

兄と妹は、精密さと集光能力において並ぶもののない望遠鏡を用いて天空を調査した。ウィリアムは、彼らの結論を以下のように解釈して説明した。最初に、空間は全体的に透明である。したがって、星々ははっきりと見える。二番目に、すべての星々は太陽と類似している。したがって、最も遠くにある星の光が最も弱い。三番目に、星々は均等に散らばっている。したがって、果てのある天の川は、空が最も星で混み合っているように見える方角に、最も遠くまで伸びている。これらの仮定や理論を補助的に用いながら、彼とカロラインは天の川を図に描き、天の川は中心付近に太陽がある星の集まりで、その集まりは全体として扁平であることを見いだした（図9・5）。

ウィリアムは、天空の暗くて星のない区域――今日では、暗黒の塵の雲であることがわかっている――は、「空の穴」であり、我々は、天の川にあるこれらの穴を通して銀河を越えた空間の闇を見ていると考えていた。彼は、銀河面にある塵によって星の光が吸収される見解を知らず、いて座にあ

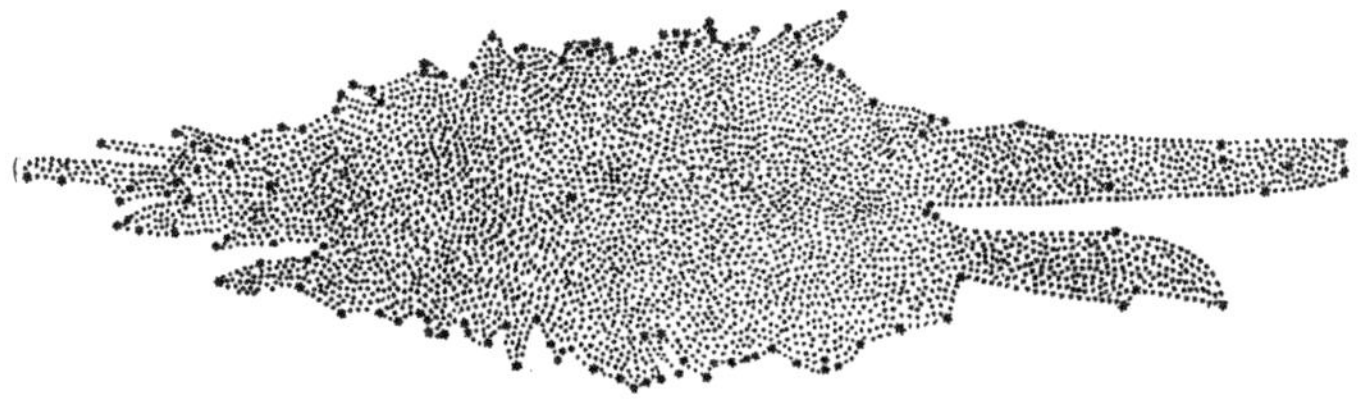

図9.5 ウィリアム・ハーシェルの描いた銀河系のモデルで、太陽が中心に置かれている。この「偶蹄形」を横から見た形は、銀河系が、星で最も混み合って見える方向に非常に遠くまで広がっている状況を示している。

る銀河の中心が我々の視界から隠されていることも知らなかった。そして、天の川はほとんど同じ明るさで我々を囲んでいることから、我々は銀河系の中心にいると結論した。

しかし、ウィリアムは、連星（互いに回転し合う軌道にある星対）系について先駆的研究を進めている時、彼の二番目の仮定――すべての星々は同様の天体である――が正しいとは限らないことに気がついた。したがって、彼の三番目の仮定も同様に成り立たなくなった。というのも、星々は明らかに不均等に散らばっているからである。さらに、星雲の区域には、オリオン座のように、「我々にわからない性質を持つ輝く流体」に見え、星に分解できないだけでなく、星以外のもので構成されていると思われる場所があった。このことは、最初の仮定も危うい土台の上に立っていることを示していた。

一七八五年、「天の構築」という記事の中で、ウィリアムは、多くの星雲は、遠くにある我々の銀河系と似た系であろう、「そのため、それらもまた、識別のために銀河と呼ばれるかもしれない」と述べた[8]。一年後、彼は手紙に「一五〇〇の宇宙を発見した！……どれも恒星系であり、あるものは我々の天の川より壮大なものであろう」と書いた[9]。何年もの間、彼の考えはライトの考えに似ていて、無限に広がる宇宙には銀河が限りなく存在し、個々の銀河は我々の銀河系に似ているという考えを、

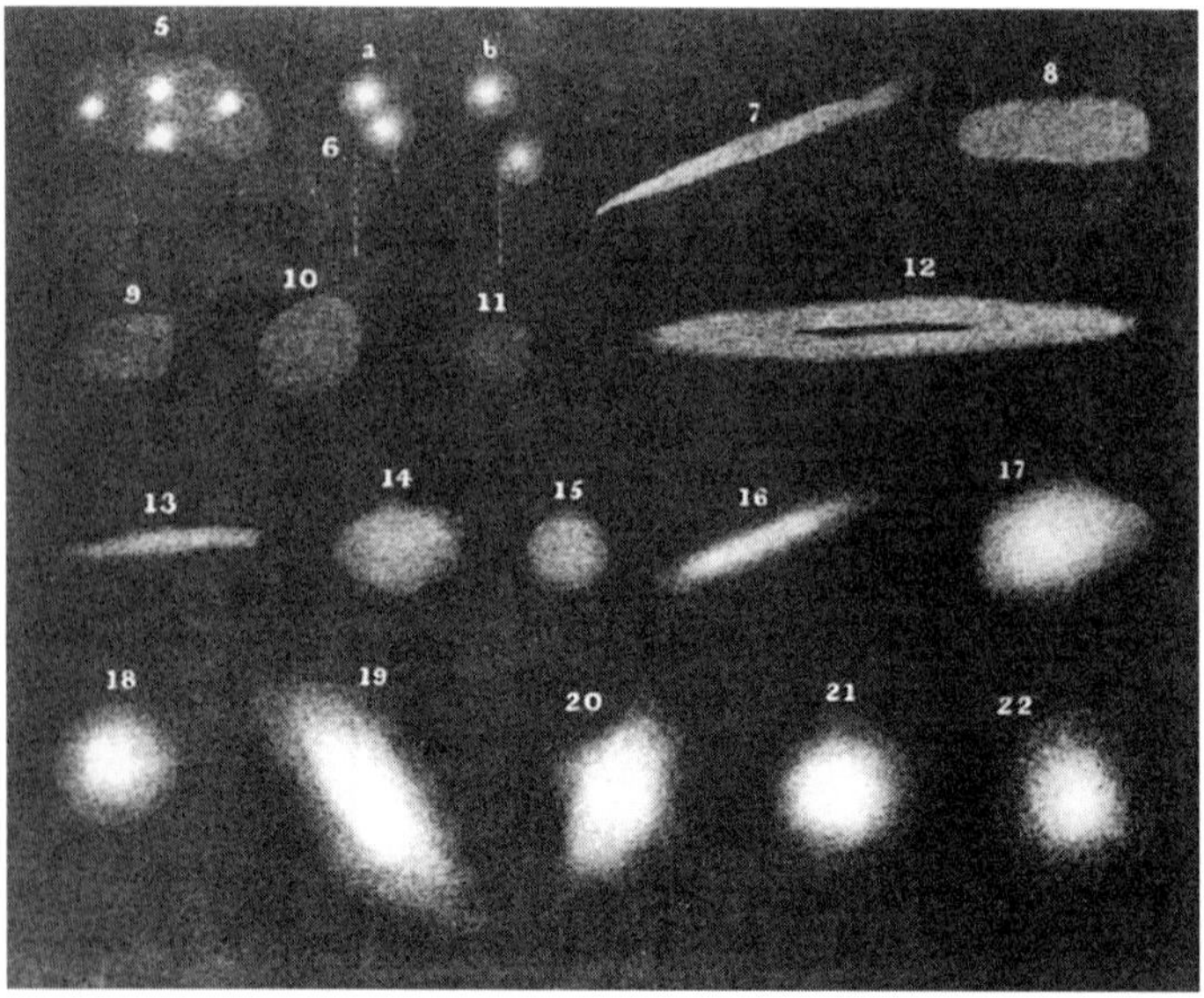

図9.6 ウィリアム・ハーシェルの論文にあるさまざまな広がりを持つ星雲状物質を描いたスケッチの一部で、この論文は1811年6月の「王立協会」の会合前に読まれている。「天の構築に関する天文観測は、批判的な調査を行う目的でなされている。その結果は、天体の構成について新しい光を投げかけているように思われる」。

注意深い言い回しで支持していた。しかし晩年、彼は考えを変え、おそらくほとんどの星雲（図9・6）は銀河系の内側に存在し、外部の銀河は、もし存在するとしても、あまりに遠くで光が弱すぎるので、探知することはできないという意見を述べるようになった。彼は初期の確信を失い、ライトやカントの唱えたたくさんの島から成る宇宙という考えを捨て、島宇宙は一つしかないという考えになった。彼に導かれ、一つの島宇宙という考えは一九世紀の天文学界で広く取り入れられるようになった。

第10章　カオスの啓示

コンスタンス夫人が『カオスの啓示』を読んだ後、

「この本は、まさに星がどのように作られているかを示してくれます。これほど素晴らしいものはありません。蒸気の固まり――天の川のクリームは、ある種の天上のチーズで、かき混ぜられて光になるのです」

ウィリアム・ハギンス『新天文学』

我々の銀河系がすべての物質の創造をやり遂げたことに、一九世紀の天文学者たちはほとんど例外なく疑いを差しはさまなかった。銀河系を越えたところには謎めいた無限の空間が広がっているのであり、そこに他の銀河が存在するというのは、架空の推測以外の何物でもなかった。

ジョン・ハーシェルは一七九二年にウィリアムの一人っ子として生まれた。最初に法律を学び、それに幻滅を感じて科学と天文学に転向した。一八三四年、彼は南アフリカのケープ植民地に天文台を建て、父親が北天で用いたのとほとんど同じ方針に従って南天の星図を作った。彼は、有名な教科書である『天文学概観』（一八四九）で、「星雲と星の集団との物理的相違[1]」の存在に疑いをはさんだ。すべての星雲は、我々の銀河系の内部かその周辺にある星々の集まりであり、銀河系は宇宙で最大の天体であることは観測によってわかる、と彼は言った。もし、銀河面から遠く離れた空にある光の弱い星雲が本当に外部銀河であるならば、なぜそれらは、銀河面から遠く離れた方向にだけ見えるのだろう？　その奇妙な分布は、それらの天体が我々の恒星系に属していることを明らかに証明するものだ。銀河系外から来る光が、銀河面を通過する時吸収されて消えてしまうという今日天文学者が認めている説明を、彼は受け入れなかった。

ジョン・ハーシェルは、銀河系はすべてを包含する恒星系であり、我々は星々の隙間から銀河の外に無限に広がる空間の闇を見通していると確信していた。一九世紀におけるほとんどの天文学者たちは、このストア派的見解を共有していた。イギリス人の天文学者であり科学史家でもあるアグネス・クラーク（一八四二―一九〇七）は、一八九〇年にその著作『星々の体系』で、一般に広まっている考え方を次のように要約している。

星雲が銀河系外にもあるかという疑問は、それ以上議論する必要がほとんどない。発見が進むことによって答えは出された。今日、目の前に置かれた入手可能なすべての証拠があれば、有能な学者なら、どんな星雲も銀河系と同格の体系であるとは主張できない。現に確実なのは、天球にある星や星雲のすべての構成要素は一つの強力な体系に属し、包括的な――言い換えれば、我々の知識の及ぶ範囲のすべてを包む――枠組みの中で、相互の関係を保って秩序立てられていることである。それを超えた無限の可能性について科学は関与しない[2]。

しかし、ウィルヘルム・オルバースは、ハーシェル家の人々によって押し進められた一つの島宇宙という考えを受け入れなかった。フリードリッヒ・ストルーヴェもある意味においてはそうであった。彼は、天文学における名家であるストルーヴェ家の最初の人物で、ナポレオン軍の徴兵を免れるためにドイツからロシアへ逃れ、ペテルスブルク〔旧レニングラード〔現在のサンクトペテルブルク〕〕の南、ロシアのプルコバにある天文台の初代台長となった。彼は、星間空間が完全に透明ではありえないと強く主張した。天の川から離れた方向を見ると、星のない空間をはるか深くまで見ることができるが、天の川の面に沿った方向を見ると、限られた距離しか見えない、と彼は言った。多かれ少なかれ現代的見解を主張したことで、ストルーヴェはかなりの批判を受けた(3)。

宇宙の闇の謎に対するストルーヴェの解答は一つの折衷案であった。それは、天の川の面から離れたところでは銀河系外の空虚な空間を見ているために、空は暗く、天の川に沿った面――彼はそこは無限に伸びていると考えていた――では、星の光が吸収されるため、空がある程度は暗くなるとしたからである。

■新しい天文学

一八九七年――ヴィクトリア女王の即位六〇年祝典の年――に、有名な天文学者であるウィリアム・ハギンスは、自らの経験を思い起こしたエッセイ『新天文学――個人的な回顧』を執筆した。その中で彼は、若かった頃「やがて私は、ルーティーン的性格を持つ天文学の通常業務にちょっと不満を覚え、漠然と、新しい方向か新しい方法で天を探究する可能性を探るようになった」と思い起こしている。[4] ドイツでグスタフ・キルヒホフがスペクトル分析法を発見したというニュースは「私にとっては、乾ききった土地から泉がわき上がったようなものだった」。フランスの哲学者で、「社会学（sociology）」という言葉を作ったオーギュスト・コントは、その著作『実証哲学』で、天文学者は決して星の組成を決定することはできない、[5] と宣言していた。しかしキルヒホフは、太陽に地球と同じ元素が存在することを示し、ハギンスは、コントの述べた限界にくじけることなく、同じことを恒星についても調べようと決心したのであった。

ハギンスは何年もの間、天文台に適した分光学と写真術の新しい技術を開拓していった。彼は、各元素のスペクトルを狭い隙間に飛ばした大気のスペクトルと比較した上で、星や星雲、彗星からの光のスペクトル組成を調べた。一八六三年に彼は、自らの観測により、星々は地球や太陽にある元素と同一の元素から成るという驚くべき報告を行った。この謙虚な男は、ロンドン郊外のタルス・ヒルにある自宅の観測所で仕事をしていたにすぎず、今日ならアマチュアとして扱われるだろう。しかし彼は、天が地球上では見いだすことのできないエーテルという物質でできているという古代からの信仰を最終的にうち倒したのであった。

一年後、「一八六四年八月二九日の夜、私は望遠鏡を初めてりゅう座の惑星状星雲に向けていた。ここで読者は、畏怖の念が混じった興奮と不安を感じるのを、ある程度は心に思い描くことができるだろう。わずかな逡巡の後に、私は目を分光器に向けた。まさに私は、創造における秘密の場所を覗き込もうとしていたのではなかったのか？」。しかし、スペクトルは彼の予期していたものではなかった。「輝線が一本だけだ！」。彼は、分光器をもう一度調整する必要があるかと思った。「それから正しい解釈がひらめいた」。この特殊な星雲には、恒星から放射される連続スペクトルが存在せず、高

図10.1 アンドロメダ星雲、M31。近傍にある巨大な渦巻銀河で、我々の銀河系に似ており、200万光年離れたところにある。

温ガスに特有なスペクトルがある。「この星雲の謎は解けた。光そのものから我々のところに来たその答えは、この星雲は恒星の集合体ではなく、気体が光っているものだ、と読み取れる」。

ハギンスの発見は、星の集団に分解できない星雲の少なくともいくつかは光るガスであることを示し、カントやラプラスによって提示された星雲説に対する根強い反対意見をすべて克服した。この理論によると、太陽系や他の惑星系は、回転し収縮するガス雲が凝縮してできたものである。しかし残念ながら、ハギンスは先に行きすぎてしまった。アンドロメダ星雲（図10・1）のような大きな渦巻を持つ楕円形の星雲は、「太陽のような星の集まりではなく気体状の星雲で、徐々に熱が失われてゆくためか他の力の影響かによって、凝縮し混み合って不透明になったガス状の星雲である」と彼は言ったのである。[6] この大ざっぱな解釈は、ライトやカントによって提示された宇宙が多数の銀河から成るという理論を、非常に不人気なものにしてしまった。

一八六八年、ハギンスは、アルマン・フィゾーが一八四八年に予言していたスペクトル線のずれを観測して、我々に対して近づいているか遠ざかっているかを決める星の視線速度を測るのに成功した。少し前の一八四三年に、クリスティアン・ドップラーは、近づく時は青く、遠ざかる時は赤くなるという形で、連星系は周期的に色を変えると述べていたのであった。[7] 相対運動によってスペクトル線が移動することは、一九世紀にはフィゾー - ドップラー効果として知られていた。今日では、やや正当性を欠くドップラー効果という名前で知られている。ドップラー効果の検出は、写真術が進歩し、日周運動を時計で追尾する望遠鏡の中に感度の高い乾板を装備して、数時間の露光ができるようになるまでは困難だった。ドップラー効果についてハギンスは予言的にこう書いている。「近い将来、この研究方式によって多くの輝かしい業績が生まれるのは間違いなく、そのおおまかなアウトラインだけ

図10.2 実験室が天文台に侵入している。「天文台は、地上の化学が天上の化学と直接触れ合う会合の場所である」とウィリアム・ハギンスとマーガレット・ハギンスは書いている。(*Atlas of Representative Stellar Spectra*, p.8)

でも描くことは……ほとんど不可能である[8]」。

自作の分光器の作り方という無署名の雑誌記事が、マーガレット・リンゼイを、分光学という新しい科学の世界に送り出した[9]。彼女は鋭敏な感覚を持つ写真家で、自作の機器で天体観測も行っていた。彼女は偶然にも、この記事の著者であるウィリアム・ハギンスと出会った。ハワード・グラブ製作の新しい望遠鏡を調べるために、彼は、マーガレットの故郷の町のダブリンを訪れていたのである。分光学はロマンスの閃光を放ち、一八七五年に彼らは結婚した。目の衰えた彼と目の良い彼女はコンビを組んで仕事をし、最先端の写真技術と分光学を用いて観測を行い、天体物理学という新しい科学を世に送り出すのに寄与した（図10・2）。ヴィクトリア女王は一八九七年、ウィリアムが「その非凡な妻とともに、天体物理学という新しい科学を作り出すことに多大な貢献をした」として、彼にバス勲章を授与してナイトに叙した。ハギンス夫人は夫より五年長生きし、一九一五年に亡くなった。

■大論争

ストア派的な宇宙観は一八世紀に衰えたが、一九世紀にもう一度力を取り戻し、二〇世紀に最終的に消滅した。一九二〇年にハーロー・シャプレーとハーバー・カーティスの間で行われたいわゆる「大論争」は、島宇宙が一つであるか、多数の島宇宙があるかという論争であったが、これは、二〇〇〇年にわたりライバルであったエピクロス派とストア派の支持者どうしの間でなされた最後の戦いでもあった。

銀河系の大きさや近傍にある系外銀河までの距離が論争の的であったその絶頂期、特に、ウィルソン山天文台のシャプレーなどの天文学者は、一九世紀に一般的だった「一つの島宇宙」説の最新版に賛成していた。その見解によれば、宇宙は今や、多数の球状星団によって取り囲まれた超巨大銀河が、無限で空虚な空間に浮かんでいるものであった。しかし他の天文学者たち、特に、リック天文台のカーティスは、大きく隔てられたいくつもの銀河が無限の遠くにまで広がっている「多数の島宇宙」説が復活することを望んでいた。その見解によると、光の弱い星雲として見えている系外銀河は、それぞれが我々の銀河系のように巨大な恒星の集まりである。(10)

オランダの天文学者、ヤコブス・カプタインは、かつてないほど多くの星々とより優れた統計手法を用いて、一九二二年、ウィリアム・ハーシェルのモデルと類似しているがそれよりはるかに大規模なモデルを構築した。しかし、視差測定で距離を詳しく調べることができたのは、銀河系の中でも我々に近い場所だけであった。より遠方の距離測定は不確実な仮定に基づいていたが、その推定に対し、アメリカの天文学者エドワード・バーナードと、スイスの天文学者ロバート・トランプラーを例外として、星間物質による光の吸収の問題を重大視している人は誰もいなかった。

ハーバード大学の天文学者ヘンリエッタ・リービットは、天体の距離を測定する画期的な道を開いた。一九〇八年、マゼラン雲（銀河系の近くにある二つの不規則銀河）にある変光星――明るさを周期的に変える星――を研究していた時、彼女はそれらの変光周期が明るさによって決まることに気づいた。明るさが増すほど、変光周期が長かったのである。そして、エイナール・ヘルツシュプルングは、化学者から転向したデンマーク人の天文学者であったが、これらの変光星が有名なケフェイド変光星であることを突き止めたのであった。不幸なことに、ケフェイド変光星には視差測定によって距離を決定できるほど近くにあるものがなく、ヘルツシュプルングは距離決定に、より間接的な統計的手法を頼りにせざるを得なかった。こうしてケフェイド変光星の距離目盛が一応定められたので、シャプレーはこの周期-光度関係を、さらに遠くのケフェイド変光星の距離を測定する尺度とした。これによって新しい宇宙構造論へ通じる扉が開かれたのである。ケフェイド変光星は銀河系探査の里程標の役割をなし、最も明るいケフェイド変光星は、近傍銀河の距離を決定するために使うことができた。

百個以上の球状星団――それぞれ数十万個もの老いた星が密集した星団――が、我々の銀河系のまわりに散らばっている。これらの集団の分布はシャプレーの興味を引き、彼は、ウィルソン山天文台の一〇〇インチ望遠鏡を用い、角直径、最も明るい星の等級、そしてケフェイド変光星の実視等級と周期などを使ってそれら球状星団の距離を推定した。そして彼は、それらの球状星団が、いて座方向の遠方の一点を中心にして球形に分布していることを発見し、その点こそが銀河系の中心だと主張した。オランダの天文学者、ヤン・オールトは、一九二七年、銀河の円盤がその点を中心として回転していることを示し、少し後に、中心点までの距離を三万光年と推定した。コペルニクスは地球中心説をうち倒したが、太陽が銀河系の中心ではないことを示して彼自身が太陽中心説をうち倒した、とシャプレーはしばしば言っていた(図10・3)[11]。

一九一七年、シャプレーは宇宙の闇の謎について「星々の存在する宇宙の有限性に関する伝統的な問題」として短く触れた[12]。彼は脚注で述べている。「この意味においての宇宙とは、太陽を取り巻き、空のあちこちに見えている種類の星によって形成された体系を意味している。星々の存在する空間の範囲が有限であろうとも、天が光り輝く炎となっていようとも……」。彼は、星々の存在する宇宙は、その内部や周辺に超小型の星団がある広大な銀河系の星々から成り、その先には無限で空虚な空間がある――一つの島宇宙――と信じていた。ほかにどうしたら夜空の闇の謎が解けるというのか? 彼は一九二〇年代の最後まで自らの信念を固守していたので、彼を「最後のストア派的宇宙論者」と言っ

図10.3 そら、あそこを見よ。
人々が「天の川」と呼ぶ銀河がある。
チョーサー『名声の館』
銀河系についての現代の説明図は、回転する円盤を横から見た形であり、中心部が膨らみ、球状星団がまわりを取り囲んでいる。円盤の直径は10万光年である。太陽は、円盤の中心から縁へ向かって3分の1――図では縁から3分の1あたりに見えるが――のところに位置している（J.S. Plaskett, *Popular Astronomy* **47**; 255から改変）。

図10.4　ハーロー・シャプレー（1885-1972）。（The Harvard University Archives の厚意による。写真 John Brooks）

てよい（図10・4）。

銀河系外の星雲に関する長い論争は、一九二四年、ウィルソン山天文台のエドウィン・ハッブルが、アンドロメダ星雲にあるいくつかの明るいケフェイド変光星の解像に成功した時に、最終的に決着した。その周期と実視光度を測定し、リービットとシャプレーによる周期‐光度関係を用いてこれらの星々の距離を決定し、彼はアンドロメダ座にある渦巻星雲が、実際には、銀河系と同等の地位にある別の体系であることを確定したのである。[13] 後になって、アンドロメダ星雲までの推定距離は二〇〇万光年と改められた。

■星雲のカタログ作成

一七八一年、フランスの天文学者であり熱心な彗星ハンターでもあったシャルル・メシエ（一七三〇‐一八一七）は、一〇〇余りの光の弱い星雲状天体のカタログを編纂した。彗星は、

図10.5 おうし座にあるプレアデス、M45。これらの新しく生まれた星々は、それらが形成されたところを囲んでいるガスのために、〔長時間露光の写真では〕星雲のように見える。

内部太陽系に近づくと、いくつもの星雲によく似たかすかな光のしみのように見え出す。メシエ・カタログを編纂したのは、コメット・ハンターが、光の弱い彗星とこれらの星雲との見間違いを避けるためであった[14]。しかし、彼のカタログはたくさんある星雲の表面をひとなでしただけであった。ウィリアム・ハーシェルは、改良してさらに強力になった彼の望遠鏡を用いて、星雲の記載数を二五〇〇にまで増やした。彼の息子であるジョンはそれにさらに数千を追加し、以来その数は増え続けている。今日、星雲は、星団、ガス雲、銀河という分類法にしたがってカタログに記載されている。

　スペクトルの中の紫外線、可視光、赤外線、電波のそれぞれの波長帯域において感度の高い機器を用いて行った観測から、今日では、ガリレオによって観測された「白い雲」は、星団（かに座のプレセペ、M四四のようなもの）か、あるいは、銀河系円盤内で星の形成がなされている明るいガス雲（いて座にある三裂星雲、M二〇や、おうし座にあるプレアデス、M四五のようなもの、図10・5）かのどちらかであることがわかっている。天の川から遠く離れた方向に見え、星間塵によって隠されていない「似たような特徴を持つ斑点」は、その多くが遠方の球状星団（ヘルクレス座にあり、銀河系の周辺に位置するM一三のようなもの）か、あるいはさらに遠くの銀河（アンドロメダ星雲、M三一のようなもの、図10・1）であることもわかっている。

第Ⅲ部　謎の継続

第11章　フラクタル宇宙

空間における光の消滅に賛成する発展的な議論の一つは、もしそのような消滅がないとすると、宇宙が無限であるなら、宇宙には、視線が星にぶつからない方向はないので、全天は太陽の光のような炎で燃え立ってしまうはずだという主張です。この論争は誤っています。というのも、視線を向けた時、星に出会わない方向がたくさんあってもおかしくない、文字通り無限の宇宙の構造を想像するのはたやすいからです。高い次元の天体が、その下位の天体よりも、中心からはるかに遠いところに存在するはずだ、という法則に従って宇宙の体系が細分化されているとすれば、そのような宇宙が生じても不思議はありません。

ジョン・ハーシェルからリチャード・プロクターへ宛てた書簡、一八六九年八月二〇日

スウェーデンの科学者でもあり神秘主義者でもあるイマヌエル・スウェーデンボリは、ニュートン派というよりデカルト派であったが、『物事の本質的原理』（一七三四）の執筆を始め、その仕事によって、ある体系を包み込む体系で作られている構造化宇宙について思索することで話の口火を切った。

彼は、宇宙はさまざまな規模の磁気の渦から成り、その規模は粒子から天の川に及んでいると想像し、「自然は常に、それ自身と同じ構造を繰り返している」と述べた。数年後、イマヌエル・カントがこの考えを極限にまで推し進めた。

カントはニュートン的宇宙の研究に着手して、そこに、空間が無限に広がり、時間が永遠に将来に続くだけでなく、過去のどのような作者も決して夢見ることのなかった規模の宇宙体系を作り出した。動く星々が集まって銀河を形成する、とカントは言う。銀河どうしが互いのまわりを回る軌道をとりながら集まって、それ自体でより大きい体系を作り上げる。重力によってあちらこちらへ引っ張られることにより、この銀河のグループはさらに集まって、広大な体系を形成する。そして、これらの大きいグループは、さらに大きな系をなす大渦巻に投げ込まれ、回転させられる。こうして、理解不可能なほど広大な階層的宇宙が作り出され、その過程が果てなく繰り返されるのである。カント自身は、「天の川よりさらに大きい空間を満たす数え切れないほど無数の世界や宇宙体系を見る時、我々はなんという驚きに打たれることだろう！」という言葉を述べている。

しかし、星の世界における広大な秩序のすべてが、その終わりを知らない回数の繰り返しで形成されていること、それさえ前と同様に、それはまたもや、思いもよらないほど広大な体系のたった一つの要素でしかないことに我々が気づいたら、その驚きはどれほど増すことだろう！

「ここに終わりはなく、真に広大な奈落の空間がある、その奈落の前にあって、数学の助けを受けて何とか理解はしても、人間の発想の持つすべての力は使い果たされてしまう(1)」。

一七六一年に出版された『宇宙論書簡』で、ドイツの数学者であるヨハン・ランベルトも、星々は天の川銀河に集まっているという考えを提示し、階層構造の多重層宇宙が存在する可能性を推測した。[2]どの階層の体系にも暗く神秘的な中心が存在し、その周辺にはそれより一段階低い階層の中心が群をなし、その中心自体は一段階高い階層の中心のまわりに集まっている、と彼は言う。カントによる階層的配列は進化しながら無限に続くが、ランベルトの配列は静的で有限であった。階層構造を持つ多重宇宙の考えは、カントとは別に彼が独自に考え出したと、ランベルトはある程度正当性のある主張をした。

我々は無限の空間について簡単に話し、「無限の宇宙」という言葉は大した考えもなく口からするりと発せられる。世界の上に世界が重ねられ、次々に大きさが増す階層構造を頭に描く時、我々は果てのない宇宙の広大さに気づきはじめる。さらに、この階層的図式は宇宙の闇の謎に対してもう一つ別の解答を提示する。この、新しいがいくぶん理解しにくい解答は一九世紀に姿を現し、二〇世紀の初期にしばらくの間勢力的に支持された。

■新しい解答

ジョン・ハーシェルは一八四八年、アレクサンダー・フォン・フンボルトの『宇宙』第一巻に関する解説で、階層構造が宇宙の闇の謎の解答となる可能性をそれとなく示した。*たとえ星の数が無限であったとしても、オルバース博士の考えたように、空のあらゆる点が必ずしも星の光で炎のように燃えるとは限らない、と彼は言った。「宇宙の星々が規則的に配置されている様式を想像するほど容易なことはなく……我々の周囲に見られるものと調和している[3]」。彼は疑いなく、カントやランベルト

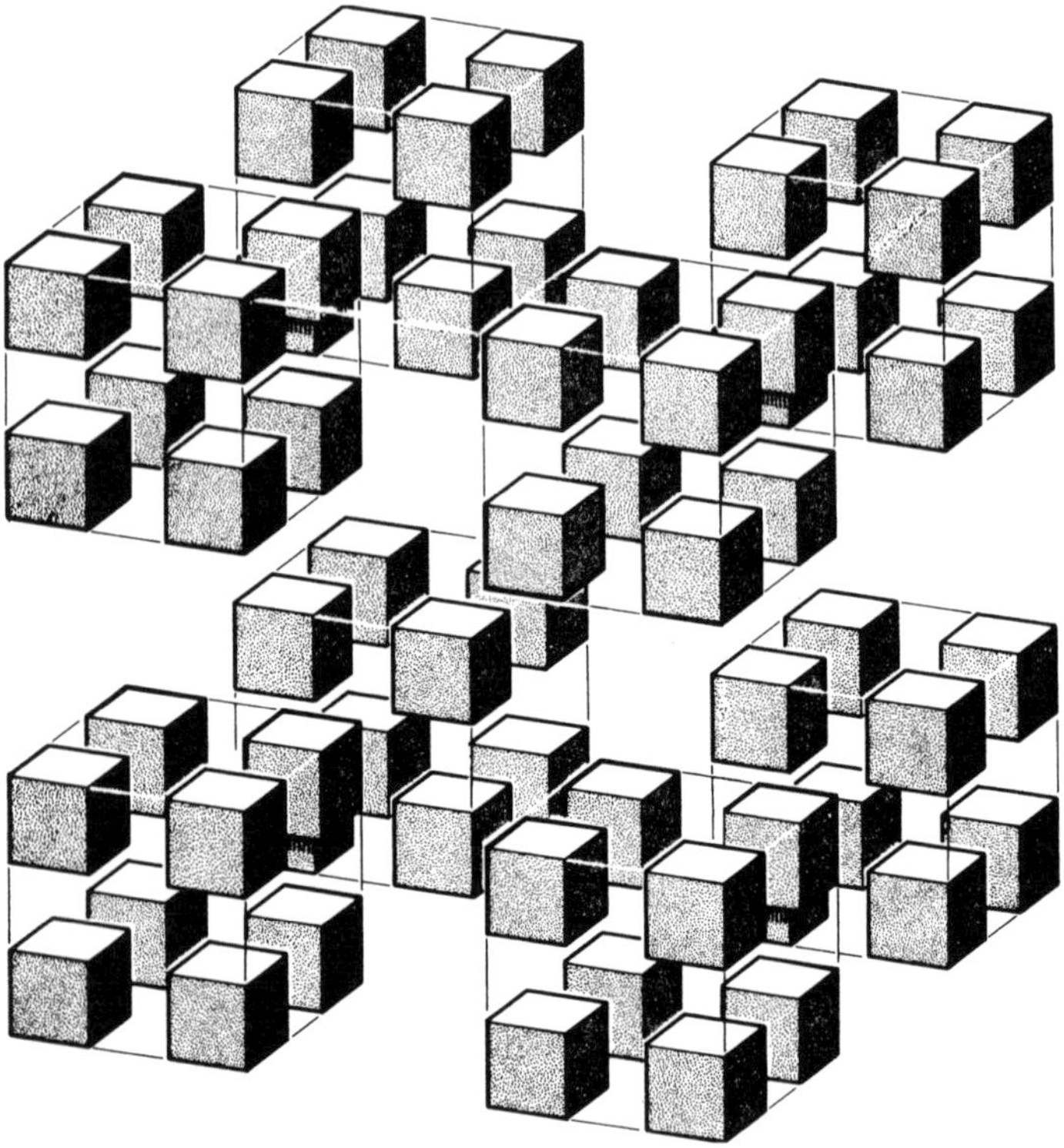

図11.1 規模が異なっても類似性を持つことは、フラクタル配置の重要な特徴である。海岸線を数十メートル、数キロメートル、数百キロメートルの規模で見た時、その不規則性はしばしばほとんど同じに見える。図のような立方体のフラクタルは、規模が異なっても類似性を示している。多くのフラクタルにおいて、N は、L の D 乗に比例する。ここで L は規模を、D はフラクタル次元を表している。この図では、N は基本的な立方体の数を示し、D = 3log2/log3 = 1.89 となることがわかる。このフラクタルは、見通しがきくためのゼーリガー - シャーリエによる階層条件を満たしている。

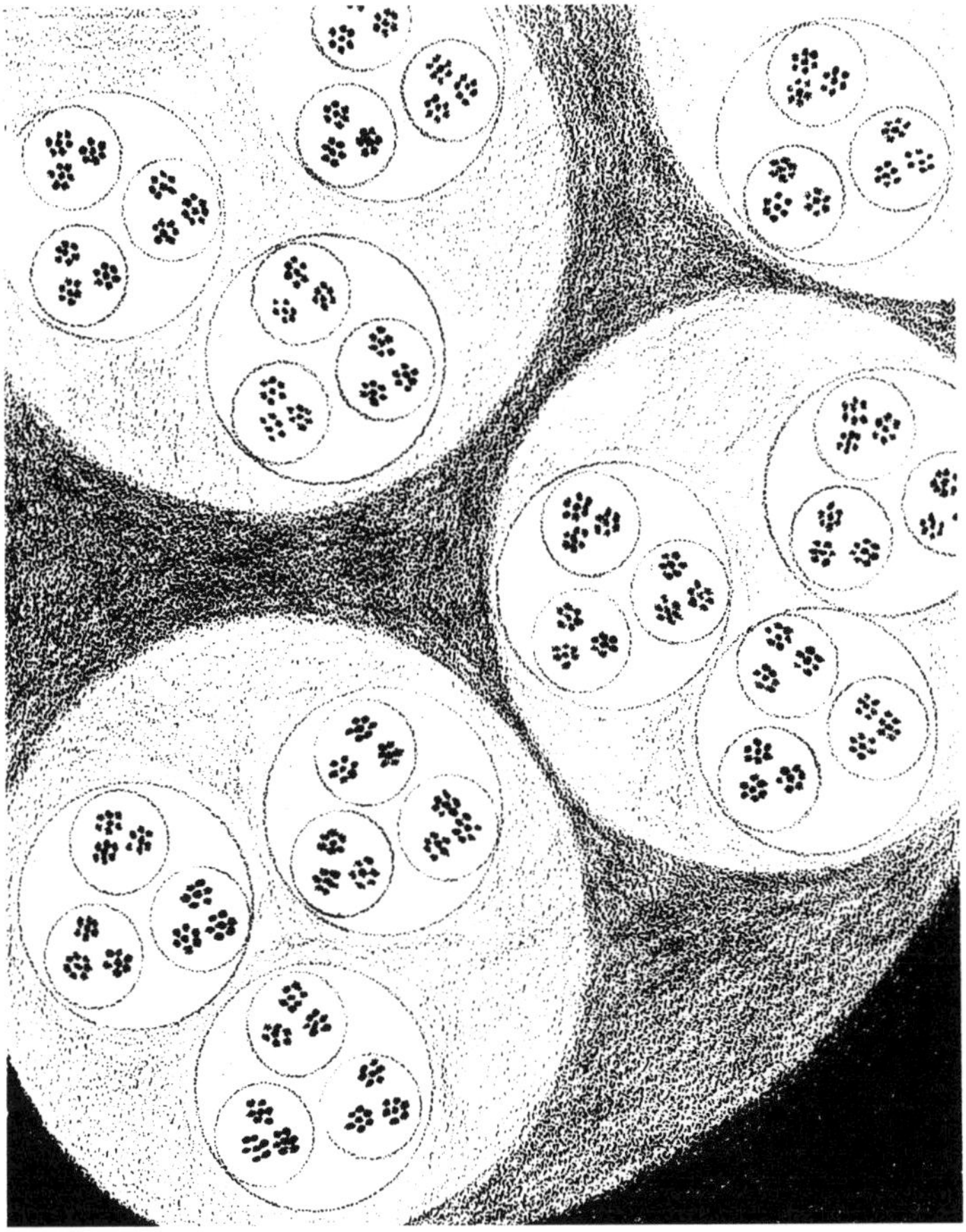

図11.2 木、林、小さい森、大きい森……という階層的森林の模式図。(E. R. Harrison, *Cosmology*, Cambridge University Press の厚意による)

によって提示され、星々が次々と大きな体系の集団となる階層的配置を思い描いていたのである。

＊二八七頁、表「提示された解答」の候補8。

宇宙が階層構造である、あるいは多階層的に配列していることは、カントやハーシェルの時代よりも今日の方がより現実味を帯びているように思われる――今日我々は、星々が集まって銀河を形成し、銀河は銀河団を形成し、その銀河団は超銀河団を形成し、それから、皆知っているように、それらはさらに巨大な体系を形成しうることを実際に発見しているからである。

階層構造、あるいは多階層の構造による解答はややわかりにくく、フラクタル構造についての現代の研究と関係している（図11・1）[4]。森林の喩えは、階層構造が夜空の闇の謎をどのように解くかを理解する助けとなる。階層構造をした森の中に立っていると想像してみよう。そこでは木々は集まって林を形成し、林は集まって森を形成し、森は集まってさらに大きな森を形成し、というように続いている（図11・2）。各々の集団を見通しがきくように配置すれば（木々の間が見えることである）、背景の連続性をなくし、背景に妨げられずに自由に森林の外の世界を見ることができる。つまり、無無数に木々が存在し、無限の広がりを持つ森林の中にいたとしても、樹木による背景の連続性をなくすことができるのである。

■階層的な森林

我々の目的は、どこに立っていようとも、そして森がどのくらい大きくても、木々の間から外の世界をちらとでも見えるかどうかを決定することである。我々と外界の間に最も多く木がはさまれている場所を選択しよう。もし、その場所から森の外が見えたら、他のどこからでも外が見えるはずである。最初は、林と林の間の木のない空間に立つこともできる。しかし、もし林の中に入ったら、外の世界との間にはもっと多くの木がはさまれる。あるいは、森と森の間やさらに大きな森の間で木のない場所に立つこともできるが、そうすると、我々と外の世界との間にはさまる木の数はだんだんに減ることになる。

普通、林、森、さらに大きな森は不規則な形をしている。話を簡単にするために、どの規模の集団も円形と仮定しよう。また、どこの場所でも木は同じとする。最初に、最も小さい集団——林——の中のどこかに立つとしよう。そして問いかける。この林の木々が連続的な背景を形成しない確かな条件は何か？　林の中のどこに立っても、どの方向を見ても、周辺の木々の間から他の林が見えてほしい。答えは、林の背景限界距離が林の直径を超えていることである。結果的に、林の木は、連続した背景を形成するには不十分な数しかないことになる。前に話したが、背景限界距離は一本の木が占める面積の平均値を目の高さで見た木の直径で割った値に等しい。すなわち、林の直径が、

1本の木が占める平均面積÷木の直径

よりも小さい時、我々は、どこに立っても、どの方向でも、木々の間から外部を見ることができる。

我々が階層的な構造を持つ森林の中の林に立つことは、たくさんの林から成る森のどこかに立つことである。我々は、林の間から外を見て、森の中の他の林を見ることができることを確認した。ここですべての林が同じ構造で、我々が立っている林と同様に見通しがきくと考えよう。そこでまた問いかける。この森の木々が連続した背景を形成しないための条件は何か？　森の中のどこに立っても、木々の間からどちらの方向を見ても、他の森が見えてほしい。答えは前とほとんど同じで、森に対する背景限界距離が森の直径を超えることである。森に対する背景限界距離は、森の中の一本の木が占

める面積の平均値を、目の高さの木の直径で割った値である。すなわち、森の直径が、

1本の木が占める面積の平均値÷木の直径

より小さい時、我々は、どこに立っても、森の木の間から外部を見ることができる。林を通して見通しがきくので、この基本的な計算の目的のためには、森の中のどこでも木々が均一に分布していると見なしてよい。

森林のそれぞれの階層で、これと同様に、見通しがきくための条件を論じると、森林がどれほど大きくても、集団の直径が、

1本の木が占める面積の平均値÷木の直径

より小さければ、その森林は連続した背景を形成することができない。どの集団でも、一本の木が占める面積の平均値は、集団の面積をその集団の木の本数で割った値である。集団の階層を上げていくにつれて、一本の木が占める平均面積は大きくなり、したがって、木々の平均密度はだんだん低くなる。

円の面積は、π(直径)^2/4であるから、ある集団で外が見える条件は[5]、集団の直径が、

(集団内の木の本数)×(木の直径)

より大きいことである。もし、目の高さの木の直径が一メートルで、林に一〇〇〇本の木があるならば、林の直径が一キロメートルを超える時に木々の間から森林の外が見える。この結論は、森林がどのように見通しのきく林に分かれていようとも関係なく成立する。

集団の大きさが、木の直径に集団内の木の本数を掛けたものより大きくなければならないという結論はきわめて汎用性があり、林でも、森でも、あるいはさらに広大な森林でも適応できる。この条件

がすべての規模の集団で満たされれば、森林のどこの地点から見ても木々が連続した背景を形成することはない[6]。

■階層的な宇宙

ところで、ここまでの我々の主要な問題は、星々に満たされた果てのない宇宙では、どの方向の視線も、最終的には星の表面に突き当たるというものであった。結局、星々が空を覆うのである。ジョン・ハーシェルが考えたように、上記の森林の比喩は、階層的な配置をすれば、視線方向の議論が無効になることを示している。

話を簡単にするために、どの規模の集団も球形をしており、どの星々も同じと仮定する。星々が銀河を形成するレベルから話を始めよう。銀河の直径がその背景限界距離より小さければ、観測者はどこにいても、またどの方向を見ても、星々の間から外の銀河を見ることができる。これは、

銀河の直径が、一つの星が占める平均体積を星の断面積で割った値より小さい

ことを意味する。先の議論によって、一般に、星の光の吸収では宇宙の闇の謎は解けないことが示されたので、現在のところ、星間空間におけるガスや塵による吸収は無視してよい。「一つの星が占める平均体積」は、銀河の体積を、その銀河に含まれる星の数で割った値である。球形の銀河の体積は、

$$(\pi/6) \times (\text{銀河の直径})^3$$

であり、先に述べた通り、銀河の星の間から外部を見るためには[7]、（銀河の直径）の二乗が、

$$(\text{銀河内の星の数}) \times (\text{星の直径})^2$$

より大きくなければならない。

したがって、もし銀河が一兆個の星を含んでおり、星の標準的な直径が五光秒だとしたら、銀河の直径が五〇〇万光秒、つまり二光月を超える時、観測者は星々の間から外を見ることができる。ほとんどの銀河の直径は数万あるいは数十万光年なので、あまり関係のない星間の吸収を無視すれば、銀河は見通しがきくことになる。

森林の場合と同様にこの考え方は一般化が可能で、階層のどのレベルにおいても、集団は、（集団の直径）の二乗が、

（集団内の星の数）×（星の直径）^{2}

より大きい時集団の外を見通すことができる。星々が集まって見通しのきく（光学的に薄いことを意味する）銀河を作り、銀河が集まって見通しのきく銀河団を作り、銀河団が集まって見通しのきく超銀河団を作る、というように、階層的な宇宙が一段階一段階構築される。このように、より大規模な系へと進むことによって、無限に連なる階層的宇宙が構築される。そこでは星々が空を覆うことなく、したがって、夜空は闇のままとなる[8]。

階層的宇宙には、総じて、その体積が次第に増すにつれて星の密度が低くなるという興味深い性質があり、無限の広がりを持つ宇宙では、階層が無限のレベルに達すると、最終的に密度はゼロに近づく。

■カール・シャーリエ

ジョン・ハーシェルは、宇宙の闇の謎に対して階層的宇宙による解答を提示し、リチャード・プロクター――イギリスの天文学者で科学の普及者であり、四四歳で結婚した一八八一年に、アメリカに

移住した――は、『もう一つの宇宙』（一八七一）の中で、階層的宇宙の解答を半定量的に扱った。しかし、ハーシェルもプロクターも、その一般性と精度について、どんな条件も導き出すことはできなかった。

その後、フルニエ・ダルベは――彼の名はすでに出てきて、このあとにも登場するが――その著作『二つの新しい宇宙』の中で階層宇宙の考え方を支持した。洞察力に満ちた彼の言及の中に以下のような言葉がある。「ウィリアム・ハーシェルは、一五〇〇の宇宙を発見したと述べている。当然のことながら、彼の宇宙とは多くの星雲のことを指しているのであり、彼はそれらを、我々の銀河系の外にある銀河だと信じていた。しかし、……〝宇宙〟を複数形で使う時、特別の定義なしにこの言葉を用いるのは危険である。もし、我々が全体の事象を意味して〝宇宙〟という言葉を使うなら、当然、全体はたった一つしかないからである」[9]。彼は、我々の目で見ている宇宙は、たくさんの宇宙の中のたった一つにすぎないという考えを詳しく述べた。すべての宇宙は似たような構造を持ち、規模だけが異なることに彼はそれとなく触れた。すぐ下の世界、つまり下位宇宙では、すべてのものが（一〇〇億×一兆）分の一と小さく、すぐ上の世界である上位宇宙は、すべてのものが（一〇〇億×一兆）倍も大きい。我々の言う原子は、その下位世界にとっては太陽系であり、我々の太陽系は、その上位の世界にとっての原子である（図11・3）。

ルンドのスウェーデン大学の教授であり、大学天文台の台長でもあったカール・シャーリエは、最初、我々の銀河系が無限で空虚な空間に浮かんでいるとする、すでに承認された宇宙モデルに賛同していた。というのも、これが宇宙の闇の謎を合理的に説明する唯一の説だったからである。フルニエ・ダルベの著作を読み終わった後、彼は考えを変え、階層モデルを支持しはじめた。

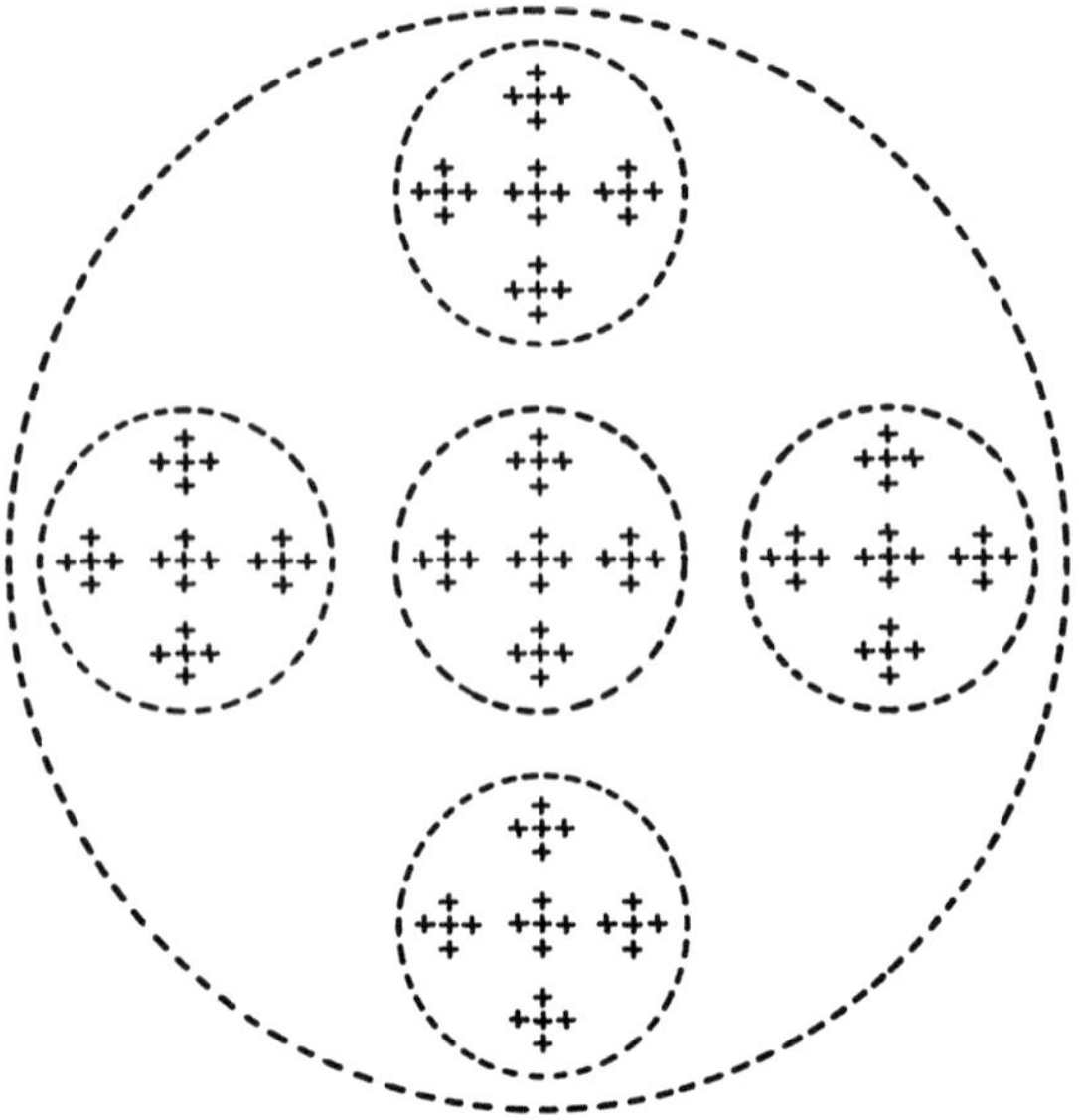

図11.3 フルニエ・ダルベによる『二つの新しい宇宙』(1907)所収の階層的宇宙、つまり多数宇宙の図。この図は、「同じように繰り返す宇宙が無限に連なると、“炎のような空”を生じることなしに宇宙は存在しうる」ことを示す、と彼は書いていた。各々の集団に属する星々の数が、その集団の半径に比例して増加する場合には「空はいつも完全に黒く見える」。

シャーリエは、最初は一九〇八年に、それから一九二二年に、さらに詳細な「無限の世界はどのように構築されうるか」という論文を書き、前節で述べたものと同じ考え方で、夜空の闇の謎に対し階層構造宇宙による解決法を引き出した。(10) 彼はまた、物質が均一に分布した無限の宇宙における「ベントレー・ニュートンの重力の謎」——この謎は公式には「ディリクレの問題」として知られている——も、階層的宇宙によって解けることを示した。二〇世紀初頭の何人かの天文学者は、階層構造が、重力と宇宙の闇の謎を解く魅力ある解法と考え、多数銀河宇宙の考えに引きつけられた。

■階層構造宇宙に関する疑惑

スウェーデンの科学者で、ノーベル賞受賞者であり、またノーベル物理化学研究所の所長でもあるスヴァンテ・アレニウスは、一九一一年に書いた「無限の宇宙」という小論文で以下のように述べた。「今日、多くの天文学者は、宇宙は有限で、無限に広がる空虚な空間に取り囲まれていると考えている。太陽や星は、その空虚な空間へ向けてなくなるまでエネルギーを永遠に放射しつづけている。また、我々の太陽はこのような有限の宇宙の中心付近に位置するという考えが、しばしば表明されている」(11)。アレニウスは、人類中心で一つの銀河だけが存在するこのような宇宙像に反対し、また、階層的宇宙にも反対した。進化する宇宙は、空間的には無限であっても年齢は有限であり、星々で覆われた空は、宇宙塵、隕石、惑星、そして目に見えない星々の仲間など光を出さない天体によるかげりのために暗いのだ、と彼は述べた。この有名な科学者によって支持された「吸収」による解答は、実際はすでに反証されているものであった。

天文学における階層構造は、背景限界距離を、我々が考えた宇宙のどんな大きさよりも長くすることによって、空を暗くすることができた。階層構造が解答となる考え方を支持する人々によって通常仮定されるように、宇宙の大きさが無限で無数の星を含むとしても、背景の限界が無限に遠くへ押しやられてしまうため、夜空は暗いままとなる。しかし、背景限界距離を無限に大きくするためには、無限に多くの階層が必要である。有限の階層――星、星の集団、銀河、銀河団、超銀河団――だけでは、謎は解けない。なぜならば、無限の空間に一様に配置された超銀河団は、やはり明るい空を作り出すからである。したがって、闇の謎に対して階層構造を解答とする考え方には重大な欠点がある。それは、だんだん規模を大きくした天体の集合を、終わりのない無限の宇宙の中で無限回繰り返さなければならないことである。

階層構造宇宙の考え方にはさらに欠点がある。我々が見いだした他の解答と同じように、それは光の速度を無視していて、宇宙のすべての場所は、それがどれほど遠くても観察可能であると仮定していることである。

第12章　可視的宇宙

しかし、星のちりばめられた空間が測定できる大きさでしかない可能性は、ほとんど確実なものになっている。というのも、無数の星々からの放射を合わせると無限となり、我々の空から暗さが取り去られるはずだからである。そして、個々に区別することのできない星々の混ざり合った激しい光線が、その単調な輝きによって、我々のかすかな知覚を惑わせるだろう。最高天がいわばむき出しに横たわった姿は、我々の近くの星々に匹敵する天体が存在している簡潔で明らかな結果だろう。

アグネス・クラーク『星々の体系』

我々は外界の事物を瞬時に見て取ることができるという考え方は、先史時代にまで遡るもので、古代の世界では可視光線の理論と結びついていた(1)。アレクサンドリア図書館にあるユークリッドとプトレマイオスの教科書の説明によるこの理論では、目は可視光線を放ち――プラトン学派は「聖なる火」と呼んだ――この探査光線は外界の事物によって反射され、可視的な情報を持って目に戻ってくる。

目が可視光線の放出装置として働くこの「レーダー理論」とでもいうべき用語を、今日まで我々は機械的に考えたり話したりしてきた。「彼女は射抜くような眼差しを投げかけた」とか、「彼はほほえみの視線を返した」などの表現がそれである。

古代や中世の研究家にとって、可視光線が無限大の速度で進むという説明は実証できるものではなく、信じる以外に何もできなかった。プラトン派の人々は言った。夜、天に向かって目を閉じ、それから目を開けると、それぞれの距離が著しく異なるにもかかわらず、樹の梢越しに、かすかな雲や、輝く月や、またたく星々を即座に見てとれる。このことは、疑いもなく、可視光線や事実上すべての光線が無限大の速度で進むことを証明しているのではないだろうか？

ガリレオは、一六三八年にその著作『新科学対話』の中で、光が有限の速度で進むかどうかを決定する実験のことを述べている。二人の実験者に覆いをかぶせた手さげランプを持たせ、ある程度の距離を置いて立たせる。実験者の一人が彼の手さげランプの覆いを取る。この突然ともった灯りを見たら、もう一人も、すぐに自分のランプの覆いを取る。一人目の実験者が相手の光を観察するまでの時間の遅れが、光が有限の速度で進むしるしとなる。「実際には、私はこの実験を短い距離——一マイル以下——でしか行わず、その実験からは、相手側の光の見えたのが瞬時であるかどうかを確認することはできなかった。しかし、たとえ瞬時でないにしても、それは特筆すべき速さであった[2]」。

デカルトは、理性によって、光は無限大の速度で進むことを確信した。地球と月を二つのランプと考え、地球が月食を起こす時、我々は、地球の影が太陽と完全な逆方向で月に映るのを見ると彼は論じた。そしてもし、光が地球から月まで届くのに一時間かからないとしても、この事象は起こり得ない、と彼は指摘した[3]。もし、目の中に結像する光線がさまざまな距離から来たもので、それぞれまちまちな時間に放出されたものだとしたら、外界の状況を再構成するのにどれほど混乱するかを考えてみてほしい、とデカルトは言った。事実、もし光の伝播速度が無限でないとしたら、彼は、自分の哲学がすべてその土台から揺らぐのを認めることになったであろう。宇宙を見る時、我々はまた過去を見ているという思想は、デカルトや彼の支持者の大多数にとってはあまりに信じられないことで、とても真面目には受け取れないと思われた。古代人やガリレオ、デカルトは、光の実際の速度が、無限大ではないにしても、どんなに大きいものであるかを理解できなかった。

ロバート・フックは『ミクログラフィア』の中で次のように述べた。光はすべての方向に等速で伝播し、「輝く物体から生じる脈動や振動は、球面となってだんだんと大きくなる。それは、水面に石を投げ込むと、石の沈んだところから運動が起こり、その周辺に円形の波紋がだんだんと大きく膨らんでいくのとまったく同様である（ただしその速度は光の方がずっと速い）」。フックは、光がある場所から他の場所へ進む場合のような非常に短い時間を測定する困難さについて論じた。たとえ「地球から月まで光が進み、再び月から地球へ戻ってくるのに、二分かかるとしても、それを発見する手段を私は思いつかない[4]」。彼の述べた二分間の値は、デカルトの二時間よりはずっと短いが、それでも光の速度を実際よりはるかに小さく見積もっていた。月に光が到達する時間は一分間ではなく、一秒強である。この創意に富んだ男は、すべての熱は原子の運動から生じること、また、光が横波であることを理解していた。しかし、「光学講義」を著した一六八〇年までに、彼は考えを変え、その中で以下の結論に達している。「広大な範囲を通ってくる光は、我々がこれまでに見いだす限り、ある一瞬のうちに伝播する。最も遠くの星が光を放出したまさにその一瞬に、地球上の目はそれを受ける。たとえそれが何百万、何兆マイル離れていてもである。そのため、放出から受け取りまでの間に時間はかからないと思われる」(5)。

■アルゴスの王女イオ

ボローニャ大学のジョバンニ・カッシーニは、その天文学者としての業績で有名であった。一六六九年、彼は、新しくできたパリ天文台の所員に加わるようにという太陽王（ルイ14世）からの招聘を受け、間もなく事実上の台長になった。彼はフランス市民権を得、豊かな資産を相続した女性と結婚し、天文学の名門とされるカッシーニ家の基礎を築いた。彼は惑星の公転と自転に関する研究を続け、木星の四つのガリレオ衛星の食に関する記録をまとめた。これらの衛星のうち最も内側にあるイオは、木星を回る周期が十分短い（一日一八時間二八分）ため、海上での経度の決定をするための天上の時計として役立ち、航海者たちの興味をひいていた。

カッシーニは、地球が木星に近づく数か月間は、木星によるイオの食が数分間早く起こり、地球が木星から遠ざかる数か月間は、食が数分間遅く起こることに気づいた。イオの周期がこのように変化するのは、光の速度が有限であるためかもしれないと彼は考えた。光は、地球が木星に近い時には早く到達し、遠い時には遅く到達するため、食で観察された変化の原因となる。しかし、デカルト派であった彼は、デカルトと同様に光が有限の速度であることを恐れていたので、示唆したこの説を速やかに撤回した。

フランスの天文学者、ジャン・ピカールは、ヴェーン島にあったティコ・ブラーエの古い天文台の経度を決定する遠征の後、一六七二年、デンマークの若い天文学者、オーレ・レーマーとともにパリに戻った。レーマーは、フランス皇太子の教師に任ぜられ、木星の衛星の掩蔽に関する記録の更新を手伝う仕事を割り当てられた。カッシーニのように、レーマーはイオの食に不規則性を見いだした。木星の背後への衛星の潜入と背後からの出現が、時間通り正確に起こることは滅多になかった。彼は、データを改良し、これらの変化が光速が有限であることによって説明がつく確信を持った。一六七六年九月、彼は、パリ学士院の会合で、一一月九日に起こるイオの食が一〇分間遅れるであろうと発表した。彼はいろいろなところでこの予言を繰り返し、地球が木星から遠い時は、地球に到達する光がその分余計な距離を進まなければならないため、遅れが生じると説明した。その予言は当たり、彼の論文は学士院の人々に読まれた。学士院は彼を、光速が有限であることの発見者と認めた。彼は、イオの軌道周期の変化は、「一回の公転ではわかりにくいが、多くの公転を合わせると相当な値になる」と指摘している。(6)

五年後、コペンハーゲンに戻ったレーマーは、大学教授に任命された。彼はコペンハーゲン市長になり、デンマークの王立天文台長になった。彼による多くの発明の中には、今日使われている形態の水銀温度計も含まれている。ドイツとオランダの機械製作者であるガブリエル・ファーレンハイトは、その製造法と目盛り方(三二度が水の氷点、海面高度において二一二度が沸点)においてレーマーの方式を複製したにすぎず、ファーレンハイト温度計というのは誤った名前で、本来はレーマー温度計と呼ばれるべきものである。

■宇宙への影響

フックを注目すべき例外者として、ほとんどのニュートン派の人々はレーマーの結果を認めた。ハレーは一六九四年のイオの食に関する新しいデータを再検討し、光は一天文単位(太陽と地球間の距

図12.1 人類によってそれまでに作られたどれよりも明るい光。ハンフリー・デイヴィは、1808年、王立研究所において（電気）アーク灯の実験をした。1806年に彼は、フランスとイギリスとの間で戦争が行われているにもかかわらず、電気に関する業績によってナポレオンから勲章を授けられた。デイヴィは、科学は国家による分断以上のものであるという基本的思想によってこの勲章を受けた。若い下働きとして彼に雇われていたマイケル・ファラデーは、1825年にデイヴィのあとを継ぎ、同時代における最も先端的な実験科学者になった。大蔵大臣であったウィリアム・グラッドストンが王立研究所を訪れ、電気の何が良いのかとファラデーに尋ねた時、ファラデーは答えた。「いつの日か、閣下はそれに課税できるでしょう」。（A.R.Thomson, in F.Seherwood-Taylor, *An Illustrated History of Science*, London: Heinemann. による）

離）を八分三〇秒で進むという結論に達した。この数字は今日の値よりわずか一〇秒多いにすぎなかった。一六九四年にはまた、音の理論に関心を抱き、英国学士院会員でもある音楽家のフランシス・ロバーツが、「恒星の距離について」という論文を発表し、そこで彼は、最も近い星々までの距離がどれほど大きいかを示すために光速を用いた。「恒星の視差」がいまだに検出されていない事実から、彼は「星々からの光が我々に到達するまでの時間は、我々が西インドまで航海する時間（通常六週間かかった）より長い」ことを算出したのである。[7]

光速が有限であることに対するデカルト派の反論は、一七二九年にジェームズ・ブラッドリーが光行差を発見し、オーレ・レーマーの説が正しいことを証明した時に崩れ去った。[8]その年ブラッドリーは、地球が太陽を回る軌道上を運動することによって、一年周期で星々が非常に小さい角度で前後に位置を変えることを発見した。垂直に降る雨の中を歩く時、雨に角度がついて顔に当たるので、傘を前に傾ける。同様に、光も動いている観測者に対して傾きを示し、この効果は光行差（aberration）と言われる（この奇妙な名前は、一七三七年に、フランスの数学者であるアレクシス・クローアンによってつけられた）。

一九世紀の初めに、トマス・ヤング[9]が干渉と回折を説明する波動論を発展させた時まで、光の性質に関して重大な関心が持たれることはほとんどなかった。その後数十年間、急速な前進が相次いでなされた。アルマン・フィゾーとジャン・フーコーは、光速を地上実験でより正確に測定し、マイケル・ファラデー、ジェームズ・クラーク・マクスウェルおよびその他の物理学者たちは、電気と磁気を統合させた光の電磁理論（図12・1）を構築した。電気産業は急成長し、二〇世紀前半には、電波通信が全地球を結びつけた。そして、電子時代の技術が出現したのである。

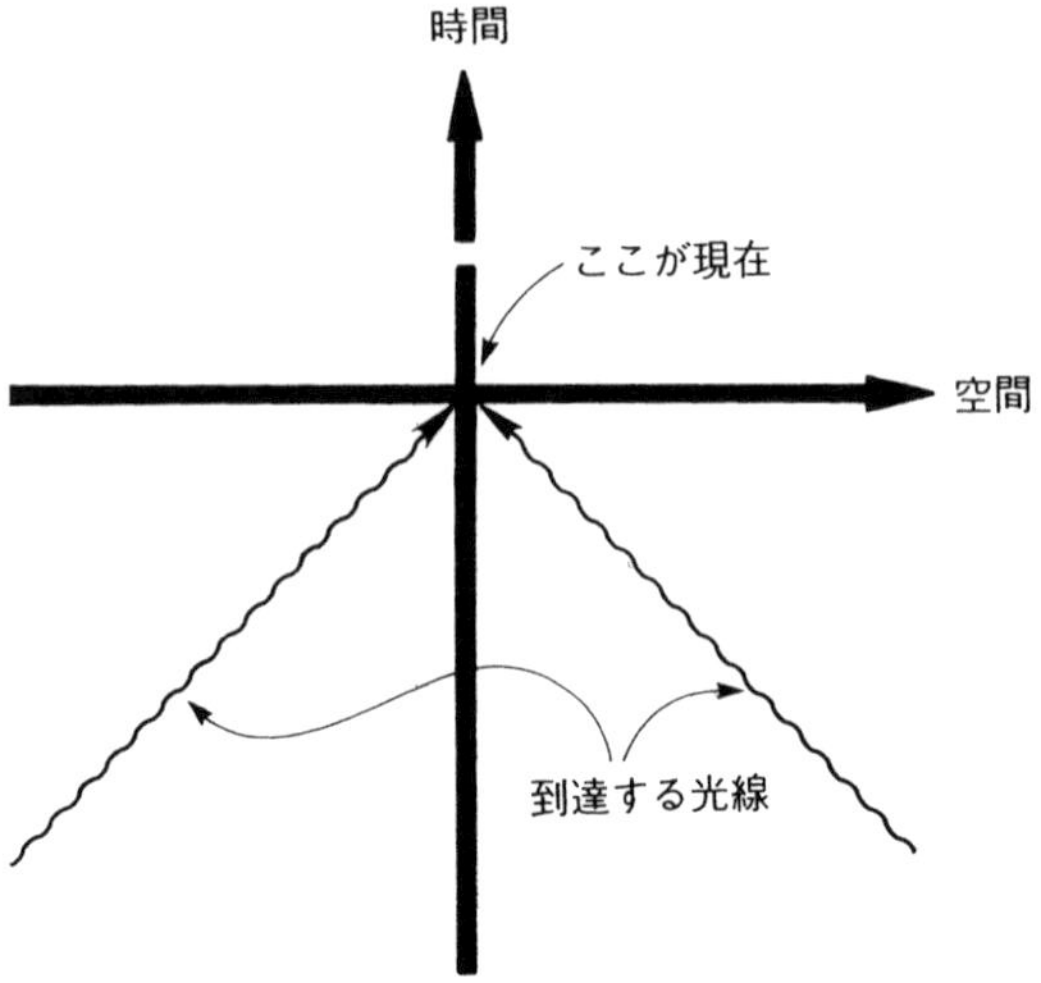

図12.2 空間を見渡す時、観測者は時間を遡っている。この空間と時間の図は観測者に到達する光線を示している（距離は光の進む時間によって測られる）。

光速が有限であることが宇宙にどのような結果を生じるかは、最初、ほとんど注意を引かなかった。多くの天文学者たちは、光は有限の時間内に有限の距離しか進むことができないと受け止めていただけであった。[10] 数人の学者が一般向けの著作の中で、宇宙空間が無限でも、有限の時間には、宇宙の有限の部分しか観測できないことを慎重に説明しようと試みたが、彼らの言葉は慣習的な表現を混じえ抑制されていたので、そこに明瞭さはなく、世に衝撃を与えることはなかった。しかしながら、多くの天文学者たちはほとんど何も述べず、我々が、数千年、時には数百万年前の天体の姿を観測しているという驚きを表すだけであった。宇宙はせいぜい、見ることのできる最も遠い天体から光がやってくるのに要する時間の年齢しかないことの持つ意味については、本でも講義でもほとんど言及されることがなかった。それは、一般人の宗教的な見解に反するからでもあったろう。

光速が有限であることから生じる混乱に対するデカルトの恐れは、なかなか消えなかった。有限の速度は、観測した瞬間の天体がすでにそこに見えている状態ではないことを意味した。それは、どこか他に移動しているだけに留まらず、外観も変わっているかもしれない。有限の光速度は、宇宙における観測可能な部分――これを「可視的宇宙」と呼ぶことにしよう――は、宇宙の始まり以来光が進んだ距離より遠くには広がっていないことを意味する。この革命的な概念が示唆する事柄――宇宙の年齢は、可視的宇宙の大きさを光速で割った値以下のはずはない――は、理解されるのにかなりの時間がかかった。我々が可視的宇宙の限界を見る時に、宇宙の始まりの姿を見ているという驚くべき考え方は、相対論以前の時代には、表現されたり議論されたりすることがほとんどなかった（図12・2）。

■二〇〇万光年

ウィリアム・ハーシェルは、我々ははるか昔の天体を見ているのだと時折感想をもらした。一八〇二年に彼は、ある星雲からの光線は「ほぼ二〇〇万年かかって到達したはずで、結果的にこの天体は、我々が今日見ている光線を送るためにそれほど長い年月も前に天に存在したのである」[11]と述べた。ジョン・ハーシェルは、この主題を注意深く受け継ぎ、『天文学論考』（一八三〇）の中で「このように、望遠鏡で見ることのできる無数の星の中には、その光が我々に届くのに少なくとも一〇〇〇年はかかる星がたくさんある。それらの位置を観測して変化を記録する時、我々は、実際には、見事に記録された一〇〇〇年前の日付の彼らの歴史を読み取っているにすぎない」と述べた。[12]

ハーシェルによるこのような言及は、多くの天文学者に、はるか昔の姿を見せている遠くの世界の状態について述べるための刺激を与えた。一九世紀の我々の誤解に反し、最も大胆な言及をしたのは素人ではなく、身分のある天文学者たちであった。グラスゴー大学の校長で教師でもあり、後には欽定講座担当教授にもなったジョン・ニコルは、「進化」という言葉を天文学に導入した人であり、一八三八年の『宇宙の構造についての見解』と題された本の中の「ある貴婦人への書簡集」で、宇宙の広大さに喜びを表した。[13]一八五〇年、彼はその改訂版で、星の光は想像力を麻痺させるほど広大な宇宙の深淵を通ってやってくると述べた。ニコルは、光の弱い星雲は遠くの島宇宙であると信じている、少なくなりつつある人々に属していた。その光の弱さは、「我々が今受け取っている光は、我々人類の時代よりも三〇〇〇万年！も過去に遡って放射された光」であることによると述べた。もう一人のスコットランド人教師であるトマス・ディックは、科学や哲学の著作によってイギリスとアメリカでかなりの人気を博していて、[14]『星々からなる天界』（一八四〇）の中で、「このような距離は驚くべきもので、人類の想像力に脅威を与えるほどである」と述べた。彼はあえて、「熾天使（セラピム、九天使中最高位）が、その翼で、その広大な領域を通って光速で何百万年も飛び続けたとしても、決してその果てに到達しないだろう」との考えを述べている。

ドイツの科学者、アレクサンダー・フォン・フンボルトは、幅広い関心を持ち、一八五九年に九〇歳で亡くなったが、その著作『宇宙』で、一八〇二年のウィリアム・ハーシェルの考えを引用している[15]。

星々に満ちた空は、我々に贈られた素晴らしい光景であるが、それは見かけ上同時に見えるにすぎない。光学機器の助けを借りて、我々が穏やかに光る星雲状の物質の蒸気や、かすかにまたたく星団を近くに引き寄せようと、また、我々と天体との間にはさまってそれらの距離の基準となっている何千年もの隔たりを短縮しようとどれほど努力しても、それらは確実にそこに留まっている。輝く光線の伝播速度について我々の持つ知識から言うと、遠く離れた天体の光は、物質が存在したことを示す最も昔の証拠を我々に提示している。

フンボルトは暗い夜空の謎について考察し、光速の有限性から、星々の見える宇宙の範囲に限界があることに気づいていたにもかかわらず、その説明には失敗した。

リチャード・プロクターは、一八七四年、「光の飛翔」と題された小論文において次のように説明した。望遠鏡を用いると、「我々が見ている時間範囲はものすごく増大する。ロス卿の大望遠鏡を用いると、光の弱い星々の中には、あまりに遠くにあるので、それらの光が我々に届くのに数十万年かかるものがあると言っても過言ではない」。彼はさらに続けた。「一刻一刻この地球に光を届けている目に見えないその天体は、あまりに遠く離れているので、我々との間を分け隔てる広大な奈落を進む光の旅は、数百万年以下で終わることはない[16]」。

アイルランド王室の天文学者であるロバート・ボールは、一八九二年の著作『星界』で、ある遠い星々について次のように述べた。「それらが放つ光は、我々に到達するまでに一万八〇〇〇年の旅をしている。我々が、今晩その光を見ても、実際には一万八〇〇〇年前の姿を見ているのである。事実、我々やその子孫が、このあと一〇〇〇年間それらの星々が輝くのを見たとしても、それらは一万七〇〇〇年前に完全に消滅しているかもしれない[17]」。

これらの引用は、一九世紀における天文学および科学の一般書からのものだが、我々が、宇宙を見る時、時間を遡って見ているという認識が広く理解されたことを示している。しかし、詩人であり作家でもあるたった一人の人だけが、この事実を宇宙の闇の謎と結びつけたのであった。

第13章　エドガー・アラン・ポーの金色の壁

夜の星々には、なんと遠いものがあることよ！
賢人は言う、それはあまりに遠いので、自然界に生を受けた光線が
この遠国の世界にすでに到達しているかと疑うのは
馬鹿げたことではない
しかし、その半分の速さですら飛べるものはない！
著者不詳、ジョン・ニコルの『宇宙の構造についての見解』に引用

ヴィクトリア時代初期は、アマチュアの科学者に対してかなり寛容な時代だった。実際に、今日ならアマチュアと考えられるような人々が、自然科学に独自の研究手段を持っていて、学者たちの一員であるという評価を受けていた。自然科学とそれらの専門分野が複雑化し特殊化した結果、専門家でない人々が貢献するには越えることのできない障壁が築かれてしまったのである。宇宙の闇の謎に対する正しく明解な最初の解答は、定性的な説明でしかなかったものの、有名な詩人でエッセイスト、

図13.1 エドガー・アラン・ポー（1809-1849）。

批評家であり、アマチュア科学者でもあったエドガー・アラン・ポーから出されたのであった（図13・1）。

『アメリカと民主評論』一八四五年六月号で、エドガー・アラン・ポーは「言葉の力」という感動的な小論文を発表し、以下のように書いた。

奈落のような遠方を見下ろせ！　星の間をゆっくり通って、そう、そう、そのように！――無数の星々の眺めを注視するのだ、天使の視線ですら、金色に続く宇宙の壁――無数の輝く天体が溶け合って一体となっているように見える壁――に視線を妨げられているではないか？[1]

一八四八年二月、宇宙の金色の壁について述べた三年後、また、四〇歳で他界するわずか一年前、エドガー・アラン・ポーは、ニューヨークの教会図書館で、わずかな聴衆を前に「宇宙起源論について」と題する二時間の講義を行った。一方、この時偶然、グラスゴー大学の天文学欽定講座担当教授であったジョン・プリングル・ニコル博士も、ニューヨークで講演を行っていた。ニコルの『宇宙の構造についての見解』は、その時代の天文学のびっくりするような発見で一般聴衆の注意を引き、とても怒ることのできないほど宗教的にへりくだった文体で、英語圏の世界に大きな旋風を巻き起こしていた。疑いもなくエドガー・アラン・ポーは、このニコルの大衆的著作に大きな影響を受けていた。[2] その年のうちにポーは、自らの講義に加筆して、『ユーレカ』と題する散文詩として出版した。[3]想像力に富むこの傑作はアレクサンダー・フォン・フンボルトに捧げられたが、彼はそこで非常に大胆な宇宙観を打ち出している。彼は、神の心臓の脈動にしたがってリズミカルに膨張し収縮する宇宙を、目に見えるように描いたのであった。黙示録的な光景の中に、彼は現在の宇宙の崩壊を予測した。「したがって本当は、深遠な奈落の間に、想像できないほどたくさんの太陽のような星々がぎらぎらと光って存在するのだろう」。この著作のことを彼はある手紙に書いている。「私が提起したことは、物理学の世界にも形而上学の世界にも（やがて）革命を起こすでしょう[4]」。

『ユーレカ』は、物理学の世界にも形而上学の世界にも革命を起こすことはなかった。当時の感覚では、その科学はあまりに形而上学的であり、その形而上学はあまりに科学的すぎたからである。しかしそれは、宇宙論に対して最も興味深くまた重要な貢献を行った。オルバースが宇宙の闇の謎についての論文を著してからわずか二五年後であったが、そこには初めて正しい解答と推測されるものが含まれていたのである。『ユーレカ』でポーは次のように書いている。

星々が無限に連なっているとしたら、空の背景は、銀河によって示されるように一様に輝いて見えるだろう——なぜなら、星のない場所は、背景全体にわたってただの一か所も存在しえないからである。このような状態で、我々の望遠鏡が星のない空虚の場所をあちこちの方角に見いだす事実を理解する唯一の論法は、目に見えない背景までの距離がたいそう遠いため、そこからの光線が、いまだにまったく我々のもとに届いていないと考えることである。

これによって光速と星の寿命の知識とがついに一つになり、古い問題に対する新しい展望が開けてきたのである。

二〇世紀になると、我々は、自分たちが見ているものは空間と時間の一つの断面である、という考えに慣れてしまった。夜空を、それも遠い宇宙を見つめる時、我々は、宇宙のはるか昔の幻影を見ていることに完全に気づくようになったのである。かつてデカルトや他の哲学者たちが、空間と時間を一緒に組み合わせる考え方に警告の念を抱いた理由を我々が理解するのは困難になっている。空間を見通すことが時間を遡ることになるという考えに慣れ親しんでいる我々にさえ、目に見える宇宙の地平に、ベールを剥がれ観測者の目にさらされる形で、宇宙が創造された時代が存在するという考えは、衝撃をもたらすものである。

限られた時間内での我々の視野の広がりは、星々が輝いている宇宙の中である限られた距離の中だけである（図13・2）。星々の宇宙は空間の中では無限かもしれないし、無限ではないとしても、測定可能な領域をはるかに超えて広がっているのであれば、我々が見ることのできる部分——可視的宇宙——は相対的に小さく、一般的にその範囲は小さすぎるので、空を覆うのに十分な星々を含むことはできない。

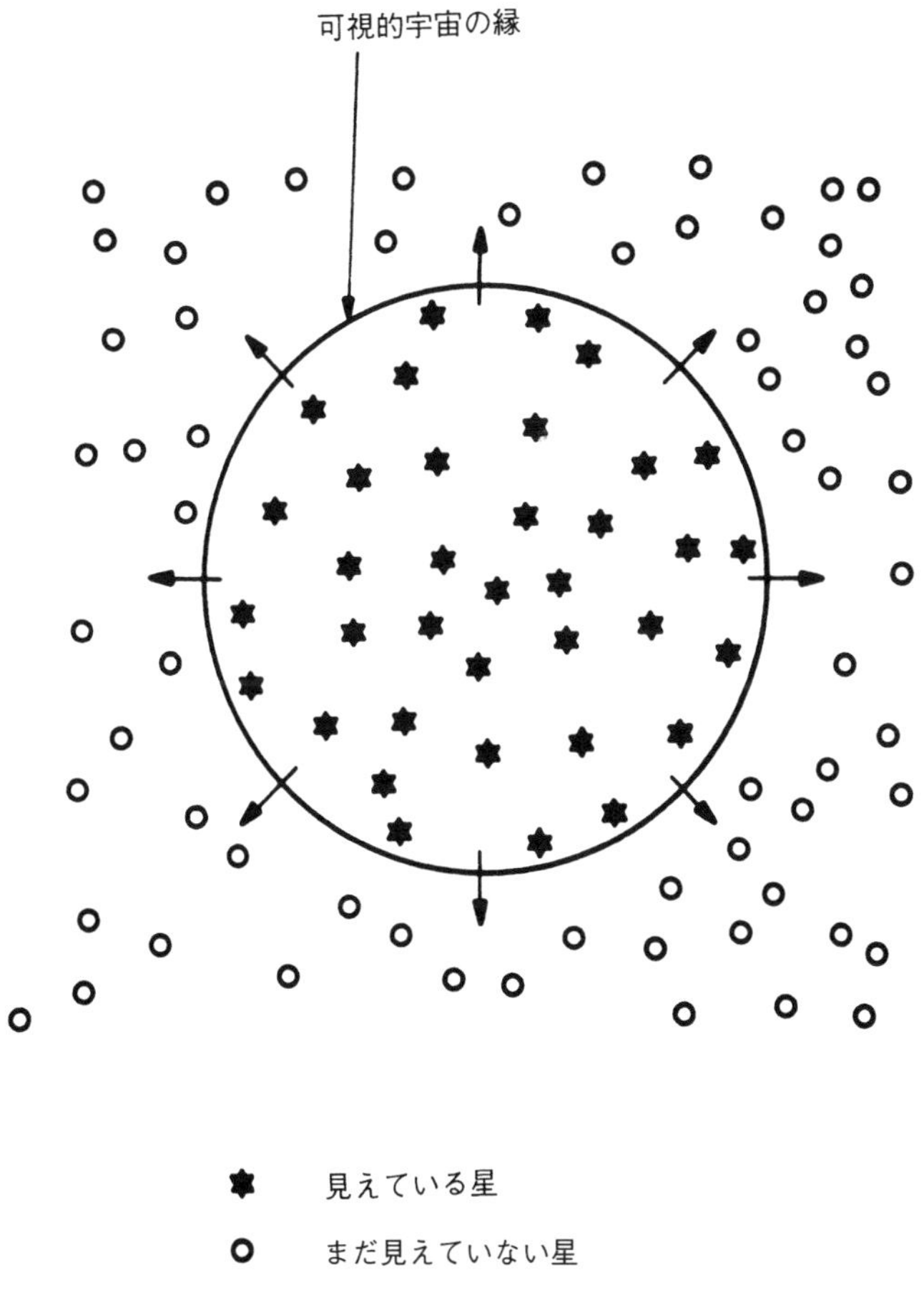

図13.2 星々が均一にちりばめられた静的なニュートンの宇宙では、我々は、大体 100 億光年の彼方まで広がる星々を見ている。さらに遠くの距離を見ることは、星々が輝くようになる前の時間まで遡ることになる。星の見える球面の外——可視的宇宙の地平線、つまり宇宙の縁——は、光の速さで遠ざかっている。(E.R. Harrison, *Cosmology*, Cambridge University Press の厚意による)

ポーは躊躇した。「これが本当かもしれない。誰があえて否定できるだろうか?」。彼は、天文学的証拠が、星々を含む体系はただ一つであるという一つの島宇宙説に有利であることを認めてはいたが、複数の系から成るたくさんの島宇宙説に惹きつけられていた。この証拠から以下の推論が可能ではないか、と彼は考えた。

知覚できる宇宙――たくさんの星団が集まった――は、たくさんある「星団の集まりのただ一つ」で、残りのものは遠く離れすぎていて見ることができない。そこからの光は、我々に届くまでにあまりにも拡散しすぎるので、網膜上に光の印象を作り上げることができないのかもしれないし、あるいは、語ることのできないほど遠くの世界では、光が出ていないのかもしれない。また、単に間にはさまる距離があまりに遠く、それらの電気的事象が、――数え切れないほどの年数がかかるので――いまだにその空間を横切れずにいるのかもしれない。

その数行後には以下の文章がある。「個人的見解として、私自身が想像力に駆り立てられている考えだけを言わせてほしい――それ以上のことをあえて言おうとは思わないが。それは宇宙が無限に連なって存在し、その宇宙は多かれ少なかれ、我々の認識している宇宙と似ている」ことである。彼は、宇宙という言葉で銀河を指したと思われる。数頁後に彼は以下のようにつけ加えている。「しかし、この小論文において我々が一歩一歩進めてきた考察は、空間と時間が一つのものであることを直ちにはっきりと認識させる」。

ウィリアム・ハーシェルやジョン・ハーシェル、ジョン・ニコル、トマス・ディックの著作から、また、アレクサンダー・フォン・フンボルトの『宇宙』の最初の巻の当時の評論——宇宙の構成について記述し、星間空間を横切るには光が多大な時間を要することに注目している——から、ポーは、宇宙の闇の謎のありうる解答として、「金色の壁」を作る光がいまだに我々のもとに届いていないためであるという結論に達した。* 宇宙をはるかに見渡す時、我々は、はるかに時間を遡って星々の誕生以前の時代を見ているのである。

*二八七頁、表「提示された解答」の候補9。

■後退する地平線

エドワード・フルニエ・ダルベは、一九〇六年九月から一〇月にかけて「下位世界」に関する一連の七つの小論文を、また、一九〇七年三月から五月にかけて二つ目のシリーズとして「上位世界」に関する六つの小論文を『英国職人と科学と技術の世界』に執筆した。これらの小論文は集められ、わずかに修正を加えて、一九〇七年に彼の著作『二つの新しい宇宙』として出版された。

『英国職人と科学と技術の世界』はすべての趣味に対する情報を提供していた。それは、金属細工、大工仕事、模型製作、個人用モーターの作り方、個人用タービンの製作方法、ヨットの操縦法、そして、ミシンから溶鉱炉、虹から星まで、その他宇宙を含め、あらゆるものの使い方、すべての趣味に対応していた。イギリス人は、男性も女性も関心を持たずにはいられなかった。一年ほど前、私は偶然、この雑誌の一九〇七年四月六日号の二〇二頁に、『フィロソフィカル・マガジン』に掲載されたケルヴィン卿の論文を引用している脚注を見つけた。長いこと忘れ去られていたケルヴィン卿のこの論文をたどっていくうちに、私は、次章の基礎をなす事項にぶつかったのであった。『英国職人』の黴くさい頁をめくるにつれて、私は、そこに含まれている普遍的な科学と、そこかしこにためらいなく用いられている数学の驚くべき深さとに気がつき、ノスタルジーに打たれた。その最後の頃のみをおぼろげに思い出すだけであるが、私はその時代へとまっさかさまに落ち込んでいった。それは、光沢紙に印刷されている比較的浅薄な現代の科学雑誌とはきわめて異なる科学雑誌の存在した時代であった。

一九〇七年三月二九日に出版された「上位世界」の最初の小論文で、フルニエ・ダルベは「炎のように燃える空」の問題に取り組んでいた。彼は、サイモン・ニューカムやアグネス・クラークを含むさまざまな執筆者の著作について記した後、以下のように述べた。「当然のことながら可能性はもう一つある。もし、世界が一〇万年前に作られたのなら、一〇万光年以上離れた天体からの光は、現在までに我々のもとに届いているはずがない」。この考えはエドガー・アラン・ポーに由来するのではなく、おそらくケルヴィン卿の考えから来たと思われる。彼は翌週発行された次の小論文で、ケルヴィン卿の著作に手短かに触れ、それまで議論されなかった可視的宇宙の状況について述べた（以下、彼の本から引用する）。「しかし、さらに遠くの星々の光は、次々と地球の表面に到達し、現在天の川までに限定されている我々の視野は、一秒間に一八万六〇〇〇マイルの速度で拡張している[5]」。

もし、ある宇宙が有限時間内の過去に始まったとしたら、見えるのは有限の部分だけで、残り——ある一定距離を超えた部分——は、光がいまだ我々のところに届くだけの時間がなく、見ることができない。しかし、宇宙の年齢が増すにつれて、我々はより多くの部分を見ることができるようになる。光速で後退する地平によって可視的宇宙の境界が定められ、観測者の目の届く部分は大きくなっていく。当然のことながら、可視的宇宙の地平の拡大を、数年後に発見される宇宙全体の力学的膨張と混

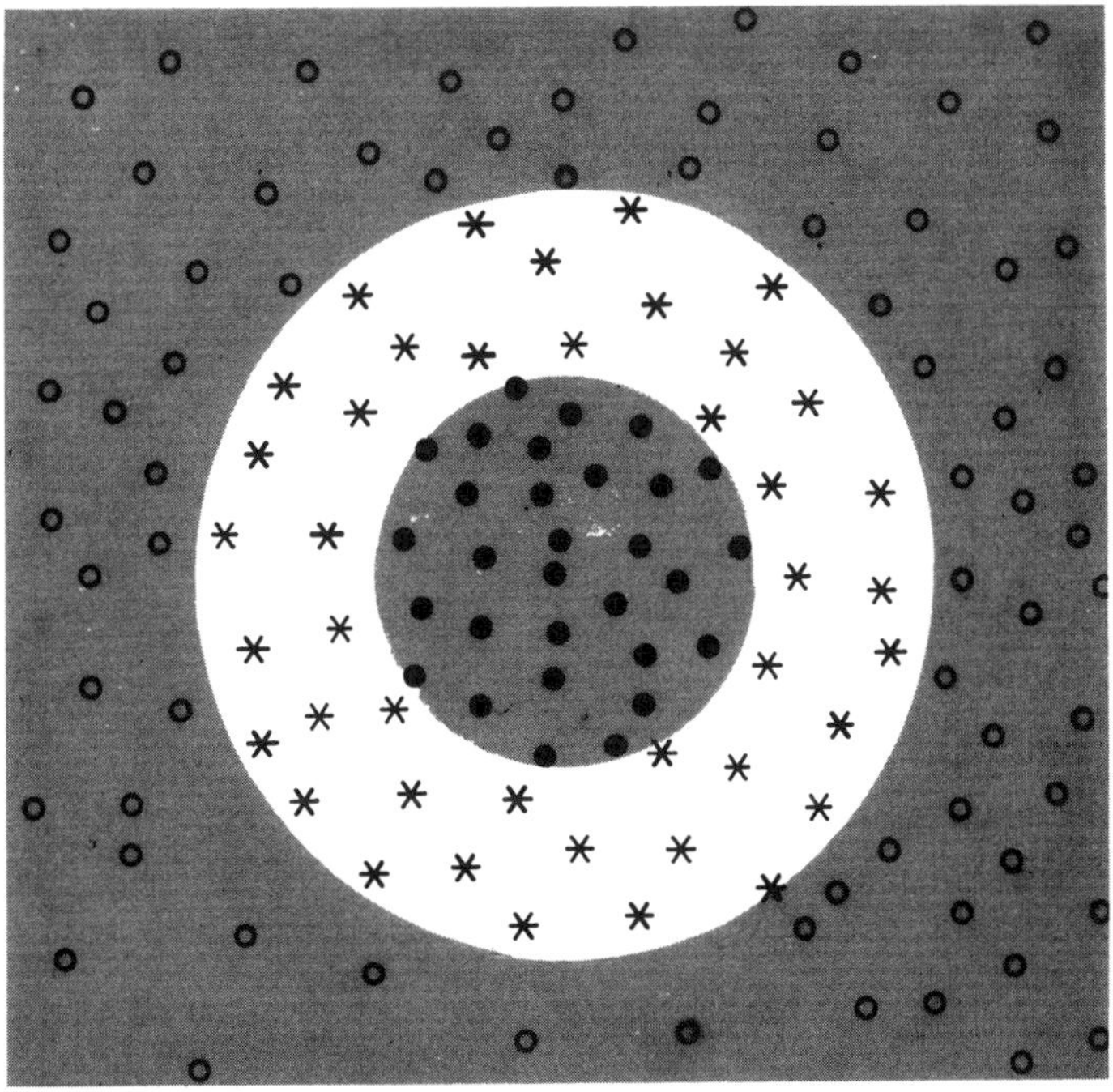

● 死に絶えた星
＊ 見えている星
○ まだ見えていない星

図13.3 もし我々が十分長い間待っていれば、まわりの星々は死に絶えるであろう。その時我々は、広がっていく死んだ星々の暗い球に囲まれるが、この暗い球の外側には星々の輝く球殻が存在する。この輝く球殻のさらに外側には、まだ星々が生まれていない暗い宇宙が広がっている。

同してはならない。

個々の観測者に対しては、目に見える星々で囲まれた個人的な可視的宇宙がある。観測者はその人の可視的宇宙の中心にいる。比喩的に表現すると、観測者たちが宇宙の中を「あちこち動き回る」につれて、彼らの可視的宇宙も一緒に動く。これは、地球上において観測者が移動すれば、地平線によって限られる視界が移動するなじみ深い状況と同様である。可視的宇宙は、観測者から見て、「光速×最初に生まれた星が光りはじめてから経過した時間」で決定される距離に位置する地平にまで広がっている。したがって、もし星々が「無限の以前」に光りはじめたとしたら、地平は「無限光年」の遠くに存在するはずである。これを、星々で満ちた宇宙が「無限の時間」前に始まったと想像してもいいし、また、それ以前は星々が存在しなかった宇宙で「無限の時間」前に星々が光りはじめたと想像してもよい。どちらの場合も、地平からの光は、初代の星々が光りはじめた時の宇宙の状態を現している。この論法は静的な宇宙に適用されるもので、膨張する宇宙に対しては、似通ってはいるがわずかに複雑な形となる。

おそらく、ほとんどの銀河はビッグバンの一〇億年ほど後に形成されたものと思われる。今日我々の銀河系で輝いている最も古い星々は、銀河系の形成直後に生まれたものである。したがって、おそらく銀河内の最も古い星々の大部分は、年齢がほとんど同じであろう。そして、銀河系の年齢と大体同じ一〇〇億年ほど前に一般の銀河の起源があると考えても、それほど大きな間違いはないだろう。その場合には、宇宙のどこの場所においても、最も古い星々はどれもほぼ同じ年齢となる（図13・3）。

■まったくの一様性

11章で見たように、フルニエ・ダルベは、主として彼独自の階層理論の形成に関心を抱いていた。「しかし、これらの論文の根本的な仮定は、我々の世界が宇宙における平均的な良きサンプルで、これまで常に存在し、今後も常に存在し続けることであり、したがって、階層構造的な宇宙においては、各階層をどれほど上に行こうと下に行こうと、その状態が、今日ここに存在し、我々が知ろうとし適応しようとしている条件と、驚くほど異なるものではないと期待できることである」[6]。ここにはまさに、古代から現代にわたる他のすべての宇宙論者の中で、最も強く期待し最も大胆な構想を超えるまったくの一様性がある。空間のどこにおいても、どの瞬間においても同じ外観を呈するだけでなく、無限小から無限大までのすべてのスケールにおいて同じ外観を呈する無限の宇宙を、彼は示唆したのである。永遠に同一の宇宙では、星々は永遠に輝き、したがって、可視的宇宙の地平は無限の彼方に広がっている。したがって、星の光によって炎のように燃える空という考えは、階層宇宙のみが解きうる真の問題を提示したのである。

フルニエ・ダルベの『二つの新しい宇宙』に記された宇宙のフラクタル理論は、スウェーデンの天文学者、カール・シャーリエに多大な影響を与えたので、先に我々が見たように、彼は無限の階層宇宙の熱心な支持者となった。シャーリエは、宇宙の闇の謎を階層宇宙によって解決するための数学的条件を導き出した。有能な理論家であり、天文学では国際的に著名な人物であるシャーリエが、なぜこの道を進んだかは明らかでない。フルニエ・ダルベは、有限の年齢を持つ宇宙においては、可視的宇宙が有限の大きさを持つことを完全かつ正当に示し、結果として、空を覆う星は数が少なすぎるため、階層によって謎を解く目論見に先手をとってしまうことをほのめかした。可視的宇宙の地平の外にある無数の星々は見ることができず、星に照らされた明るい空が作り上げられることはない。それなのに、どうしてシャーリエは階層の体系にしがみついて思い悩んだのか？　彼は、有限な可視的宇宙の意味を捕らえ損なったか、あるいは、宇宙は自分自身をいつまでも更新し、永遠に同一のままであるという定常宇宙の信念をフルニエ・ダルベと分かち合ったかのどちらかであろう。

第14章　ケルヴィン卿が光明を見いだす

そして講義は、毎日毎日嬉々としてとりとめもなく続けられた。「私は、機会がある時にはいつも、我が偉大なる権威、ストークスを引用する」と言って、そこかしこでストークスへ言及したり、「いまだにマイルやヤードやフィートやインチ、あるいはグレーンやポンドやオンスやエーカーを使って計算する、と言ってイギリス人の技術者を非難する狭量でつむじ曲がりの面倒くさがり屋」に対して一撃を加えたり、また「科学にパラドックスは存在しない！」と突然声高に主張したりした。聴講者による質問は講義を脱線させ、彼を新たな思考へ向けてしまうことがあった。講義で始められた討論は夕食の席でも続けられた。会議全体が活気に富んでいるように思われた。しかし、とりとめもなく続けられる講義は不気味なものとなった。「講義はどれだけ続くのでしょう?」。ある日、ギルマン学長が、講義ホールから立ち去りながらレイリー卿に尋ねた。「わかりません」というのが答えだった。「いつかは終わるでしょうが、なぜ終わらなければならないのか、その理由が私にはわからないのです」

シルヴァヌス・トンプソン『ウィリアム・トムソン、ケルヴィン卿の生涯』

ウィリアム・トムソン（図14・1）、後のケルヴィン卿は、ジョン・ニコルの大学の学生の一人であった。一八四六年に二二歳でグラスゴー大学自然哲学の教授になり、七五歳で引退するまでその職に就いていた。特徴的なのは、その時、研究員として登録されていたことである。[1] 一八四八年に、絶対温度（ケルヴィン）の温度目盛りを提唱した後、ヴィクトリア時代のこの著名な科学者は、数多くの重要で発展的な研究により、理論物理学、実験物理学を前進させた。一八六六年、大西洋を横断するケーブル敷設に関連する科学的業績を称え、女王は彼にナイト爵を授与し、また一八九二年には貴族の地位を与えた。

一八八四年、ケルヴィン卿（当時はサー・ウィリアム・トムソン）は、ジョンズ・ホプキンス大学評議員を代表したギルマン学長の招聘を受け、主にアメリカの物理学者から選ばれた聴講者に向けて一連の講義を行った。アルバート・マイケルソンとエドワード・モーレー（彼らは後に、エーテル中の地球の運動を定める有名な実験を共同で行った）も聴衆の中にいたし、レイリー卿やジョージ・フォーブスもイギリスから参加した。講義──「分子の力学と光の波動論」と題されていた──はケルヴィン卿によって原稿なしで行われ、アーサー・ハザウェイの速記によって記録された。[2] 講義の内容は大きく改訂増補され、ケルヴィン卿によって『ボルティモア講義』というタイトルが付され、最終的には一九〇四年に一冊の本として出版された。この著作には一二の付録がつけられていた。[3]

その新版の「講義一六」はとりわけ興味深い。講義は全部で二二節から成り、最初の七節は一八八四年の講演に沿った内容で、エーテルの性質と濃度に関するケルヴィン卿の初期の著作が再収録されている（二〇世紀まで、発光性のエーテルは光の伝播に必須のものと考えられていた）。八節から一〇節までは一八九九年一一月の日付で、エーテルの重力的性質について長々と書かれている。残りの

図14.1 ウィリアム・トムソン、後のケルヴィン卿（1824-1907）。

一二節には日付がないが、おそらくその後に、しかし一九〇一年八月よりは前に書かれているらしく、銀河系の大きさや質量、恒星の平衡速度といった天文学的な話題に当てられている。一八節と一九節（本書の付録5）は、星々が輝くのに夜空が暗い問題を検証し、観察されるような闇の状態は、当時「流行」であった銀河の大きさや、含まれる星の数と矛盾しないことを示していた。この講義の改訂版が、一九〇一年八月に『フィロソフィカル・マガジン』の論文として別に出版され、その標題は「無限の宇宙を通るエーテルと重力物質について」であった。宇宙の闇の謎についてのケルヴィンの寄与として最近私の興味を引いたのは、一九〇七年六月に発行された『英国職人と科学と技術の世界』の中でこの論文を参照した記事であった。ケルヴィンの『数学、物理学論文集』にも、シルヴァヌス・トンプソンの著作『ウィリアム・トムソン、ケルヴィン卿の生涯』の、ウィリアム・トムソンの文献リストの中にも、この論文は含まれていない。これは、「オルバースのパラドックス」に続く議論においてこの論文がまったく無視されたことを説明している。[4]

■ケルヴィンの分析

ケルヴィンはこの問題の核心を見ていた。いくつかの数字と二、三の計算を用い、彼は、透明、均一、かつ静的な宇宙に関して、夜の闇の謎を定量的にかつ正確に解いたのである。

彼の計算は、以下の形のように単純化して表される。

星々で覆われる空の割合＝可視的宇宙の大きさ÷背景限界距離

この等式における「可視的宇宙の大きさ」には、まず、我々の恒星系、つまり銀河系の半径をとればよい。「背景限界距離」——星々が均一にちりばめられた宇宙で目に見える星々までの平均距離——は、第7章の方式によって大体の計算が行われた。ケルヴィンの計算は、星々で満たされた可視的宇宙の大きさが、背景限界距離より大きい可能性を無視している。しかし、より一般的な計算式でも本質的に同じ解答が得られ、輝く星々によって覆われる空の割合は、可視的宇宙の大きさが背景限界距離に近づくにつれて一になり、それを超えても一のままであることを示している。[5]

ケルヴィンは、サイモン・ニューカムの『一般天文学』を引いて、ウィリアム・ハーシェルの銀河系に対する考えを取った。それは、太陽に似た一〇億個の星から成り、半径が一〇〇〇パーセクである恒星系（図14・2）の中央に我々がいるというものであった（一パーセクは三・二六光年で、視差が一秒角となる星までの距離を表す）。[6]話を簡略にするために、ケルヴィンもまた、すべての恒星は

図14.2 ケルヴィンは、この「最もありそうな恒星と星雲の配置」の図を含む、サイモン・ニューカムの著作『一般天文学』(1878) を使用した。ニューカムによると、銀河系は半径が 1,000 パーセクで、10 億個の星から成るとされている。

太陽と同様の天体であり、それらは銀河系の中の我々の近傍の部分とほとんど同じような距離で星が均一に分散していると仮定した。それから彼は、星々の円盤で覆われる空の割合は一兆分の一以下であることを示し、以下のように述べた。「このきわめて小さい値は、以下のような古くて有名な仮説が正しいかどうかを検証する助けになる。すなわち、もし、我々が宇宙を十分遠くまで見通すことができるなら、全天は、おそらく我々の太陽と同じくらい明るい星々の円盤像で覆い尽くされるという仮説と、夜の空も昼の空も、全天が太陽面と同じくらい明るくならないのは、光は宇宙を通過する間に吸収を受けるからであるという仮説である」。彼は、宇宙の闇の謎と吸収という解答を結びつけてしまい、両方を「有名な仮説」として引用したにもかかわらず、シェゾーとオルバースについては何も言及しなかった。

ケルヴィンは、星々の円盤像によって空が覆われる割合は、太陽面の明るさに対する星々の輝く空の平均的明るさに等しいと論じた。すなわち、

星々の円盤像によって空が覆われる割合＝星の輝く空の明るさ÷太陽面の明るさ

である。もし、空の一兆分の一が星々で覆われているとしたら、星の輝く空の平均的明るさは、太陽面の明るさの一兆分の一となる（オルバースのパラドックスに関する議論のほとんどで、この等式は見逃されている）。空が完全に星で覆われる時――上記二つの等式の左辺が両方とも一になることである――可視的宇宙は背景限界距離にまで広がり、すべての場所の空の明るさは太陽面の明るさと同じになる。

上記の二つの等式を比較して、背景限界距離に対する可視的宇宙の大きさの割合が、ケルヴィンの言葉による「太陽面の明るさに対する星々の輝く空の見かけの明るさ」に等しいことがわかる。つま

り、

可視的宇宙の大きさ÷背景限界距離＝星々の輝く空の明るさ÷太陽面の明るさ

である。すなわち、可視的宇宙の大きさが背景限界距離に等しい時、星で輝く夜空はどこの場所も、太陽面と同じ明るさになる。四〇〇年にわたって提案された宇宙の闇の謎に対する数多くの解答を思い返し、そこに頼りになる意見や数学的証明のないことを考えると、ケルヴィンの明快な論じ方は読んでいて気持ちがよい。

■ケルヴィンの解答

その時入手可能なデータに基づくケルヴィンの計算によると、背景限界距離は三〇〇〇兆光年であることを示していた。空が部分的に覆われている場合しか彼は考えていなかった(実際は、彼の結果はこの値の一〇分の一であった。空が部分的に覆われていることを示していた)。したがって、背景限界距離は銀河系の一兆倍も大きかった。もし、銀河系の外に星がないと仮定したら、空は、星の円盤像でその一兆分の一しか覆われないことになり、空の明るさは、どの部分も太陽の一兆分の一しかないことになる。これは、宇宙の闇の謎に対する昔のストア派による解答であった。

しかし、とケルヴィンは言う。たとえ我々が、半径三〇〇〇兆光年の星を含む「巨大な球体」、つまり星々に満たされた宇宙にいたとしても、それでも夜空は星々で覆われることはない。可視的宇宙の半径が三〇〇〇兆光年よりはるかに小さいからである。我々のいる「巨大な球体の縁に存在する星々から球体の中心まで」光がやってくるには三〇〇〇兆年の時間がかかる。しかし、この膨大な時間は、すべての星々が輝きはじめてから現在までに経過した時間を最大限に見積もっても、それをはるかに

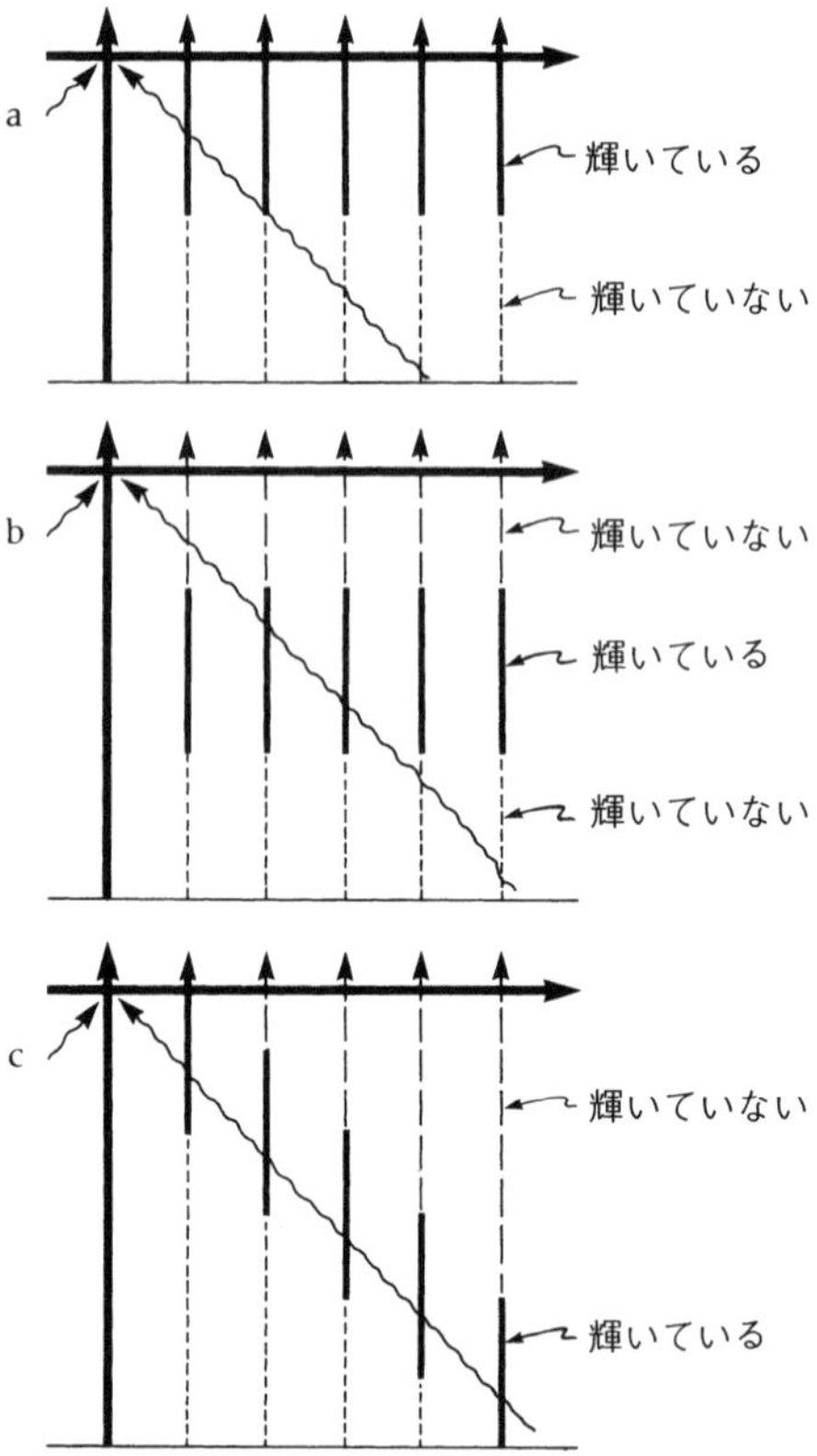

図14.3 明るい空が見られるには、どのように星を配置すればよいか。(a)星々がどこでも同時に光りはじめるニュートン派の宇宙。観測者は、星々が輝きはじめる前に遡って、可視的宇宙の地平の先を見ることになる。(b)(a)と似ているが、星は現在すべて死んでいる宇宙。観測者の近くの星は輝いていないが、遠くなると、星々は過去の輝いていた姿を見せる。さらに遠くなると、星々は再び輝かなくなる。(c)観測者までの距離が増すに従って、星がだんだん早く輝きはじめる宇宙。ケルヴィンは、このような最もあり得ない配置が起こった時に、星々で覆われた空が見られると指摘した。〔図12.2と同様に縦軸は時間、横軸は空間を示す〕

超えてしまうからである。「我々の太陽の発光体としての寿命は、力学的に見て、数百万年を単位としてその数十倍程度とするのが妥当である。五〇〇〇万年〜一億年という可能性もあるが、おそらく五〇〇〇万年よりは短いであろう。最も大きく見積もって、個々の星々の寿命を一億年としよう」。これから見ていく妥当な理由によって、彼は、どの星も一億年以上は光らないと仮定した。「したがって」とケルヴィンは言う。「もし、この広大な天球に存在するすべての星々が同時に光り出したとしても……、その光が地球に届くものは、すべての星々の中でごくわずかな割合でしかない*」。ケルヴィン卿は、エドガー・アラン・ポーが定性的に予想したことを厳密に証明した。つまり、背景限界距離が「非常に長いため、そこからの光線は、まだまったく我々のもとに届いていない」のである。

*二八七頁、表「提示された解答」の候補9。

「星々が均一にちりばめられているという仮定は、当然、きわめて独断的なものである」とケルヴィンは言った。また、巨大な天球中の密度は銀河のそれよりもはるかに低いと仮定するべきであろう。言い換えれば、星々を隔てる平均距離をもっと大きくとるべきである。すると、背景限界距離はさらに大きくなり、天球の外にある星々から我々のもとへ光が届くには、さらに時間がかかることになる。

無限の年齢の宇宙に我々が住んでいて、その中で星々はある有限の時間しか光らないと仮定しよう。この場合、可視的宇宙（我々が見ている部分）の大きさは無限にはなりえない。我々は宇宙を、その星々が最初に光りはじめた時まで遡って見ることになる。これが可視的宇宙の地平である[7]。地平を超えたところには、星々の誕生の前に存在した闇が見える。さまざまな世代の星々をうまく配置すれば、もちろん可視的宇宙を広げることもできる。しかし、背景限界距離を超した大きさの可視的宇宙で空を星々で覆うためには、各々の星の寿命を一億年として少なくとも三〇〇〇万世代が必要になる、とケルヴィンは述べている。おそらくケルヴィンも気がついていただろうが、この考え方は成り立たない。なぜかと言うと、輝く星一つに対して三〇〇〇万個の輝かない星々が存在することになるからである。そして、フルニエ・ダルベがすでに気づいていたように、空は輝かない星々で覆われて、暗いままになるからである。

今度は、我々が有限の年齢の宇宙に住んでいると仮定しよう。おそらくこれは、ケルヴィンが思い描いていた状況である。というのも、彼は一種のカント‐ラプラス星雲説に同意していたと思われるからである。その著作「先行する機械」（一八五四）で、彼は以下のように記した。「年代を経るにつれて、これらの天体が相互に及ぼす重力の位置エネルギーが徐々に費やされることがわかっており」、将来「人類、あるいは今日存在するすべての動物や植物の居住する世界にその終焉が来るのは、力学的に不可避である」。世界の歴史を過去に向けてたどると、

我々が観測できる自然界のあらゆる作用を司る物質と運動の法則によれば、地球を照らす太陽はなく、惑星として知られる他の天体や、今日では黄道光として見えているそれより小さく無数の惑星間物質が、互いどうし、他のすべての天体から計り知れぬほど遠く離れていた時があったことがわかる。……もし我々が、純粋に機械的な科学の中にありながらもこの限界を忘れがちであるとしたら、純粋に機械的な推論により、地球に何も住んでいなかった時代を考え、それを思い起こすべきである。それは、生きている動植物や残存している生物の化石のすべてと同様に、我々の体が物質の組織化された生成物にすぎず、創造主の意志を別にすると、科学はその祖先を示せないことを教えてくれる。(8)

どちらの場合でも——宇宙が永遠であろうとなかろうと——星々に照らされながらも夜空が暗い一般的な条件は、まさに下記のように記される。

可視的宇宙の大きさが
背景限界距離より
小さくなければならない。

■輝く星々の寿命

地球と太陽の年齢を決定する問題へのケルヴィンの関心は、生涯続いた。[9] 最初彼は、太陽はその光エネルギーを、隕石の落下によって生成される熱から得ると考えていた。一八六二年の「太陽熱の寿命について」という小論文において、彼は以下のように述べた。「したがって太陽は、それほど昔ではないある時、神の意志によって自発的な熱源として創造されたか、さもなければ、太陽がすでに放出した熱といまだに保有している熱は、何か確定した法則に従う自然の作用によって得られているか、そのどちらかである」。[10] 彼は、ユリウス・フォン・マイヤー（ドイツの革新的な物理学者で、完全に一般的なエネルギー保存則を最初に提唱した）によって最初に示唆され、それからヘルマン・フォン・ヘルムホルツ（多才なドイツの科学者）によって押し進められた考えをたどり、太陽は緩やかな重力収縮によってその光エネルギーを取り出していると考えるようになった。彼は、太陽の年齢——この方式で導き出され、今日では、ヘルムホルツ - ケルヴィン・タイムスケール、あるいは単にケルヴィン・タイムスケールとして天文学者たちに知られている——が、二〇〇〇万年から一億年の間のどこかであることを見いだした。核エネルギー発見以前のケルヴィンの時代に、緩やかな収縮による重力エネルギーの放出を考えることは、放射によって太陽がエネルギーを持続的に失う状況を説明するのに最も信憑性が高いものであった。さらに、そこここにある星々は、皆この方法で自らのエネルギーを獲得していると考えられた。

永遠で不変の宇宙では、星々は尽きることなく輝き続け、空はいつまでも明るい光で炎のように燃える。しかし、この像は現実の世界を示しているのではない。現実の世界では、星々は限られたエネルギーしか蓄えておらず、生まれた星々は限られた寿命の間輝き、そして死ぬ。星々から流出する放射は、その奥深くにある原子炉で作られた原子エネルギーに由来することがわかっている。明るい星々はその核燃料を急速に消費するので、明るく輝く期間は数百万年間しかない。それほど明るくない星々は核燃料をゆっくり消費して、数千億年間ぼんやりと輝き続ける。太陽のように中間の明るさを持つ星々が輝いている時間は、典型的な場合で一〇〇億年である。偶然の一致だが、銀河系も大体一〇〇億歳である。現在の太陽は五〇億歳で、あと約五〇億年輝き続けるだろう。太陽は第一世代の星ではなく、銀河系がかなり年をとってから生まれた星である。

現代の天文学は、我々がビッグバン・タイプの宇宙に住んでいることを明らかにした。知りうる限りでは、宇宙は約一五〇億年前に始まったものである。星々が集団となって銀河を形成することを考慮すると、背景限界距離は一〇〇〇億×一兆光年（一〇のあとにゼロが二三個つく数）近くになることがわかる。しかし、どんなに長い間輝く星々でも、宇宙より歳をとっていることはありえないし、またおそらく、銀河より古いこともない。したがって、これらの星の年齢を区切りの良い数字で一〇〇億歳としよう。さらに計算のために最も大きい数字をとり、すべての星を一〇〇億歳と仮定しよう。こうすると、可視的宇宙は大体一〇〇億光年の大きさとなる。これらの数字を用いると、空はたった一〇兆分の一（一〇〇億を「一〇〇〇億×一兆」で割った値）しか星々で覆われていないことがわかる。注目すべきは、この結果は、宇宙が力学的に膨張する状態にあってもほとんど影響を受けないことである。

背景限界距離を計算する方法がわかれば、仮想上なら、可視的宇宙の大きさを変えることによって、我々は、暗い空の宇宙も明るい空の宇宙も容易に設計できる。[11] かすかに照らされた夜空は、もし星々を集中させることができればもっと明るくなる。星々で空を覆い尽くし、どの場所も太陽と同じくらいに明るくするには、背景限界距離を一〇〇億光年以下に減らさなければならない。そのためには、星々の間の平均距離を現在の二万分の一以下にしなければならない。その平均距離は、太陽 - 地球間の距離の三〇〇〇倍以下になる。[12]

ロイ・ド・シェゾーとウィルヘルム・オルバースの計算は、明白な言及によっても暗黙の了解によっても、背景限界距離を約一〇〇〇兆光年の範囲に求めている。彼らは、多くの他の天文学者たちのように、星は燃え尽きず永遠に輝き続けると思っていたらしい。少なくとも彼らは、光が背景限界距離からやって来るだけの間、星々は十分輝くと推定していた。彼らがこの推定——計算によると、星々は一〇〇〇兆年輝き続けることになる——に疑問を持ったとしたら、星の光の吸収を仮定する必要のないことに気づいたかもしれない。

■ケルヴィンの明るい空

ケルヴィンが、星に照らされているのに空が暗い謎を、最初の発想の時に指定された条件で解いたことに我々は注目しなくてはならない。したがって彼の解答は十分なものである。なぜなら、もし、星が一様に分布した透明で静的な宇宙で夜空が必然的に暗いことを証明できたならば、吸収、階層構造、赤方偏移（膨張による）によって初期のこの標準モデルを変形したものは、すでに暗い宇宙に対し、さらに暗くなる条件をつけ加えるだけのものだからである。

ケルヴィンは、寿命の比較的短い星々を人工的に配置して、明るい空を作り出す方法を示した（図14・3）。「すべての星を同時に光らせて、全天を燃え立つように輝かせるには、星が遠ければ遠いほど早く光りはじめるように時間を合わせなければならない」。そうすれば、すべての光は太陽の寿命があるうちに地球に届く[13]。宇宙における我々の位置に焦点を合わせたこのような配置は、現実にはとてもあり得ないと彼は指摘した。

ケルヴィンはパラドックスを信じなかった。一八八四年の『ボルティモア講義』で、彼は一度ならず「科学にパラドックスは存在しない」と主張し、一八八七年の王立科学研究所の講演でも同様に、「科学の中にパラドックスの居場所はない」と述べている。彼は、パラドックスは誤解の結果であり、それは外部の世界にではなく我々の中に存在するという合理主義者としての態度をとった。彼は夜空の闇の謎を厳密に、そして最大限明快に解いた最初の人物であるにもかかわらず、その後彼の業績は忘れられたままになり、この謎がオルバースのパラドックスとして知られるようになったのは歴史的な皮肉に思われる。

第15章　エーテルのない空間、曲がった空間、そして真夜中の太陽

一八四六年一一月二八日以来、私は、電磁気理論のことを考えて一時たりとも平穏や幸福を得ることがありませんでした。この期間ずっと、エーテル中毒による発作を起こしがちで、この問題を考えることを一生懸命控えて、それを避けることができたのです。

ケルヴィン卿からジョージ・フィッツジェラルドへの書簡、一八九六年

一九世紀における天文学の文献には、夜空の闇の謎に対する奇妙な解答がしばしば述べられているが、それは、光はエーテルという媒質なしには伝播しえないという古い信念から生まれたものであった。ケルヴィン卿はエーテルの問題と熱心に取り組み、一八四六年、二二歳の時に電気と磁気に関する最初の論文を著し、その世紀の残りを、彼が呼ぶところの「エーテル中毒」に苦しんだ。一八五四年、彼は以下のように記した。「宇宙の最も遠くの可視天体に至るまで空間全体に、物質のつながりとなる媒質が連続して存在することは、光の波動論における根本的な仮定である」(1)。アリストテレス派のエーテルは、「波動する」という動詞の主語となり、フック、ホイヘンス、ヤング、フレネルに

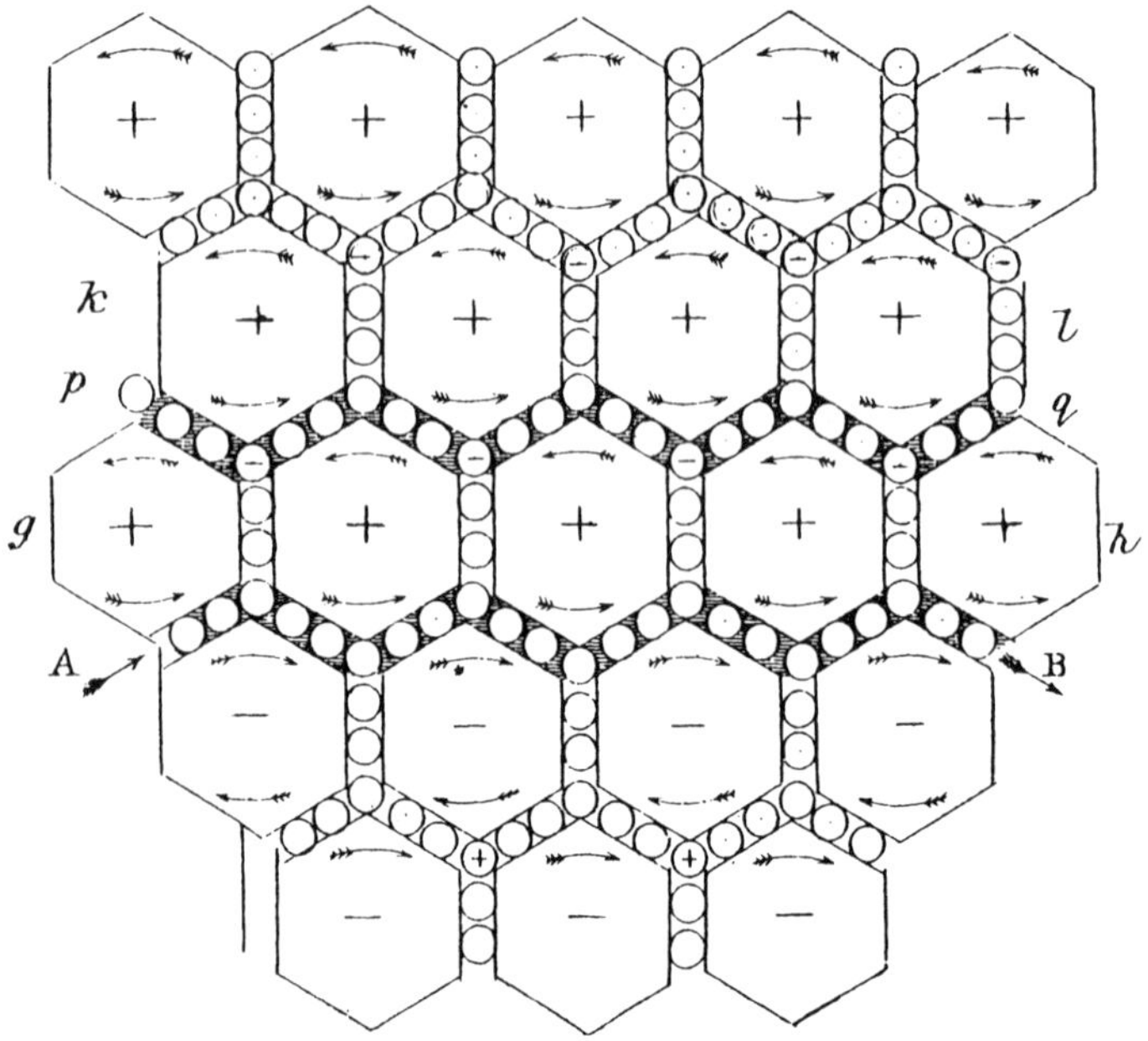

図15.1 ジェームズ・クラーク・マクスウェル（1831-1879）は、「アイドリング状態にある車輪」として振る舞う微小な間隙の渦を伴う渦から成る力学的エーテルを、視覚によって捕らえられるモデルにした。1861年、このモデルに関連する「物理的な力線」という論文の中で、彼は以下のように書いた。「それは、知られている電磁気的現象の間で実際の力学的関係を明らかにするのに役立つ。ゆえに、私はあえて言う。この仮説の暫定的かつ一時的な性質を理解するすべての人は、この現象を正しく解釈すれば、それによって妨害されるよりは救われることがわかるだろう」。力学的エーテルは、銀河系から遠く離れたところでは消えるかもしれず、光の伝達が不可能なエーテルのない空虚な空間が生じるという考えに刺激を与えた。

より「光を伝える」ものに改められ、発光性の媒質となった。そして、マイケル・ファラデー、ケルヴィン、マクスウェルによって、電磁気的現象を説明するために使われた（図15・1）。

■エーテルのない場所

カナダの天文学者であり、一九世紀における偉大な天体力学者の一人であったサイモン・ニューカムは、ワシントンDCの海軍天文台の台長となり、その著作『一般天文学』（一八七八）で、宇宙の闇の謎のいくつかの側面について論じた。ニューカムは、もし、媒質であるエーテルが途切れて太陽光線を反射するようになったら、太陽からの放射熱は保存されるかもしれないと書いた。[2] ジョン・ゴアはこの理論を熟考した。

ダブリンのトリニティ・カレッジで教育を受けたゴアは、インドで一〇年間、技師として運河建造の仕事に就いていた。一八七九年に引退して天文学者になり、専門家向けの著作や一般向けの著作を著した。その著作『惑星と恒星の研究』（一八八八）で、彼は、宇宙の暗い奈落は、おそらく物質だけではなくエーテルもまったく存在しない絶対的な真空であろうと述べた。「天文学者には以下のように論じる者もあった。星の数は有限である。なぜなら、無限個の星が宇宙に均一にちらばっているとすると、それによって、全天はおそらく、太陽と同じ明るさの光で一様に輝くはずだからである」。[3] ゴアは、大望遠鏡で見ることのできる星々と星雲は我々の銀河系に属し、他の銀河は存在するかもしれないが見ることはできないという一般的見解をとっていた。おそらく彼は、ニューカムの示唆に従ったのであろう。これらの系外銀河は、銀河間の絶対的真空――そこはエーテルもなく、光の波がそこを横切って伝播することができない深海である――によって視界から隠されている。* このように、す

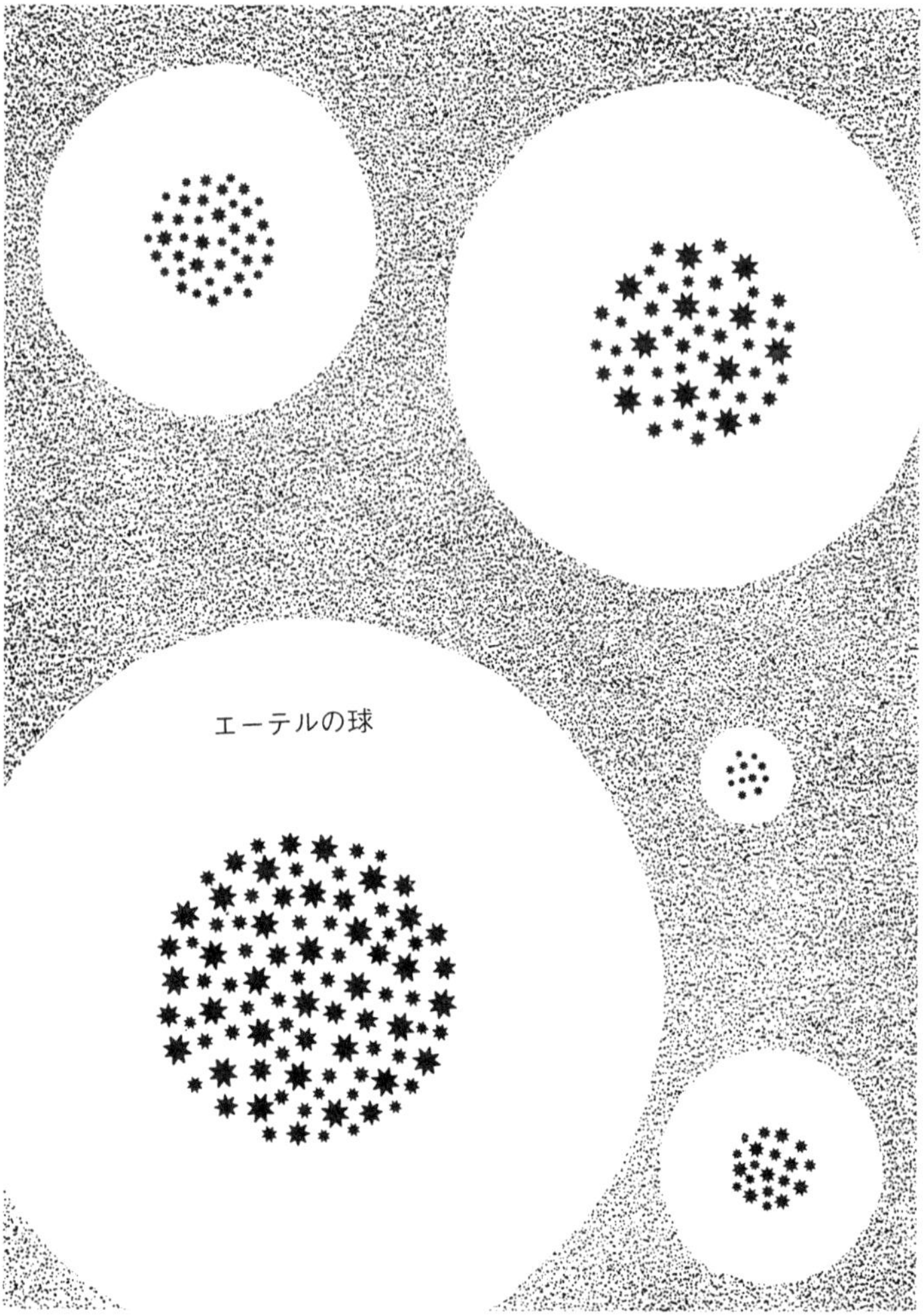

図15.2 宇宙の闇の謎に対するニューカム - ゴアの解答。各々の銀河はエーテルの球の中に浸されている。エーテルの球の間にある銀河間の空間は媒質であるエーテルを持たず、光を通すことができない。結果として、各々の銀河を反射面が取り囲み、銀河内の観測者は他の銀河を見ることができない。

べての銀河が互いに隠されているとすると、星々の光には何が生じるか？　「おそらく、我々の宇宙を形作る星々からの光線は、真空の縁で反射されると思われる」。したがって、「中空の球面の内側の形をした真空の反射面があると考えてよい」（図15・2）。ここで彼は、我々の銀河系を宇宙という言葉で表している。

＊二八七頁、表「提示された解答」の候補10。

ニューカム‐ゴア型の宇宙における星の光は、銀河間の空間を渡ることができず、結果的に、各々の銀河は自分自身の光を保持したままになる。銀河を反射壁で囲むことによって宇宙の闇の謎を解決することはできない。しかし、ニューカムもゴアもその点を理解していないようであった。各々の銀河に捕らえられた星の光は、反射壁の中をあちこち跳ね返り、いくらか多い少ないはあるとしても、その量は、もし反射壁がなければ他の銀河から受け取るであろう光の量と同じくらいになる[(4)]。銀河を取り巻く空洞中で放射量は上昇し、ニューカム‐ゴア型宇宙も、やはり明るい空になってしまう。

一九〇二年になって、他の事柄とともに恒星系の重力崩壊を論じた「宇宙各所における重力物質の集合について」という重要な論文の中で、ケルヴィンは以下のように記した。「一つの考え方として、エーテルの占める空間が一部だけであり、その外側にエーテルも物質も存在しない絶対の真空が存在するというものがある。我々はその考えを必ずしも排除する必要はない[(5)]」。しかし、彼は「エーテル中毒」であるにもかかわらず、「我々の宇宙のまわりにエーテルも物質も存在しない領域との境界が存在する」ことはありそうもないと考えていた。

一九〇七年、フルニエ・ダルベは、『英国職人と科学と技術の世界』（週刊、四月一二日号）で、空はどこも太陽と同じ明るさになるという主張は、以下の四つの仮定が真であることの上に成り立つと

書いた。[6] すなわち、

(1) 星々が不規則に配置されていること。
(2) 暗い天体による妨げが無視できるほど小さいこと。
(3) 星が永久に光り続けること。
(4) 発光性のエーテルが宇宙全体に広がっていること。

彼が「不規則に配置されている」と言ったのは、「提示された解答」(二八七頁)の表の候補1のように、見える星の後ろに星の列が隠される可能性を排除するためである。たくさんの暗い天体による掩蔽がないのであれば、フルニエ・ダルベによる候補7の可能性はなくなる。星が永久に光るならば、ポー - ケルヴィンによる候補9もなくなる。そして、発光性のエーテルが広がっているならば、ニューカム - ゴアによる候補10もなくなる。フルニエ・ダルベは、一番目、二番目、四番目の仮定はもっともらしいが(実際は私がこの順序を変えている)、三番目の仮定は物理的に不可能であると考えていた。

「星間の発光性エーテルが薄くなり、最終的にはなくなってしまうことを誰が知っているのだろうか!」。しかし、フルニエ・ダルベは、これは総じてありそうもないと考えていた。これより一週前の四月五日号で、彼は「我々の恒星系をすっかり取り囲んでいるエーテルの隙間」が、「天動説の天空」のような反射面を形成する考えを拒否していた。星の光が反射される天文学的証拠はなく、さらに、このような配置は「我々の恒星系の光と熱を散逸せずに保存する」ので何の長所もないと述べた。

彼は、我々の体系に保持された星の光が、排除したはずの他の系の星からの光を埋め合わせてしまうことを理解していた。

二〇世紀になると、我々は、波動するエーテルを考える習慣を捨ててしまった。アインシュタインの特殊相対性理論は、電気や磁気のひずみとなるこの不思議な物質の運命に封印をしたのである。多くの科学者にとって最初は理解が困難であったが、特殊相対性理論は、「光を伝播するエーテル」を時代遅れにしたのである。今日我々は、光の伝播を時空における電磁場の抽象的な作用として理解している。

■曲がった空間

アルバート・アインシュタインは一八七九年にドイツに生まれ、ミュンヘンとチューリヒで教育を受け、我々の時代の、またおそらく全時代を通じての最も傑出した科学者となった。二〇世紀初頭、彼は、多くの物理学者によるさまざまな研究を統合し、特殊相対性理論を作り上げた。この新理論によれば、すべてのものは宇宙の時空内に存在し、この共通の時空は、相対運動によって空間と時間との事象に分離する。さらに、連続した四次元の時空構造が、すべての観測者に対して光速が不変となることを説明する。この事実は、アルバート・マイケルソンとエドワード・モーレーの実験によって証明された。

ベルリンのカイザー・ヴィルヘルム研究所の物理学教授に就任した一年後の一九一五年、アインシュタインは、その一般相対性理論を完成した形にし、「重力場の方程式」と題する論文に著した。この革命的な理論は、重力が、四次元時空の湾曲（あるいは幾何学的変形）の結果であり、重力場における天体の曲がった軌道は、実際には、湾曲した時空における測地線（直線あるいは最短距離）であることを示した。離れた場所に作用する重力という不思議な力は、時空の湾曲の小さい波やその変動が、光速で進む時空の性質であった。空間と時間は、過去には別々のものと考えられ、宇宙における単なる枠組みにすぎなかったが、統合された時空として世界の振る舞いに加わるものとなった。

アインシュタインの一般相対性理論が出現する前の何十年もの間、学者たちは空間の湾曲の可能性について論じ、その存在を確認するさまざまな実験方法を考えていた。有限の範囲内で均一に湾曲した空間における幾何学は、最初は一九世紀半ばにドイツの数学者であるフリードリッヒ・リーマンによって、後にサイモン・ニューカムによって研究された(7)。球の表面は、球空間の性質を明示する。この表面における直線はそれぞれが大円であり、ある地点から放射状に広がるすべての直線は、宇宙の反対側の対蹠点で交差し、出発点に戻る。

■真夜中の太陽

バレット・フランクランドは、一九一三年、数学者協会ロンドン支部における会合で、宇宙が湾曲している証拠と反証について論じ、球空間では、空のある方向とその逆方向それぞれに、星の前と後ろが見えることを指摘した(8)。彼は言う。「反対方向に見える星の二つの像は、もし星間空間で光が消えてしまうことがないならば、同じ明るさに見える」。球空間に住むとしたら、我々は二つの太陽――本物の太陽とその対蹠点の像――を、大きさも明るさも同じに見るだろう。二つの間の相違がもしあるとしたら、一方は五〇〇秒前の像であり、もう一方ははるかに前の像であることから生ずる、とフランクランドは言った。昼間に太陽が照り、夜に対蹠点の太陽が光れば、夜の闇は消えることにな

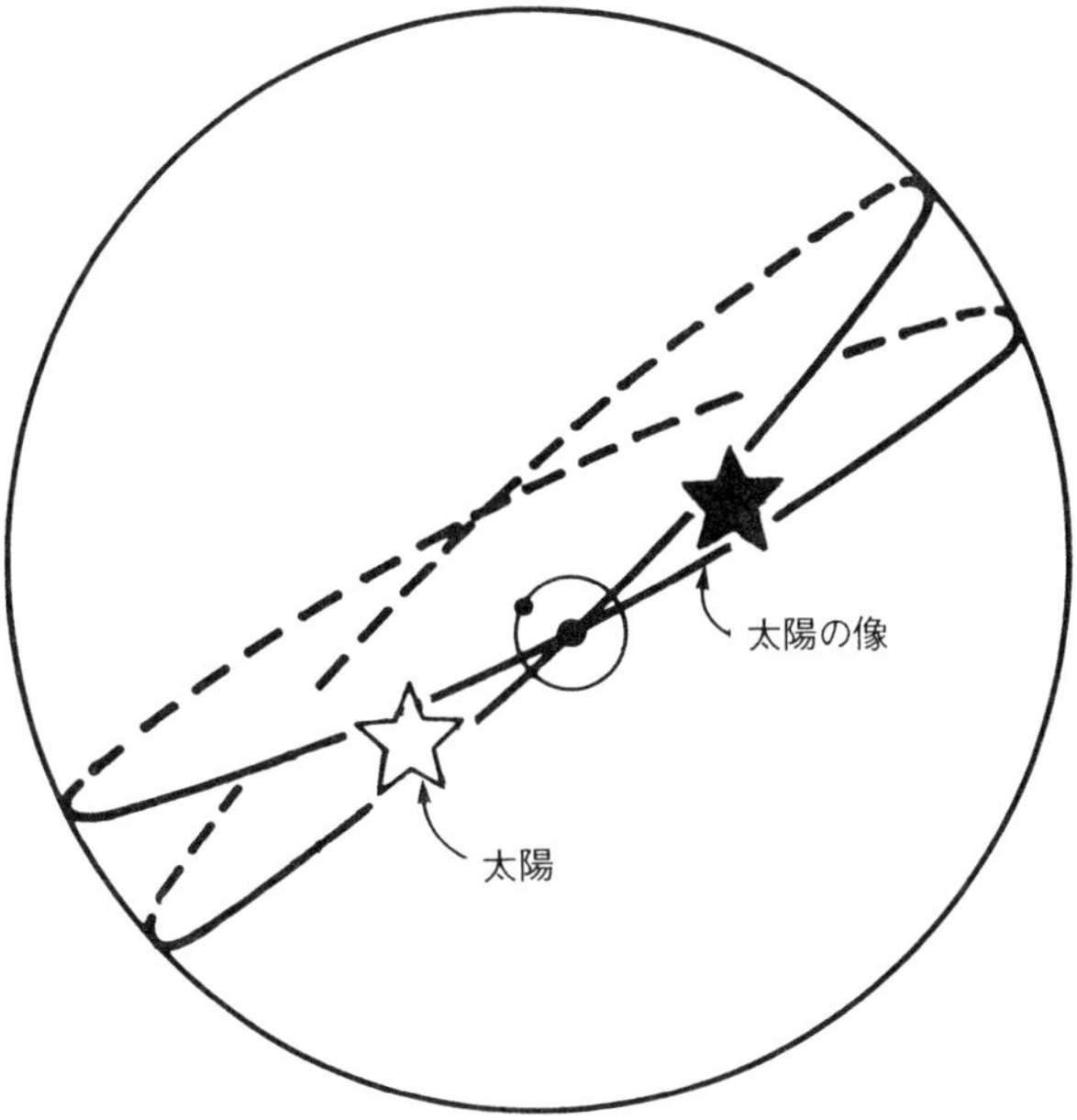

図15.3 真夜中の太陽。地球のある方向には太陽があり、反対側には、球空間を回ってきた光によって生じた太陽の後ろ側の像（対蹠点の像）がある。

る（図15・3）。

一九一六年から一九一七年にかけての「アインシュタインの重力理論とその天文学的結論」と題した一連の論文の中で、オランダの天文学者、ウィレム・ド・ジッターは、一般相対性理論による湾曲した宇宙の力学的効果を論じ、再度、球形に閉じた宇宙における闇の問題を取り上げた。このような空間は「有限で、直線が閉じているので、太陽と反対側の天球上の点には、太陽の裏側の像が見えるはずである。これは事実ではない。光が〝世界を回る〟途中で吸収されるに違いない」と彼は言った。[9]ド・ジッターは、星間空間における星の光の吸収によって生じる結果と、吸収媒質が熱せられてすぐに星々との平衡状態に達してしまう可能性を十分考えていなかったようである。

一九一七年のもう一つの論文「空間の湾曲について」で、ド・ジッターはより改良された理論を示した。「実際に今ある太陽の裏側を見ているのではなく、光が離れた時点の太陽を見ている。もし、（宇宙を一周して）光が到達するのに要する時間が……太陽の年齢を超えるのであれば、吸収を考えなくてもよい」[10]。宇宙には昼が存在しないから、我々はこれを、宇宙の闇の謎に対する、形の異なった解答と見なすことができる。*

*二八七頁、表「提示された解答」の候補11。

■有限の宇宙

非凡だが一風変わったドイツ人天文学者、ヨハン・ツェルナー[11]は、一八八三年、有限で境界のない宇宙が球空間内で閉じていて、星の数が有限だと、夜空の闇の謎が解けると主張した。*一般人の常識によって支持されたこの注目を引く解答は、科学史家であるスタンレー・ヤキによっても最近まで支持されていた。もし、背景限界距離（平坦な宇宙で定義されたのと同じ）が、球形に閉じられた宇宙の一周よりはるかに大きいならば、有限の宇宙は背景限界距離よりはるかに小さく、夜空は暗いままであると最初は考えがちである。星々から放射された光線は、宇宙を回ってもとの星へ帰り、放射が空間を満たすことはない。

＊二八七頁、表「提示された解答」の候補12。

ツェルナー‐ヤキの解答に関して二つのことに言及しなければならない。最初は、空間の湾曲では宇宙の闇の謎は解けないことである。星々や銀河の不規則な重力場は、光線をわずかずつ曲げ続ける。したがって、宇宙を進む光線は拡散しやすく、それぞれもとの位置に戻ることはない。球空間は、光線をすべてもとに戻して焦点に結ばせる完璧なレンズではなく、収差の大きい不完全なレンズとして働き、光束はぼやけ、焦点を結ぶことはない。光線がその源へまっすぐに戻ることはめったにない。それらは、宇宙を回る間に、常にわずかずつながら不規則に方向を変え、何周も回ったあと最終的にどこかの星の表面に突き当たる。周回する光線が星々に吸収される前に進んだ平均距離が、背景限界距離である。背景限界距離は前とまったく同様に計算され、それは、一つの星が占める平均体積を、星の断面積で割った値である。もし、宇宙一周の距離が一〇〇〇億光年で、背景限界距離が一〇〇〇億×一兆光年だとしたら、一本の光線は吸収されるまでに平均して一兆回宇宙を回る。

観測者の視線が直線であり、宇宙が完全に球空間なら、その視線は直線と同様に、宇宙を一周して反対側から観測者に戻ってくる。しかし、星々や銀河のある重力場は球空間の完全さを損なうので、直線の方向を曲げる。一方向の視線は、光線のビームのように小さい不規則な曲がりを繰り返し、宇宙を何周も回って星の表面に突き当たる。どの視線も最終的には星の表面に到達し、有限で閉ざされ

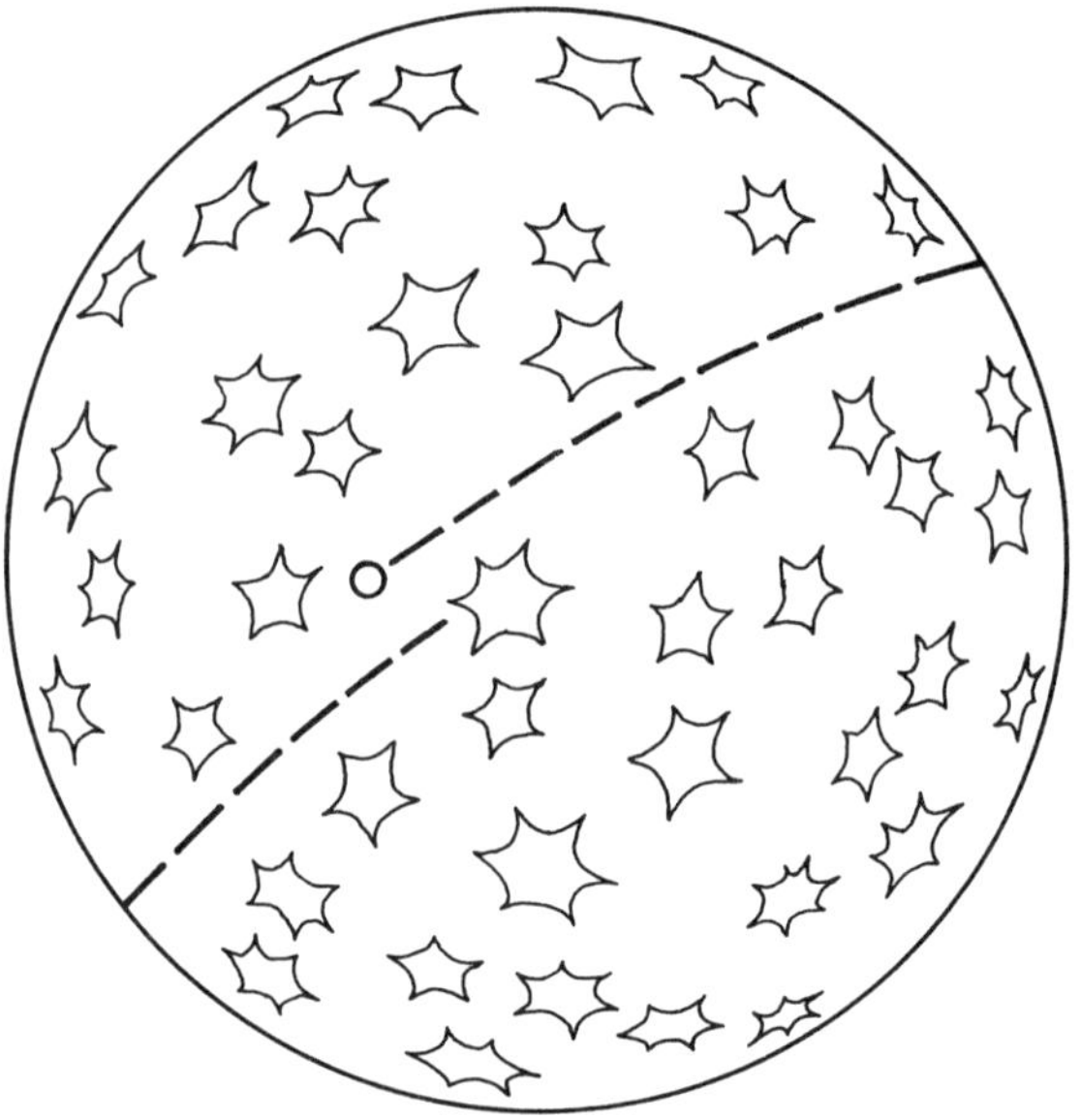

図15.4 ある視線は球空間の宇宙を周回する。この有限の宇宙は、球面と同様に境界がない。光線は宇宙を回る時に、各種の天文体系によって生じる不規則な重力場のために、わずかな屈曲を何回も受ける。したがってその視線は、観測者の頭の後ろに戻ってくることはなく、わずかに向きを変え、結果的にどこかの星の表面に突き当たる。ユークリッド宇宙においてなされた視線方向の議論は、一般に、境界のない均一なすべての宇宙にも当てはまり、宇宙が有限であるか無限であるかには関係しない。

た宇宙も、無限で開かれた宇宙とまったく同じに、空は星々の光で炎のように明るく燃え立つことになる（図15・4）。

もう一つの点は、このような宇宙においては、無限の宇宙におけるのとまったく同じ理由で夜空が暗くなることである。一つの視線が宇宙を回り、ある星に行き当たるまでに平均して一〇〇〇億×一兆年を要するとしたら、星々はそんなに長い時間輝くことはできないので、夜空は暗くなる。ポー-ケルヴィンによる解答は、有限・無限にかかわらず、境界のない均一な（均質で等方的な）すべての宇宙に適用できる。

無限に広がり、銀河が一様に散らばっている開かれた宇宙では、星々が外へ向けて放出した光は混ざり合って宇宙全体を満たす。球形に閉じられ、銀河が一様に散らばった宇宙でも、星々が外へ向けて放出した光は、同様に混ざり合って宇宙全体を満たす。もし、星々の配置が同様ならば、この二つの宇宙では夜空は同じように明るい。奇妙な話だが、空間の湾曲はこの明るさに何の影響も与えない。この重要な結論は熱力学の強力な理論によって確認された。そこで我々は方向を変えて、膨張する宇宙では何が起こるかの理解に努めることにしよう。

第16章　膨張している宇宙

しかし、宇宙が膨張しているという理論は、ある点においては非常に途方もないもので、自然とそれに関係するのをためらってしまう。それは、あまりに信じがたいものに思われるため、私は、自分以外の誰かがそれを信じることにほとんど憤りを感じるのだ。

アーサー・エディントン『膨張する宇宙』

あらゆる科学的発見の中で宇宙の膨張は最も衝撃的なものである。世界中を見渡しても、宇宙のこの真実以上に警告となるものはなかった。それは夜盗のようにやってきた。天文学者たちは、一九二〇年代の中頃までに、銀河は高速で移動しており、我々との距離が大きいものほどその後退速度が速いことを知った。一九三〇年代の初めまでに、湾曲した時空において宇宙が膨張している事実は広く受け入れられ、確立した地位を築いたのである。

膨張する宇宙の最初の手がかりは、アリゾナ州フラグスタッフ、ローウェル天文台のヴェスト・スライファーの研究に現れた。一九一二年からの数年間、スライファーは、スペクトル線の偏移によって系外銀河の速さを決定する作業を根気よく続けていた。一九二三年までに、彼は、観測した銀河の大多数で、そのスペクトル線が赤方偏移——スペクトルが赤い方の端へずれる——をしており、したがって我々の銀河から遠ざかっていることを発見した(1)。

二番目の手がかりは、一九一六年から一七年にかけて、アインシュタインの一般相対性理論が天文学に及ぼす結果についてウィレム・ド・ジッターがロンドンの王立天文学会宛に書いた、三編の論文のシリーズの中にあった。ド・ジッターによるこの著作は特に価値がある。それは当時、一九一四年から一九一八年にかけて連合国と同盟国との間で戦われた第一次世界大戦のために、アインシュタインの一般相対性理論がドイツ国外ではほとんど知られていなかったからである。これにより、ケンブリッジ天文台の台長でもあり良心的参戦拒否者でもあったアーサー・エディントンは、最終的な形でアインシュタインの理論を学び、ドイツ外での主要な支持者、擁護者となった。

アインシュタインは、どちらかと言えば単純な宇宙モデルを構築した(2)。彼は、物質は有限で一様な密度を持ち、均一に湾曲した空間にあり、さらに、宇宙は崩壊も膨張もせず、静的であると仮定したのである。静的な宇宙を作り出すために、彼は、宇宙規模の重力と釣り合う反発力を導入し、その力学理論を作り上げた。この新しく奇妙な力は宇宙項として知られる。空間の湾曲が球状で、宇宙項がある確定値をとるならば、一般相対性理論は、宇宙は静的状態になることを示していた。何年も後になって、アーサー・エディントンは、アインシュタインの静的宇宙が不安定な平衡状態にあり、微小な擾乱によって崩壊したり膨張したりする危うい状態であることを証明した。

アインシュタインは、宇宙項によって唯一の全般的な解が保証されると考えていた。しかしド・ジッターは、三つ目の論文で、アインシュタインの宇宙は唯一ではなく、宇宙項があっても別の静的宇宙が可能であることを証明した[3]。ド・ジッター宇宙で奇妙なのは、そこに物質が含まれないことである。またそれは、そこに観察者と粒子を挿入すると、観察者は粒子が遠ざかるのを見ることになる特殊な性質を持っていた。物質が互いに離れていく謎に満ちた振る舞いは、ド・ジッター効果として知られるようになった。

エディントンは、ド・ジッター効果がスライファーによって観測された系外銀河星雲の後退運動と何らかの関係があると推測した[4]。引き続く理論的研究によって、ド・ジッター宇宙は静的ではなく本当は膨張することが示された。そこから、アインシュタイン宇宙は物質を含むが運動がない、一方、ド・ジッター宇宙は物質を含まないが運動があるという適切な言及がなされた。それらはともに、時空の性質を特徴的な形で示していた。つまり、アインシュタイン宇宙の空間は静的だが湾曲しており、他方、ド・ジッター宇宙の空間は動的だが平坦である。一般には、これらの性質が結びついて、動的で湾曲した世界になる。

静的でない宇宙に関する研究は、一九二二年、ロシアの物理学者アレクサンダー・フリードマンによって慎重に始められた。この問題に関する彼の研究は世間にほとんど衝撃を与えなかったが、一九二七年にベルギーの天文学者、ジョルジュ・ルメートルによって彼の解法が再発見され、やっと世に知られるようになった。一九三〇年代の初期までに、膨張する宇宙の概念は確立し、宇宙論に関するまったく新しい考え方が作られていった[5]。

■速度‐距離の法則

ミルトン・ヒューメーソンは、ウィルソン山天文台の一〇〇インチ望遠鏡を使って、スライファー

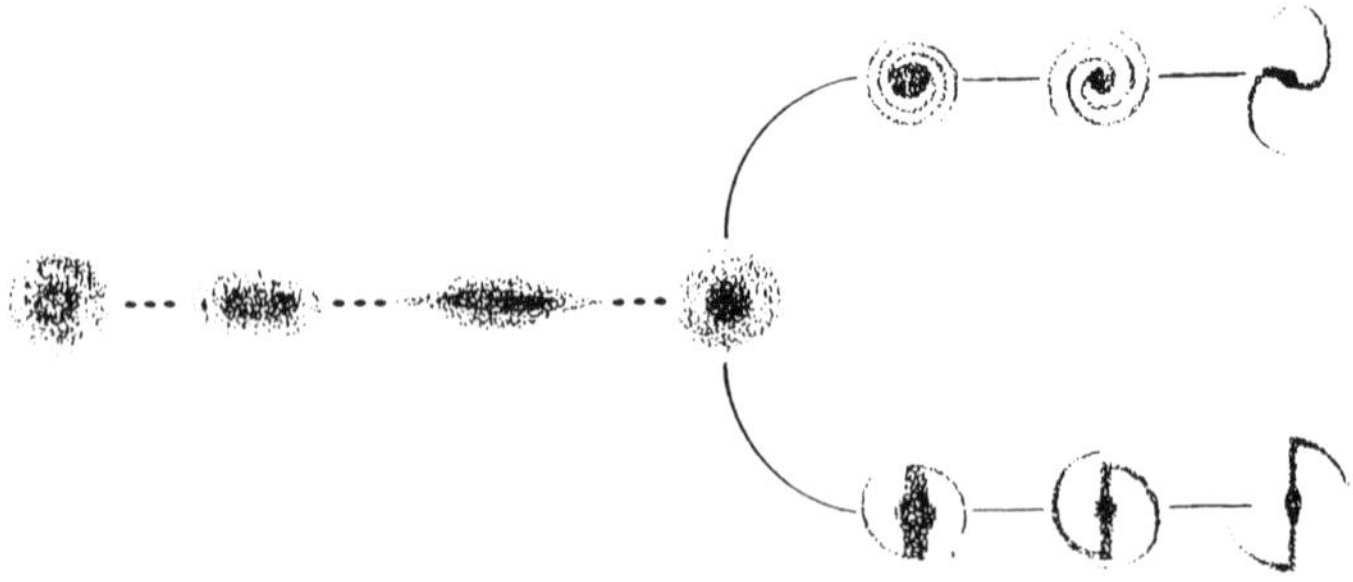

図16.1　ハッブルによる銀河の分類。音叉形の図の左方には、見かけの扁平率が大きくなる順に楕円銀河が配置され、図の右方には、渦巻銀河が平行する二つの系列として配置されている。

の行った銀河の赤方偏移の測定をより遠い範囲にまで広げた。また、エドウィン・ハッブルもウィルソン山天文台で銀河の分類を行い、それらの距離を求めた（図16・1）。これら初期の観測と理論家たちの研究から、有名な速度‐距離の法則が浮かび上がってきたのである。すなわち、

後退速度＝定数×距離

の関係である。これは、銀河の後退速度がその距離とともにどのように増加するかを示している（図16・2）。ハッブルは、この関係をうち立てるのに決定的な役割を果たしたので、この「定数」は後にハッブル定数として知られるようになった。その正確な値はいまだにわかっていない[6]。

平均して見れば宇宙はどこも同じであるという仮定は、宇宙原理として知られている。すべての場所は似通ったものであると述べたこの重要な原理は、宇宙が基本的には一様であり、全体が統一されたものとして存在するという我々の信念を反映している。それは、惑星や恒星、銀河の進化は宇宙のどこでもほとんど同じであり、進化がどこでもほとんど同様なのだから、物理学の根本的な法則もどこでも同じであると主張するものである。

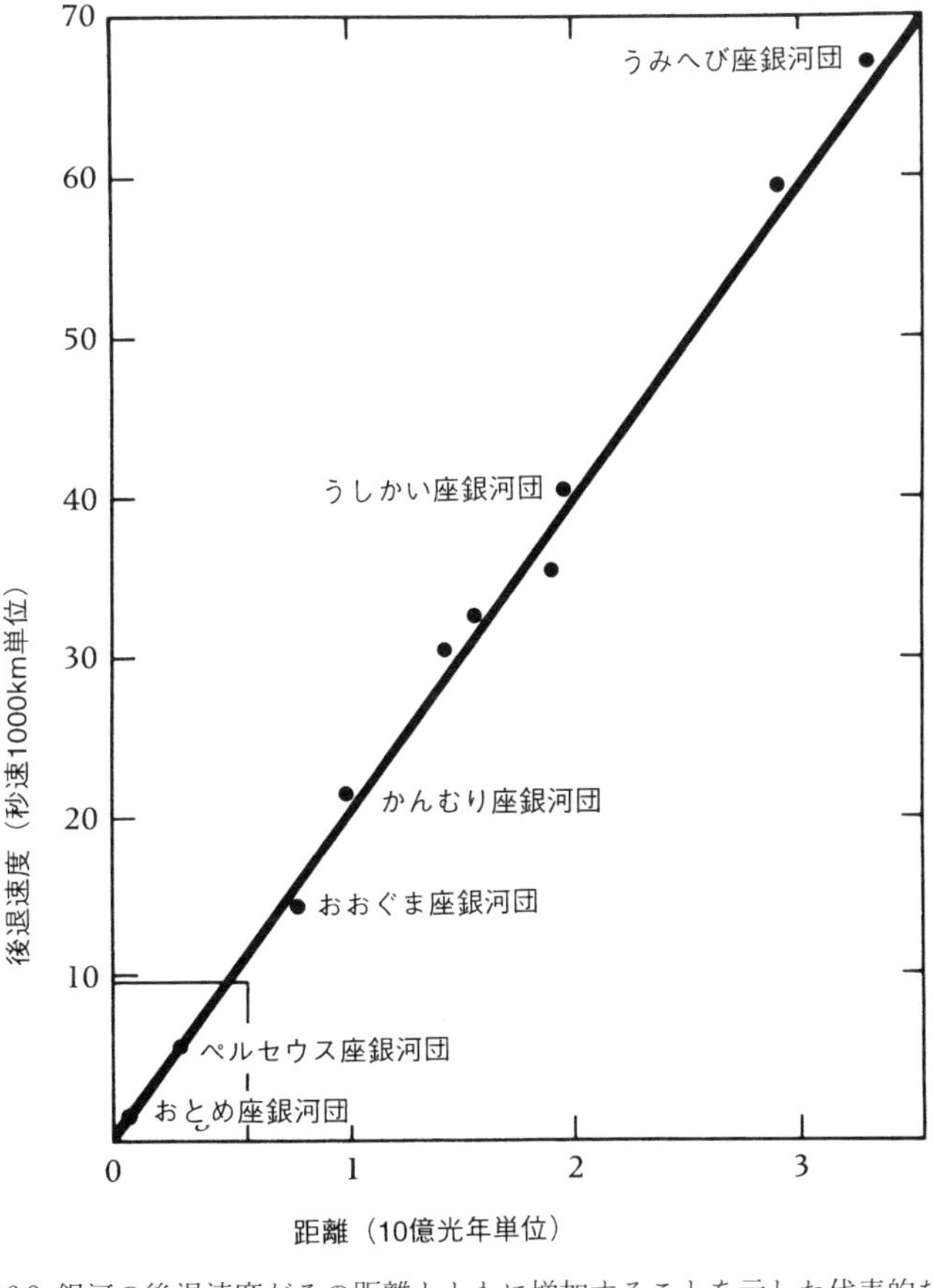

図16.2 銀河の後退速度がその距離とともに増加することを示した代表的な速度 - 距離の関係図。左下隅の四角は、ハッブルが 1929 年までに調べた区域を表している。

宇宙原理にしたがって、銀河は互いどうしが同じように後退する。この基本的な一様性が、速度‐距離関係を説明する。銀河Aが銀河系から一〇億光年離れており、我々から大体光速の一〇分の一の速さで後退しているとしよう。次に二番目の銀河Bが、銀河Aと同じ方向で、Aからさらに一〇億光年離れたところにあり、銀河Aが我々から遠ざかるのと同じ速度で銀河Aから後退しているとしよう。すると、銀河Bは我々から二〇億光年の距離にあり、二倍の速度、すなわち光速の一〇分の二の速度で後退していることになる。距離が二倍になれば速度も二倍になり、基本的な一様性のために後退速度は距離に正比例して増加することになる。

これが何を意味するかに注目してほしい。一兆光年離れた銀河は、光速の一〇〇倍の速さで後退しているのだ！　だが、宇宙の中で光より速く物が運動することは、いかなる環境でもあり得ない（図16・3）。起きているのは、銀河は、後退しているものの、空間で弾丸のような運動をしているわけではないことである。もちろん大規模な流れのような運動があっても、それらの相互作用や一つに集まろうとする傾向によって、そこにはそれぞれ固有の（特別な）動きが加わる。

しかし、これら局部的な運動は別として、銀河自らはじっと動かないのに、宇宙の中では宇宙の膨張がそれらを互いに遠くへ運び去っている。ここで、宇宙そのものが動的であり、単なる受動的な容器ではないことを思い出してほしい。それで、宇宙が膨張するにつれて銀河間の距離が大きくなるのである（個々の銀河は重力で非常に固くまとまっているので、宇宙の膨張に引っ張られて星々が離ればなれになることはない）。膨張する空間に乗ってドライブをしている銀河は、我々にはなじみのない宇宙全体の法則に従うものであり、なじみ深い特殊相対性理論の局部的法則に従うものではない。

速度‐距離法則で使用する距離は、すべて同じ瞬間に計測したものでなければならない。だが、我々

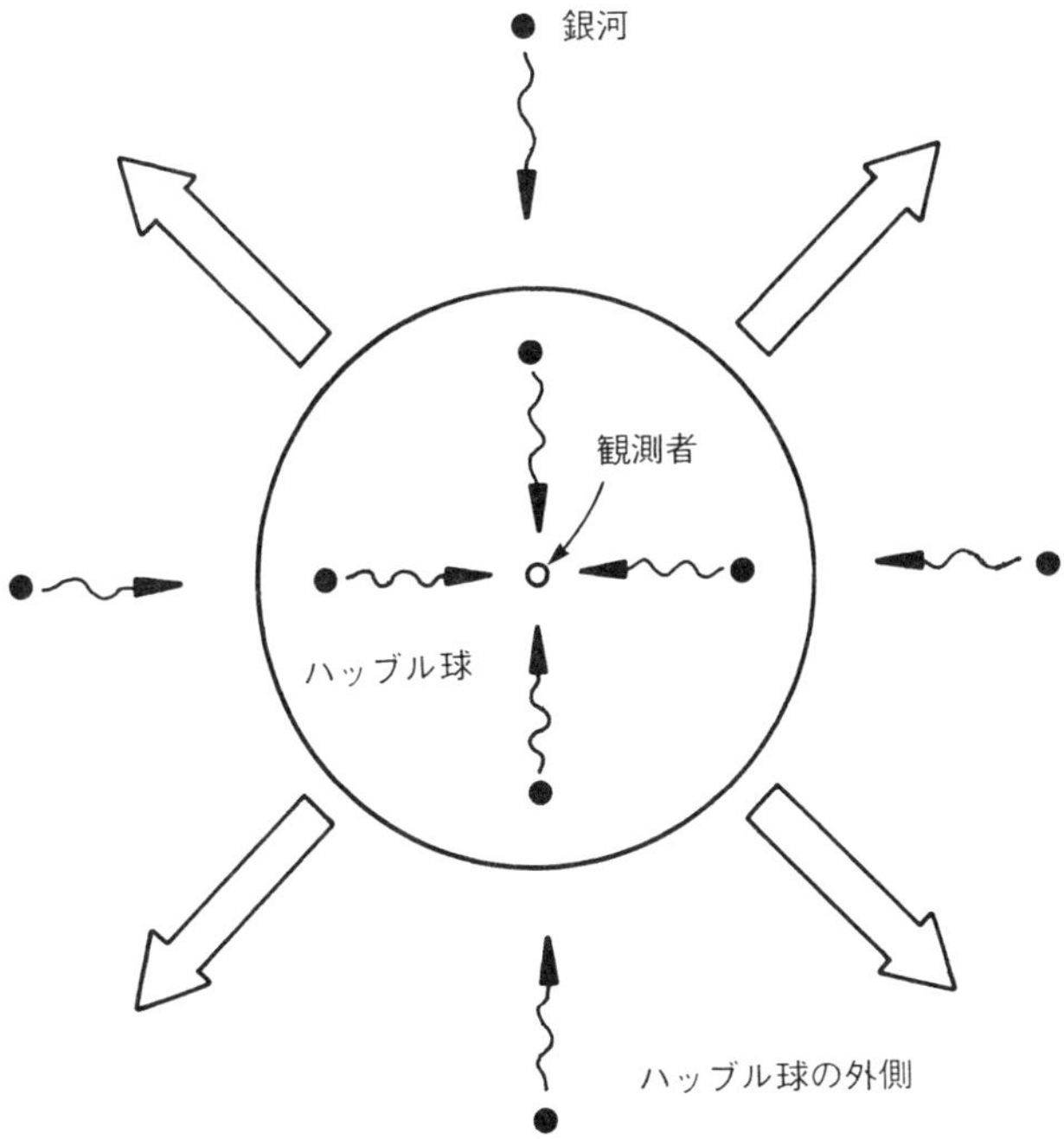

図16.3 ハッブル球の内側では、銀河は光より遅い速度で後退する。ハッブル球の外側では、銀河は光より速い速度で後退し、それらが我々の方向に発する光すら我々に向かいながら後退する。

が宇宙を見ると、それは時間を遡って見ているのだから、宇宙に散らばっているいくつもの銀河を同じ瞬間に見ることはできない。銀河が、速度‐距離法則に従って正確に後退していくのを見ることは決してできないのである。なぜかと言うと、今、我々のもとに届いている光は過去に放出された光であり、その時点でそれらは現在の位置より我々に近かったはずだからである。実用上、各々の銀河には二つの距離が考えられる。現在の距離と、我々が現在見ている光が放出された時の距離である。もし、速度‐距離法則で銀河の後退速度を比較するのなら、我々は現在の距離を用いなければならず、観測で得られた過去の時点の距離を使ってはならない。つまり、現在銀河Aの二倍の距離にあり、二倍の速度で後退している銀河Bの観測距離は、銀河Aの観測距離の二倍ではない（銀河Bの観測距離がAの観測距離より小さいこともありうる）。

また、我々からの距離が異なり、したがって、異なる過去の時点にある銀河を比較する時、その距離の推定には、進化の及ぼす影響に注意を払い、考慮しなければならない。さらに、ハッブル定数の値が時刻によって変わり、したがって、現在と過去とではその値が異なることも考えなければならない。遠い銀河の観測では、これらの複雑さを考慮に入れて距離を調整しなければならない。光速が有限だと事象の見え方に混乱が生じるというデカルトの恐れは、宇宙論においては完全に正当なことなのである。

■最初の一〇万年

過去に遡ると宇宙は今より高密度で、そして――最初に、ジョージ・ガモフ、ラルフ・アルファ、ロバート・ハーマンによって提唱され、後に観測によって確証されたように――宇宙は今より高温であった。[7] 宇宙史において、その始まりに関する我々の知識には多くの欠落がある。たとえば、銀河がどのように生まれたかはわかっていない。にもかかわらず、おおまかな輪郭ならば、我々は宇宙が誕生してから一秒後の時刻まで、宇宙史の糸を過去にたどることができる。

非常に初期の宇宙で生じたことに関する知識は、部分的には、素粒子の世界に関する我々の知識の進歩に関わっている。その多くの点はおそらく数年のうちに時代遅れになるであろうが、現代の理論によれば、その存在の最初の一秒間に、宇宙では物質がきわめて特殊な状態で進化したと考えられる。

年齢が一秒の時、宇宙の温度はどこも一〇〇億Kで、水の一〇〇万倍の物質密度の中にX線の形の放射が凝縮され、封じ込められていた。存在した物質はほとんどが水素であり、大体水と同じ密度であった。カリスマ的なガモフと、若くて有能な同僚のアルファとハーマンは、およそ一秒後から一〇万年経過するまでの間は、その放射が初期宇宙を支配したと見積もっている。彼らはこの期間を放射時代と名づけた。

放射時代を通して、宇宙は明るく激しい光の洪水に見舞われていた。その後宇宙の膨張によって温度は下がり続け、放射密度も徐々に低くなった。放射時代の終わりまでに、温度は数千Kに下がり、放射と物質との相互作用がなくなった。放射時代が終わると、光は原子によって散乱されることなく自由に通れるようになった。物質と放射の密度はさらに減少し続け、今日では、物質密度が放射密度を大きく上回っている。

宇宙の膨張は宇宙放射をも冷却させる。結果として、初期宇宙の膨大なエネルギーのうち非常にわずかな量のみが、現在、温度が約三K（摂氏マイナス二七〇度C）の冷たい背景放射の形で残存し、宇宙を満たしている。

■定常宇宙と暗い夜空

宇宙の闇の謎に対する興味は、数年の間、湾曲する時空で膨張する宇宙の物理的、数学的複雑さの陰に隠れていた。一九四八年、イギリスの宇宙論学者、ヘルマン・ボンディとトマス・ゴールドが「膨張宇宙における定常状態の理論」という論文で、この謎への興味を再度呼び起こした。[8]著者たちは、宇宙の闇を解き明かすことは宇宙論の主要な仕事の一つであるとして、以下のように述べた。「この現象と宇宙論との関連はオルバースによって注目された。彼は、無限で一様な静的ニュートン宇宙において、放射密度の平均は、星々の表面と同じくらい高くなるだろうと指摘した！」。一つ二つの些細な歴史的不正確さに妨げられはしたが、謎は息を吹き返したのである。

定常状態にある宇宙は、決してその外見を変えない。宇宙の風景は、地域的な細部を別にすれば、過去も将来も常に現在と同じである。エピクロス派やアリストテレス派の宇宙体系や、デカルト派やニュートン派の静的宇宙体系は永久に不変で、したがって定常状態にある。これらの体系は本来静的で、膨張することも崩壊することもない。シカゴ大学の天文学教授であるウィリアム・マクミランは、一九二五年に、「宇宙論における数学的側面」という三部から成る論文を発表し、定常状態にあるもう一つの静的宇宙を提唱した。[9]「過去あるいは未来において、宇宙の全体像が今日のものと本質的に異なる」ことは考える必要がない、とマクミランは述べた。夜空が暗黒なのは、新しい原子が「放射エネルギーの作用により宇宙の深部で生成されている」ことを意味する、したがって、放射エネルギーを消費しながら新しい物質が常に生成されることになる、と彼は言った。*

＊二八七頁、表「提示された解答」の候補13。

星々はゆっくり光を出して分解し、星の光は宇宙の深部へと流れていく。しかし、この放射は、宇宙に蓄積して明るい空を作り上げるのでなく、物質の原子へゆっくり戻って、その後集合し、新しい星となって輝く。このようにして、新しい星々は古い星々に取って代わり、今度は新しい星々が光を放射して分解し、その放射が原子に戻る。このように、循環の過程が永久に続けられる。この方式によってエネルギーは保存され、空は永遠に暗いままになる、とマクミランは述べた。

巧妙な永久運動をするこの宇宙の考えは、科学者の間では冷ややかに受け入れられた。星々は、その全質量を完全に放射することはできず、提示された方法では放射が物質には還れないからである。マクミランはまた、宇宙のエントロピーを完全に無視していた。熱力学の第二法則によると、エントロピーは常に増大しなければならない。したがって、エネルギーが保存されたとしても、常に、より取り出しにくい形へと落ちていき、マクミランが提唱したような永遠のリサイクルはできないのである。

ボンディとゴールドは、宇宙原理――宇宙ではすべての場所が同様である――を一般化して、完全な宇宙原理をうち立てた。すなわち、時空におけるすべての場所は同様であるとしたのである。物質は宇宙のいたる所で継続的に創造され、新しく作られた物質が集まって若い銀河を形作り、その銀河が古い銀河の間に広がった隙間を占める、と彼らは述べた。彼らの宇宙は、マクミランの宇宙のようにエネルギーをリサイクルすることはない。物質の創造（エントロピーの低い新しいエネルギー）と、膨張により物質や放射が継続的に薄まることによって、宇宙は定常状態に保たれるのである。イギリス人の天文学者、フレッド・ホイルが彼らの仲間に加わり、その後に行われた定常宇宙派とビッグバン派によるライバルどうしの討論は、社会の多くの部門において宇宙論へのかなりの関心を呼び起こした。しかし、ビッグバン残光の発見とともにこの討論は一九六五年に終わりを告げ、定常宇宙は今日では主に歴史的興味の対象でしかなくなってしまった。

■地平とビッグバン

天文学における二〇世紀のいくつもの発見は、物理的宇宙像に関する我々の図式を大きく変えてしまった。しかし、可視的宇宙に関する根本的な概念――観測者から見える宇宙全体における局所的な領域――は、いまだ手つかずのまま残されている。可視的宇宙は依然として、その距離――光の進行とその天体の輝く寿命によって値が決まる――を大なり小なり広げている。光が宇宙の中をどのくらい遠くまで進むかは、膨張による修正をいくらか必要とするが、宇宙の年齢によって決まる。ハッブル定数や他の方法による宇宙膨張の観測から、宇宙の年齢は大体一五〇億年とわかっている。

我々は空間を見通し、時間を遡る。宇宙をどれくらい遠くまで見るかは、どれくらい時間を遡るかによって決まる。できるだけ時間を遡った可視的宇宙の限界のところに宇宙の地平が存在する。原初の星々が形成された時代を超え、巨大銀河が形成された時代も超えて、放射時代の最後の瞬間――ビッグバンの終わり――まで遡ると、そこは宇宙が一〇万歳の時である。しかし、初期宇宙、つまりビッグバンの光は、妨げられずに地平から約一五〇億年進む間に、宇宙の膨張によって大きく冷やされ、弱められている（図16・4）。

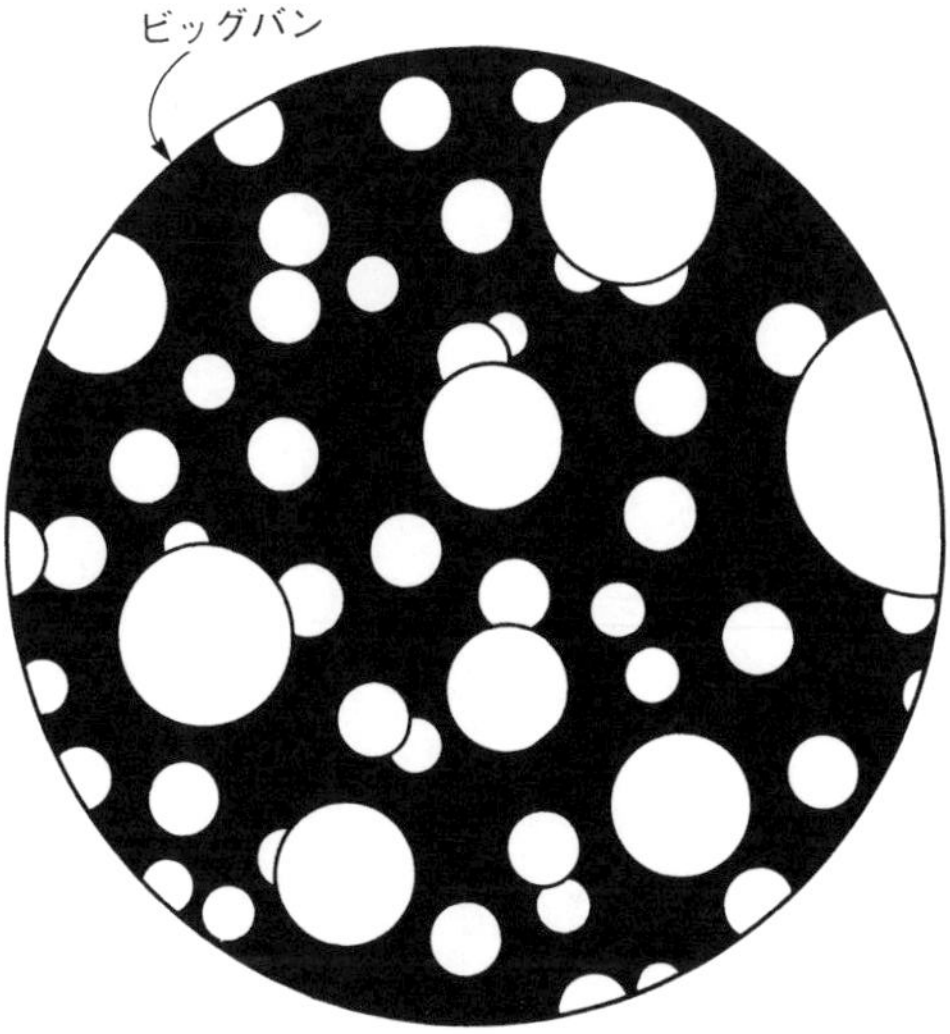

図16.4 星々の間の暗い隙間からぼんやりと見えるビッグバンの光は、空全体を覆っている。それはかつて白熱していたが、今では著しい赤方偏移のために見えなくなっている。ビッグバンからの放射はすべての方向に流出し、いたる所に溢れている。てのひらを空に向かって挙げれば、昼でも夜でも、たった1秒間にビッグバンの光子が1000兆個も降り注ぐ。

第17章　宇宙の赤方偏移

他方、もっともらしく、ある意味ではなじみ深い概念において、宇宙は時空に無限に広がっている。観測可能な領域よりはるかに広い宇宙では、その赤方偏移が本来速度偏移ではないことを示唆している。

エドウィン・ハッブル『宇宙論への観測的研究』

夜空はなぜ暗いのか？　最近、宇宙が膨張していると言われている。そこでは、遠くの銀河からは、星の光が弱く、赤くなって到達し、さらに遠くの銀河からのもっと弱い光は、目に見えないところまで赤方偏移しているからである。この説明によると、実際にはたくさんの星々が空全体を覆っているが、ほとんどの星は、宇宙の膨張によって見えない波長にまで光が赤方偏移しているため、見ることができないのである。この解釈をよく調べて、それがどの程度まで正しいかを確かめてみよう。

我々は、宇宙が膨張していることを知っている。それは、遠くの銀河から受け取る光が、スペクトルの赤い方の端に向かって偏移しているからである。遠くの銀河にある星からはるか昔に発せられた

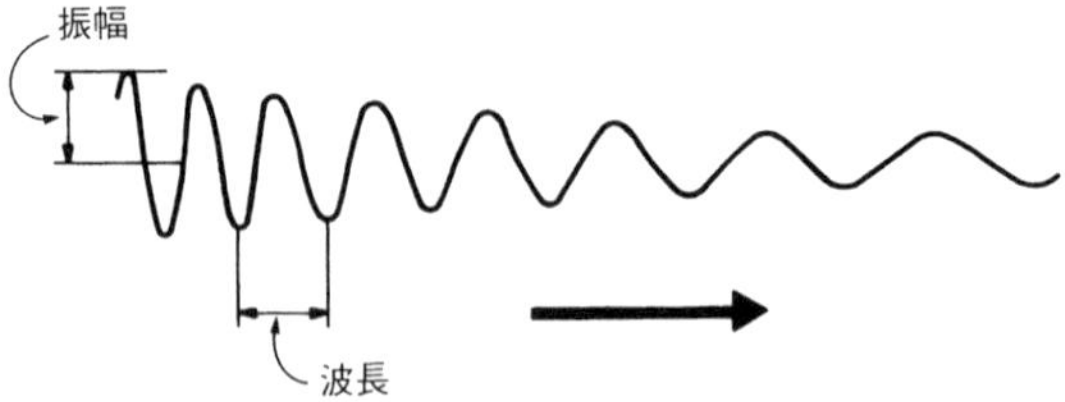

図17.1 放射の波は、膨張する空間を進むにつれて徐々に広がっていく。その波長は長くなり、振幅は小さくなる。

白い光は、赤い光となって到達する。銀河間の空間の膨張によって銀河が離れていくから、ある銀河から他の銀河へ進む光の波は、それらが進む空間の膨張によって広げられる（図17・1）。このように光の波長が伸びることによって、光のスペクトル線はその赤の端に向かって移動する。この赤方偏移の量から（誤って、速度偏移、あるいはドップラー赤方偏移と呼ばれることもある）宇宙の膨張を測ることができる⑴。

次のことを考えてみよう。遠くの銀河が発する光を、後になって天文学者が地球上で検出する。膨張する宇宙の中を我々の銀河に向かって光が進む時、その波長は確実に伸びていく。最終的に光は望遠鏡に入り、天文学者は、そのスペクトルを我々の銀河系内にある他の光源のスペクトルと比較して、赤方偏移の量を計測する。宇宙原理から、ここでは、遠くの銀河で光を発する原子が我々の銀河で光を発する原子と同じであることを仮定している。検出された赤方偏移の量は、光が放出された時と受け取られた時との間に宇宙がどのくらい膨張したかによって決まる。赤方偏移は、電波から可視光、X線にわたるすべてのスペクトル範囲に生じることに注意しなくてはならない。一つのスペクトルのある波長が二倍になれば、すべての波長が二倍になる。（赤方偏移は計測値の割合によって表される。もとの波長に対して五〇％の増加があれば、赤方偏移は〇・五であり、増加分が一〇〇％であれば赤方偏移は一である）。

遠くの銀河から受け取った光で、波長が二倍になっていたとしよう（赤方偏移一で、一〇〇％の増加である）。この観測から、天文学者は即座に、銀河が光を発してから到達するまでに、宇宙が二倍に膨張したことを知る。したがって、この銀河の現在の距離は、光が放出された時の距離の二倍である。同じ期間に、他のすべての系外銀河も距離が二倍になり、宇宙における物質の平均密度は八分の一に減少する。同様に、もし、受け取る光の波長が三倍に増加していたら（赤方偏移二で、二〇〇％の増加である）、宇宙は三倍に膨張し、その銀河の現在の距離は、放出時における距離の三倍になっている。

非常に遠くにあるとても明るい銀河には、その赤方偏移が四という大きな値で観測されたものがある。物理学者や天文学者たちにこれまで検出された中で赤方偏移の最も大きい光は、ビッグバンで生じた光である。放射時代の最後に、温度が約三〇〇〇Kに下がった時、放射は物質から分離し、その光はそれ以来ずっと、徐々に冷たくなっていく宇宙の中を自由に移動している。この光線は赤方偏移により遠赤外線になっているため、肉眼で見ることはできない。アーノ・ペンジアスとロバート・ウィルソンは、特殊な電波受信機を用いて、一九六五年にベル電話研究所で最初にこの放射を見いだした。彼らの発見したその放射の温度は大体三Kで、ガモフとその同僚たちによって当初予想された値と大きく違ってはいなかった。この観測は、ビッグバンからの背景放射の赤方偏移の値が、今日では一〇〇〇になっていることを示すものであった。

この赤方偏移効果はすべての時間間隔に適用できる。遠くの銀河が一秒に一回の割合で短いパルスの光を発しているとしよう。遠くの銀河で時間を計測する時計は、我々の銀河の時計と同じものであると（宇宙原理によって）仮定しなければならない。光のパルスは一秒に一回発射され、最初は一光秒の空間間隔で銀河を離れる。膨張する宇宙を進むにつれてパルスの間隔は徐々に離れていき、最終的に我々の銀河に到着する時には一秒に一回よりもゆっくりした頻度になる（図17・2）。もし、脈動する光の波長が銀河間空間を進む間に二倍になったら（赤方偏移は一）、パルスは二秒に一回の割合で到着することになる。

我々が、遠方にあるはるか昔を見るとすると、そこにあるものは我々の近くにあるものよりゆっくり変化している。遠くへ行けば行くほどその変化はゆっくりになる。背景放射によって明らかになったように、放射時代の最後の一秒間に起こったことは、我々には——〇・二五時間よりも長い——一〇〇〇秒間かけて起こったように見える。可視的宇宙の地平のビッグバンの始めには、宇宙の赤方偏移が無限大に達し、そこでは何も変化せず、時間は止まったままになる。だが、我々はその始まりを見ることはできない。宇宙が一〇万歳になった時、つまりビッグバンの終わりのところまで何とか見えるだけである。

■赤方偏移による解答

定常宇宙論が全盛だった頃、ヘルマン・ボンディ（図17・3）は、出版物や講義の中で、なぜ暗い夜空が人を困惑させるのかを説明した。彼は宇宙の闇の謎を「オルバースのパラドックス」と言って紹介したので、この名称はじきに広く一般的なものになった。彼は、その著作『宇宙論』（一九五二）で以下のように述べた。「もし、遠くの星々が速い速度で後退しているならば、それらの星から発せられた光は我々が受け取る時には赤くなり、それによって、そのエネルギーの一部を失う[2]」。膨張する宇宙においては、星々に照らされた空は自動的に暗くなる、それは、遠くの銀河からの光が宇宙で

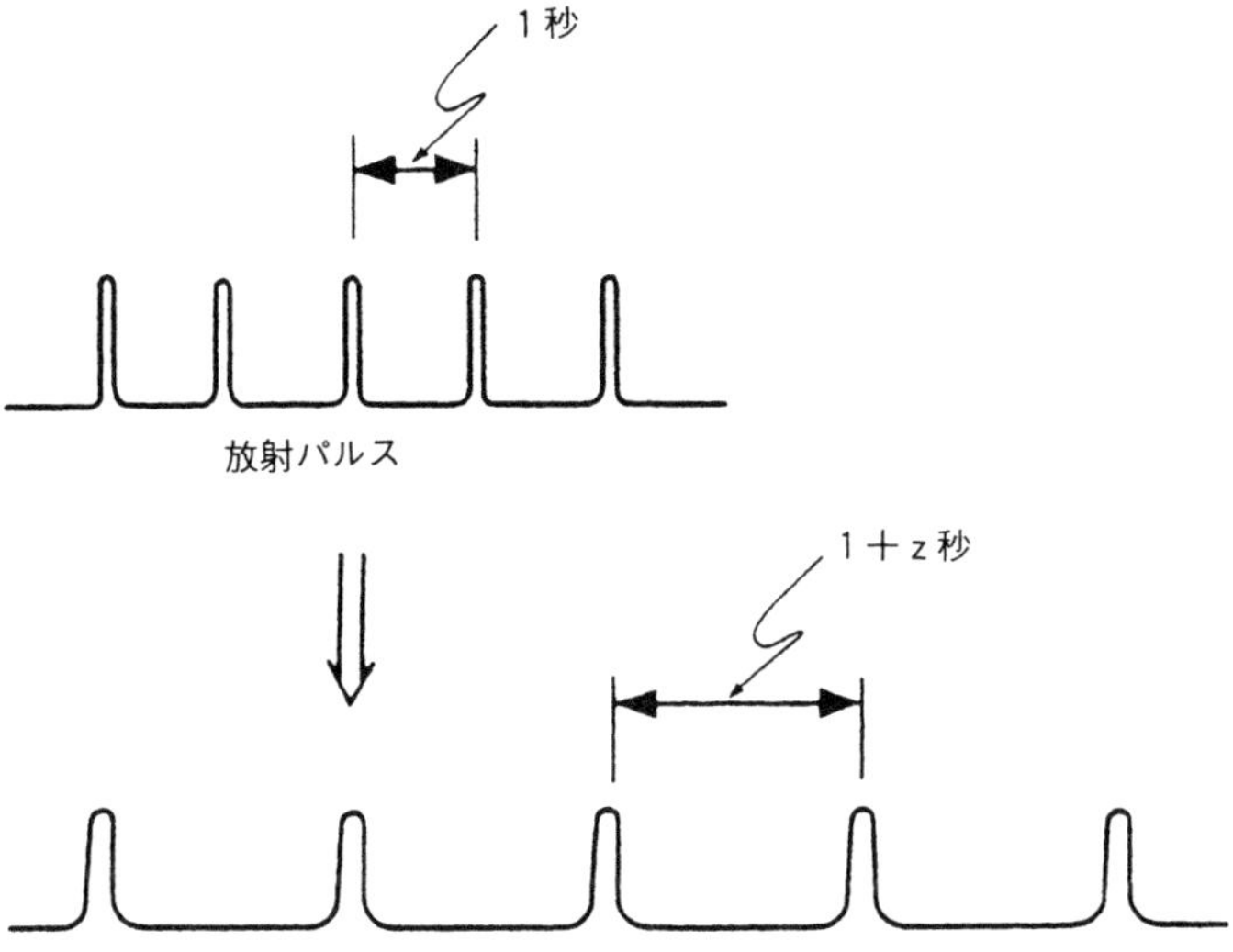

図17.2 放射のパルスは、はるか昔に遠くの銀河によって1秒に1回の割合で発せられた。膨張する宇宙を進んだ後、パルスの間隔はより大きく離れ、我々の銀河には1秒に1回より長い間隔で到達する。我々が銀河から受け取る放射の赤方偏移（記号zで表される）が大きいほど、パルスもより大きく離れて到達する。はるか遠くでは、時計はのろのろと動き、事物はゆっくり変化するように見える。可視的宇宙の地平では時は止まったままになる。

赤方偏移をするためだ、と彼は述べたのである。*

*二八七頁、表「提示された解答」の候補14。

ボンディは、現代の観点から見て、オルバースが夜空の闇の謎を考察した際の根本的仮定を、以下のようにリストアップした。(3)

(1) 十分大きな規模で見れば、宇宙はどこも一様である。すなわち、空間は均一である。
(2) 宇宙は時が経過しても不変である。
(3) 宇宙に大きな系統的運動はない。
(4) 我々が知る範囲で、物理法則は宇宙のいかなる場所にも適用できる。

仮定の(1)と(4)は、オルバースが明らかに真実と認めていた。仮定の(2)と(3)は、彼の考察に暗黙のうちに含まれている。我々の知る限り、彼は、静止していようと軌道運動をしていようと、宇宙では星々や銀河がどこでも均一に散らばっており、すべての天体の放射が宇宙を満たしているという考えを好んでいた。時が経っても不変の宇宙は定常状態であり、決して進化せず、星々は宇宙に向かっていつまでも放射を続ける。オルバースは知らなかったが、仮定(2)はエネルギー保存法則も含めて熱力学の原理に反し、それによって仮定(4)と矛盾する。

仮定(2)を外せばオルバースのパラドックスは解けると、ボンディは常にその著作や講義の中で指摘した。彼はその時、仮定(2)が真であるとして、自分自身の解析により、膨張する宇宙における定常宇宙論をまとめるのに努力していた。その理論によれば、物質とエネルギーが継続的に生成される。彼

図17.3 ヘルマン・ボンディ（1919-）。トマス・ゴールドとともに、膨張する宇宙における定常宇宙論の起源について共同研究を行い、膨張する宇宙の枠組みの中で、宇宙の闇の謎に対する現代的関心を再度呼び起こした。

や他の定常宇宙論者たちは、議論の末、すべての仮定が正しいことはあり得ないが、仮定⑴、⑵、⑷が真であれば、そこから仮定⑶は偽のはずであると考えた。これにより、オルバースのパラドックスは、宇宙は静的であるという誤った仮定から生じた結果であると彼らは述べたのである。星々に覆われた空は光で燃え立つことはなく、暗いままである。それは宇宙膨張のためである。

■定常宇宙における赤方偏移

ボンディとゴールドが提示した膨張する定常宇宙の枠組みの中では、赤方偏移に関する議論は妥当で、ボンディは完全に正しかった。この特殊な宇宙は大きさも年齢も無限だが、観測される部分——可視的宇宙と呼ばれる——は、一定の有限の大きさで、この特別な宇宙の中はハッブル球と等しい特殊な性質を持っていた。

静的な定常宇宙は大きさと年齢が無限であり、

可視的宇宙は空間全体に満ちている。星々は止むことなく輝き、燃えるような光が全天を覆っている。しかし、膨張しつつある定常宇宙では、大きさや年齢はやはり無限であるが、可視的宇宙がすべての空間を満たすことはできない。というのは、非常に遠くの銀河は光速より速く後退するので、それらが放出する光は、我々の方に進もうとしても、膨張する宇宙の中では光自体が後退してしまい、決して我々のところに到達しないからである。膨張する定常宇宙における可視的領域の地平は、約一五〇億光年のハッブル距離（光速をハッブル定数で割った値）に存在する。[4]

無限の大きさと年齢を持つ宇宙においては、観測者の視線もまた無限に伸びることに注目しなければならない――星々の満ちている宇宙では、視線が最終的に星の表面に突き当たることはひとまず忘れてよい（他の形で吸収を考えることは、宇宙の闇の謎の解答としては結果的に不適切となる）。膨張する定常宇宙で何が生じるかは興味深い。最初は視線を空間へ伸ばし、通常のように時間を遡るとしよう。しかし、地平に近づくにつれて、それは、ビッグバン宇宙のように時の始まりへたどり着くのではなく、曲がりながら時を遡り、地平へどんどん近づき、ついには永遠の過去へたどり着く。この精巧な宇宙では、距離に関しては有限の空間しか見ることができないが、時間においては無限に遡ることができる――ここでも当然、どこかの地点で星によって視線が断ち切られることは考えないでおく。

膨張する定常宇宙では、物質はいたる所で継続的に生成され、大体五〇億年ごとに、一立方メートル当たり一個の割合で水素原子が作られる。この物質はゆっくり凝縮して新しい星や銀河を形作る。可視的宇宙で生まれた星々や銀河は、どんどん赤くなりながら地平へ向かって漂っていき、最終的に地平にたどり着く時には無限の赤方偏移を持つようになる。

永遠の過去までの間に、無数の星々が可視的宇宙で形成され、地平を超えて不可視の領域へと漂っていった。無限の過去へ遡った観測者の視線は、最終的には、可視的宇宙の内側にある無数の星の一つの表面に突き当たるはずである。これは複雑そうに見えるが、何が生じるかを明確に示す簡潔な図式である（図17・4）。

膨張する定常宇宙では、どの方角に視線を向けても、実際には星の表面に突き当たる。空は星々で覆われ、宇宙の闇の謎については最初の解釈〔失われた光の謎〕が正しいことになる。エドガー・アラン・ポーの金色の壁は、約一五〇億光年（ハッブル距離）のところにある。それは一〇〇〇億×一兆×一兆個の星から成り、そのほとんどは一〇〇〇億×一兆年前に輝いていたものである。しかし、ボンディが説明したように、我々はこの輝く背景の星々を見ることはできない。それは、背景を形成するほとんどの星が地平付近に集まり、一〇兆という巨大な赤方偏移をしているからである。

■赤方偏移による解答に対する疑い

宇宙の闇の謎に対して、継続的に物質が作り出される定常理論で成り立つ赤方偏移による解答が最初ボンディによって示された時、多くの科学者は、この解答を、宇宙の闇の謎に対する一般的な解答として疑問の余地がないほど十分な説得力があり、広く受け入れられていたビッグバン宇宙のような年齢の限られた宇宙においても有効であると考えたように思われた。

夜、外に出て、星の輝く暗い空を見上げよう、と天文学者たちは聴衆を促した。数え切れないほどの星々が空を覆っているのに、比較的少数の星しか見えないのは、ほとんどの星の光が宇宙の膨張によって赤方偏移し、目に見えない領域に入っているからである。夜空の闇は宇宙の膨張を証明してい

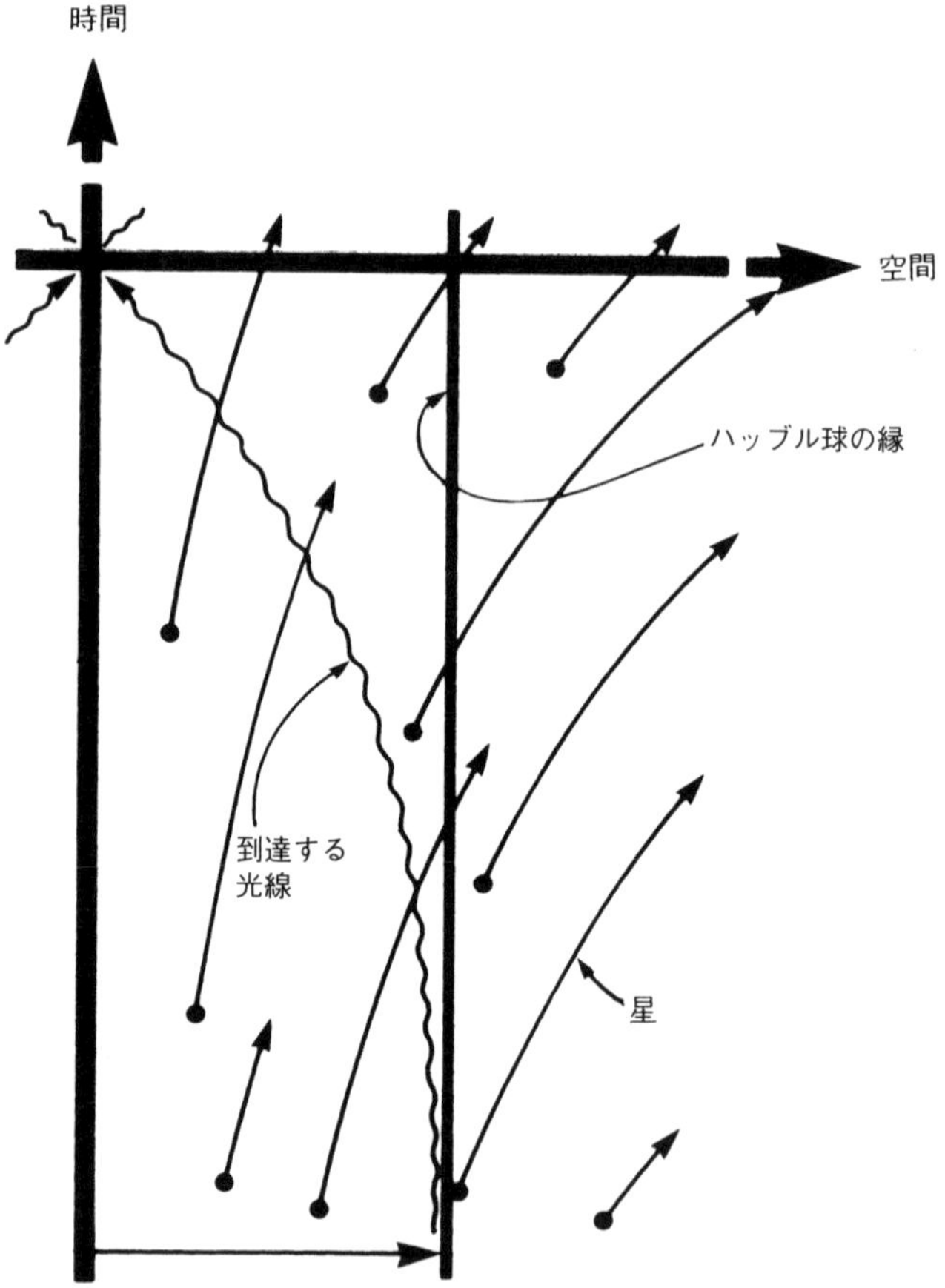

図17.4 定常宇宙では、観測者はハッブル球の外で生じている事象を見ることはできず、銀河の外から観測者に届く光は、ほとんどがハッブル球の縁の付近の光源から来る。ヘルマン・ボンディが言ったように、この宇宙では空は星々に覆われるが、星の光は不可視の領域に赤方偏移している。しかしながら、この説明は紋切り型のビッグバン宇宙では成り立たない。

る。ドップラー効果に関しいくらかの前置きをすることによって、ここに、大勢の聴衆の想像をかき立てるテーマがあった。天文学者の中には、宇宙の膨張を、夜空が暗くなるための必要十分条件だと主張する者までいた。

一九六〇年代にボンディの有名な本を読んで、私は、オルバースのパラドックスの問題に興味を持つようになった。多くの他の研究者たちのように、私も、均一に湾曲した空間に散らばった光源からの放射の寄与を積分し、厄介な数学的表現を書き下した。その表現には吸収と赤方偏移が考慮され、観測者の背後の光円錐に対する二重積分が入っていた。[5] 私はこの表現をにらみ、ボンディが述べたように、空間の湾曲は実際には見当違いの論点だと確信した。明らかに、赤方偏移による効果と膨張による希釈が放射を弱めており、私はこれを、宇宙の闇の謎に対するボンディの解答が一般的に成り立つ証拠と認めた。

興味を他のものへ移す前の別れの挨拶として、私は、ウィルヘルム・オルバースが想像したような明るい空を作り出すのに必要とされるエネルギー量を見積もってみた。結果は、最初は信じがたいように思えた。それは、問題全体の見方において、我々がどこかで深刻な間違いを犯していたことを私に知らせていた。オルバースのパラドックスに対する私のいい加減な好奇心は、それ以来強い興味となって燃え上がった。それは私にとって、一年のうち数日間を費やす趣味となった。私は、まだ答えを完全には知っているわけでないことを認めなければならない。

最初私は、ボンディの示した赤方偏移による解答に批判的すぎた（たとえば、膨張する定常宇宙でも明るい夜空を作り出すことは可能である）。他の人々が、この解答はすべての宇宙に適用できると支持していた頃、私は、どのような宇宙にも当てはまらないと非難していた。膨張する定常宇宙の微細な点まで私が理解し、この特別な宇宙においては、背景限界距離がハッブル距離を超えるなら、ボンディによる赤方偏移の主張が完全に正しいとわかるまでに数年が経過した。夜空の闇に関する最初の解釈は定常宇宙に当てはまる。そこでは、空全体が星々で覆われているが、赤方偏移のため星の光は知覚できない。金色の壁はそれほど遠くではなく、赤方偏移のために光が見えなくなるところに存在する。

しかし今日では、我々の世界は、継続的に物質が作り出される定常宇宙ではなく、進化するビッグバン宇宙であることが知られている。したがって、エネルギーに関する議論が効果的で、第二の解釈が当てはまる。すなわち、夜空は暗い。それは星々がないためであり、星々の光が失われたためではない。

第18章　宇宙のエネルギー

内にも外にも、上にもまわりにも下にも
それはまさに魔法の影法師のショーだ
箱の中で演じられる灯火は太陽で
まわりを幻の私たちが行ったり来たり

オマール・カイヤームのルバイヤット

アルバート・アインシュタインは、小論文「$E=Mc^2$」の中で以下のように述べている。「物質とエネルギーの等価の法則を理解するには、互いに独立していて、相対論以前の物理学では高い位置を占めていた二つの保存原理にまで戻らなければならない[1]」。

質量保存の法則は一七世紀に確立し、物質世界の構成要素を定義するため二〇世紀初頭まで役立った。これは、その重さによって計測される物質量が、化学、物理変化を通じて一定に保たれるという法則である。

エネルギー保存の法則は、その後さらにゆっくりと成立した。一九世紀まで、熱の移動は、熱素という重さのない流体が連続して流れる状態を意味すると思われており、揺れる振り子や滝の中で見られる運動エネルギーと位置エネルギーの交換は、ひと続きの力学的エネルギーの変化を意味すると思われていた。しかし、熱エネルギーと力学的エネルギーは、摩擦では後者を消費して前者が生成され、また、蒸気機関やガソリンエンジンは前者を消費して後者を生み出すのであるから、両者は間違いなく関連するものであった。ベンジャミン・トンプソン（ランフォード伯爵）は、力学的な仕事で生成される熱の計測を行い、一七九八年、「摩擦によって励起される熱源に関する実験的研究」と題した論文を王立協会に報告し、熱素理論に疑いを投げかけた。ジェームズ・ジュールは、一八四九年、同協会に宛てた「熱の力学的等価性について」と題する論文で、さらに正確な関連を述べた。その間、ウィリアム・トムソン（後のケルヴィン卿）などの科学者は、温度についての理論をさらに進めた。熱力学第一法則という形のエネルギーの永遠性、つまり保存性の原理は、ジュールによって打ち出され、ユリウス・マイヤーによって完全に一般化された形で示された。それは、ヘルマン・ヘルムホルツによってさらに改良され、一九世紀中頃までに確固としたものになった。

力学的エネルギーは完全に熱として散逸できるが、すべての熱を力学的エネルギーに変換することはできない。独立した系内のエネルギーは不変であるが、徐々に前より取り出しにくい形へと転化し、最終的には温度が均一な熱になる、とケルヴィンは言った。熱機関に関するサジ・カルノーの循環理論を基礎として、ケルヴィンとルドルフ・クラウジウスは、熱力学の第二法則を公式化した。新しく強力なこの熱力学理論において、ケルヴィンの「取り出しにくいエネルギー形態」はクラウジウスのエントロピーとして表現された。エントロピーは常に増大し、決して減少しない。エネルギーは保存されるものの、結果としてより取り出しにくい形へと転化するのである。

相対性理論は、すべての形態のエネルギー——力学、熱、放射、電気、原子、素粒子——は質量を持つことを示している。これは、$E=Mc^2$と表され、言い換えれば、エネルギーは質量に光速の二乗を掛けた値に等しい。これを別の形にすれば、$M=E/c^2$であり、質量はエネルギーを光速の二乗で割った値に等しい。一〇〇〇メガワットの発電所で毎日生産される電気エネルギーは一グラムの質量に相当し、このエネルギーの質量は、発電機から送電線に乗って流れ出る。太陽から地球の表面に降り注ぐ放射は、質量にして毎秒二キログラムである。

質量保存に関する昔の法則は廃棄され、エネルギー保存を具体的に示したより一般的な質量保存の法則に置き換えられた。質量はもはや、熱を放出したり吸収したりする化学反応の中では完全に保存されるものではなくなった。石炭が燃える時に放出される熱は、石炭の質量の約一〇〇億分の一に相当する。

■不十分なエネルギー

宇宙の闇の謎において何が問題なのかを見るために、質量とエネルギーの等価性を使った思考実験をしてみよう。宇宙全体に存在するあらゆる形態の物質をすべて消滅させ、それを熱放射に変えてみよう。天文学者たちは、銀河の分布と質量から、宇宙における物質の平均量は、大体一立方メートルにつき水素原子一つに等しいと見積もっている。水素原子を一つとり、その質量を、一立方メートルを占める熱放射に変換する。これは、すべての場所のすべての物質を消滅させてエネルギーに変えた結果と同じである。

驚いたことに、その放射の温度はたった二〇K（絶対〇度より二〇度高い温度、あるいは摂氏マイナス二五三度）くらいしかないことがわかる。(2) この温度は、太陽表面の温度である六〇〇〇Kと比べてはるかに低い。したがって、物質の形で宇宙に存在するエネルギーは、そのすべてを熱放射に変えたとしても、ハレー、シェゾー、オルバースなど多くの天文学者たちが危惧したような星が強烈に輝く明るい空を作り上げるには、まだまだ遠く及ばないことになる。宇宙が膨張していようが、収縮していようが、あるいは静的であろうが、そんなことには関係なく、星に照らされた明るい空を作るには、すべての物質が放射に変化するという思い切った見積もりをして得られる量の、その一〇〇億倍ものエネルギーが必要なのである。

すべての物質を消してエネルギーに変えたとしても、二〇Kという放射温度になるだけであることがわかった。したがって、星に照らされた明るい空を作り上げるには、今光っている星一つにつき一〇〇億個以上の星が必要になる。しかし星々は、光り輝く寿命の間、全質量のたった一〇〇〇分の一ぐらいしか光エネルギーに変換しない。よって、より現実的に考えれば、空が星に照らされて明るくなるには、今光っている星一つにつき少なくとも一〇兆個の星が必要になる。

エネルギーによるこの解答*は、星に照らされた明るい空を作り上げるのに十分なエネルギーが宇宙には存在しないことを示している。この解答は、提示された他のすべての解答に優先する。もし、ポーの金色の壁を作るのに必要なエネルギーが宇宙にないとしたら、明らかに、他の論点だけを考慮したすべての議論は二次的な重要性しか持たなくなる。私たちの宇宙では、どんな環境においても、空が星の光で明るくなることはない。星々の間を隔てる空間を熱放射によって星々の表面温度まで上げるには、今の星々は互いどうしがあまりに遠く離れすぎているのである。

*二八七頁、表「提示された解答」の候補15。

宇宙放射の問題に適用するには、熱力学における簡潔な微分方程式の方が、湾曲した膨張宇宙における複雑で時間のかかる積分方程式よりはるかに啓発的である。さまざまな容積の空っぽの小部屋で宇宙の事例を研究する宇宙箱方式は、膨張宇宙、静的宇宙、あるいは収縮宇宙において何が起こるかを即座に明らかにしてくれる。(3)

■中のロウソクが太陽である箱

まず、宇宙の闇の謎が考え出された静的宇宙について考えてみよう。ほとんどの星々は、一〇〇〇億×一兆光年の背景限界距離付近にあって、空を覆っていると考えられる。普通の星々は一〇〇億年間輝くのであるから、それらは距離が一〇〇億光年以内ならば見ることができる。しかし、地平を超えた距離を見るのは、星々の寿命より長い期間過去に遡ることになる。この描像はなぜ夜空が暗いかを説明するが、それがどのようにエネルギーの議論と結びつくのだろうか？

ここでこの描像を劇的に変更し、各々の星が完全反射をする壁によって囲まれていると想像してみよう。星々が銀河となって空が星の強力な光で燃えている集団も、特に差をつけないでおく。あるいは、すべての星々が一様に隔てられ、各々が平均的なある大きい容積を占めると仮定してもよい。すると、宇宙は容積の等しい小部屋に区分され、ひとつひとつの小部屋に星が一個含まれることになる。普通なら個々の星から空間へ逃げていく星の光は、今は反射壁によって閉じこめられたままになる。果てのない空間へ流出して他の星々の光と混ざり合うのでなく、各々の星の光は箱の中に捕らえられ、壁から壁へと跳ね返りを繰り返す。我々は直観的に、完全に反射する仕切は何も変化をもたらさない

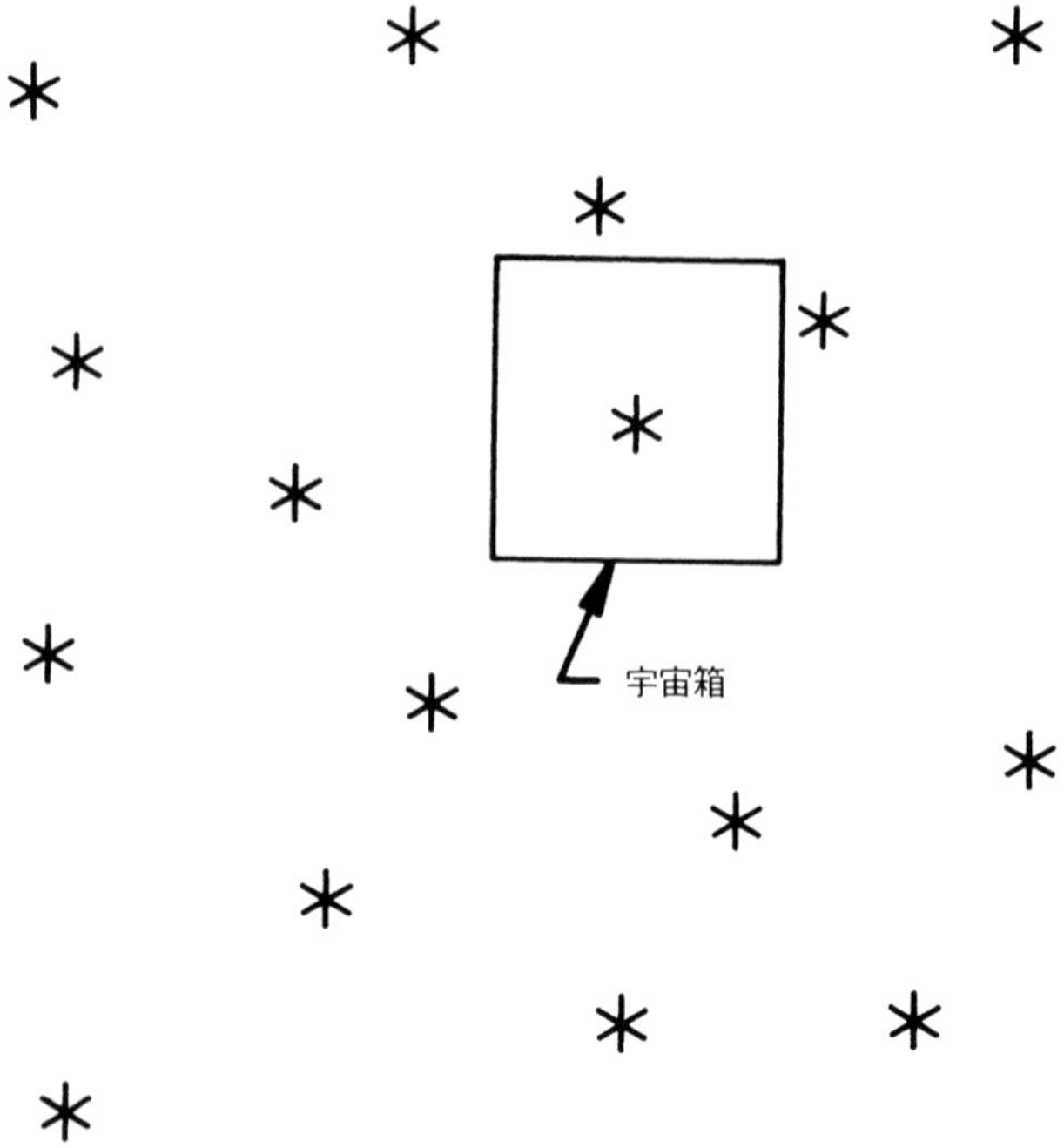

図18.1 星が完全反射をする壁で囲まれていて、その壁は、宇宙で個々の星が占める平均体積と同じ体積の箱形になっていると想像しよう。この星の放射が箱を満たす条件は、すべての星々の放射が宇宙を満たす条件と同じである。このことは、静的宇宙でも、また膨張宇宙や収縮宇宙でも真である。(E.R. Harrison, *American Journal of Physics* **45**:123)

ことを知っている。仕切があろうとなかろうと、放射はどこも同じままである。典型的な星をたった一つだけ宇宙箱に閉じこめたままにして、他の仕切を取り除いてみよう（図18・1）。箱の中の星は放射を維持し、その区域の空間を満たす。他方、箱の外にある他の多くの星々の放射は混ざり合って宇宙を満たす。そして、どちらの場合もその放射は同じである。

空のいたる所が、星の強烈な光で炎のように輝いていると想像しよう。この時、我々は宇宙のどこに立っても、目をくらますほど輝くポーの金色の壁に囲まれる。要するに我々は、白熱した炉の中に立っており、周囲の空間は、星々の表面と同じ強さに達した放射で満たされているのである。すべての星々が全宇宙の放射をこのレベルまで上げるのに要する時間は、一つの星が、その星の宇宙箱の空間を自らの放射で満たすのに要する時間と同じである。

箱の中の星から出た光線は、完全反射の壁の間をあちらこちらで跳ね返り、最終的には星自身に突き当たって吸収される。光線の放出から吸収までの平均時間は、放射で箱が一杯になる時間と等しい。そして星は放出したのと等量の放射を吸収し、その箱は星の表面と平衡になった放射で満たされる。

箱の外の閉じこめられていない星の光は、どこかの星に突き当たるまでに、平均して背景限界距離を進む。完全反射の箱の中に閉じこめられている星の光も、星に突き当たるまでに平均して背景限界距離を進むことが、我々には直観的にわかる。箱の中の光線の折れ曲がりで通り道の長さが変わることはない。同一の星による箱の中での放出と吸収は、箱の外にある異なった星々による放出と吸収と等価である。反射壁にたくさんの星の像が映って見えるのは、たくさんの星々が存在する外の宇宙をまねたものになっているのと見かけ上同じである。宇宙箱は鏡に映った宇宙である。同様に、鏡に囲まれた一本の木は鏡に映った森林である。

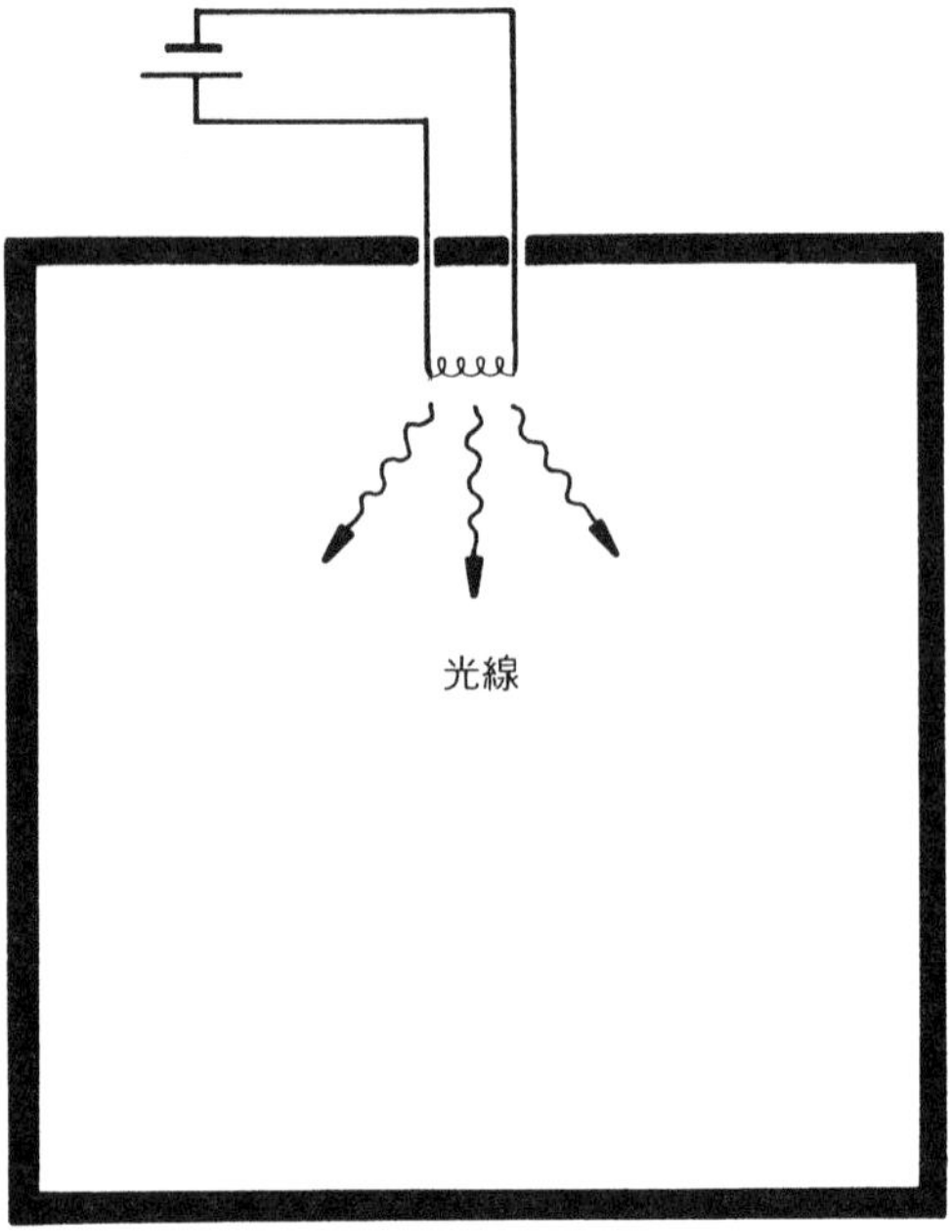

図18.2 完全反射の壁を持ち、中にフラッシュライトのフィラメントのような小さい光源のある箱を想像してみよう。フィラメントは、箱の中で光を放出あるいは吸収する唯一の物体である。発せられた光線は壁の間をあちこち進み、最終的にはフィラメントによって吸収される。1本の光線が放出から吸収までの間に進む平均距離が、背景限界距離で、箱の容積をフィラメントの実効面積で割った値に等しい。もし、箱の辺の長さが1キロメートルで、フィラメントの実効面積が1平方ミリメートルだとしたら、光線が進む平均距離は1兆キロメートル、つまり1光年の10分の1になる。放出が約5週間継続した後、このフィラメントは放出したのと同じ量の放射を吸収する。すなわち、箱が熱放射で満たされるまでに5週間かかる。この場合放射によって、箱の中はどこもフィラメントの表面と同じくらいにものすごく明るくなり、その壁はどの方向もフィラメント自身と同じくらい明るく輝く。しかし、エネルギー源を考えると、フラッシュの電池はフィラメントを比較的短い時間しか明るくしておくことができない。この場合には入手できるエネルギーが不十分なため、箱は決して放射で満たされることはない。これと同様に、星々は、その熱い表面と平衡になるまで宇宙を放射で満たすだけのエネルギーは持っていない。

宇宙箱は十分小さいので、宇宙における空間の湾曲に煩わされずにすみ、宇宙全体に散らばっている多くの星々からの寄与を積分する必要もない。宇宙箱の中で起こっている図式は単純で、計算は簡単である。

宇宙箱が放射で一杯になる時間は、光が背景限界距離の距離を進む時間である。これは、宇宙を放射で満たすのに要する時間でもある。年で測ると一〇〇〇億×一兆年、あるいは、一のあとにゼロが二三個つく年数である。しかし、普通の星はたった一〇〇億年しか輝かず（一のあとにゼロが一〇個つく年数である）、したがって、箱すなわち宇宙が、星の寿命内に、つまり銀河や宇宙の寿命の間に、放射で一杯になることはあり得ない。約一〇〇億光年彼方の地平は、背景限界距離に比べ一〇兆分の一の距離でしかない（図18・2）。

一九〇一年、ケルヴィンは、これとは少し異なる図と論法を用いて、星々によって覆われる空の割合が、一つの星の表面の放射密度に対する宇宙の放射密度の比に等しいことを示した。本書の簡単な図でも、宇宙は明るい空を作り出すのに十分なエネルギーを持たず、星々の間にどうしても暗い隙間が存在しなければならないことを知る助けとなる。

■膨張する宇宙箱

ここで膨張宇宙について考えてみる。星が一つ入った宇宙箱が、宇宙とともに膨張すると仮定しよう。どの瞬間にも、箱の容積は、箱の外の典型的な星一つが占める平均体積と等しいものとする。箱の中の光はゆっくり後退する壁の間をあちこち跳ね返り、わずかなドップラー赤方偏移を何度も受ける。一九一三年、マックス・プランクの『熱放射の理論』によって、このようなドップラー赤方偏移を何度も加え合わせると、いわゆる宇宙赤方偏移（波長が連続的に伸びること）が再現され、宇宙箱の中の放射は、外の宇宙の放射と同じになることが示された。

もし、宇宙が膨張するため夜空が暗いのだとしたら、箱の中の放射が弱いのは箱が膨張するためである。しかし、膨張する箱の中の星の光は、静的な箱の中の星に比べてそれほど弱くないことが、計算から一般的に示される。放射エネルギーのほとんどは、最近放出されて少ししか赤方偏移していない光線から成っている。すべての光線を平均した赤方偏移はそれほど大きな値ではなく、ほとんどのモデルでは一より小さい[4]。宇宙の闇の原因を赤方偏移とする主張では、星の光の強さが、静的宇宙における値の一〇兆分の一に弱められると言っている。しかし宇宙箱は、膨張によって光はそれほど弱められないことを示している（図18・3）。これまで見てきたように、放射は静的な箱の中ですでに弱いのであり、膨張しても弱いものがさらに弱まるだけのことである。

宇宙箱方式を用いると、そのエネルギー量を調整するだけで、進化する宇宙でも、定常宇宙でも、また、膨張、静的、収縮のいずれの形でも、その空を暗くも明るくも構築できる。これは、星々の間の平均距離を調整することによっても可能である。つまり、星々が集まれば集まるほど箱の容積は小さくなり、放射が箱を一杯にする時間も短くなる。換言すれば、星々が寄り集まるほど背景限界距離が短くなり、空が星々に覆われる割合が増える。

現在の我々の宇宙において、空が星々に覆い尽くされているという考えは、エネルギーの保存と矛盾する。物質（すなわちエネルギー）を継続的に生成しながら膨張する定常宇宙は、自然法則に従うものではなく、そのことは、その特定の宇宙に対し、夜空の暗さがなぜエネルギー解では説明がつかないかを示している。膨張する定常宇宙においては、たとえば体積が一〇〇万立方光年の空間領域に

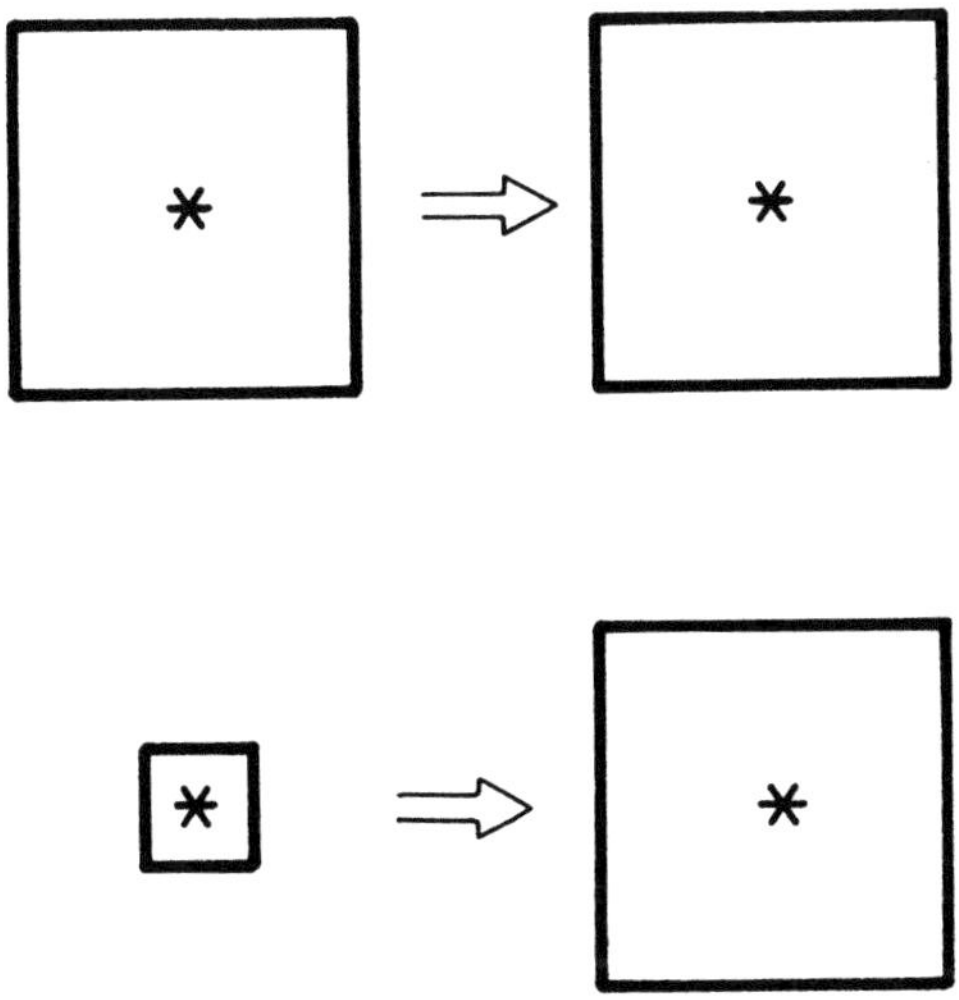

図18.3 膨張する定常宇宙では、放射の赤方偏移によって夜空は暗くなるが、ビッグバン宇宙では暗くならない。赤方偏移による解答は長年の間一般的であった。この解答は、空が星々で覆われていても、星のほとんどは赤方偏移が非常に大きいため見ることができないというものである。まったく同じ二つの星が同じ期間に輝き、図の左側のように、別々の宇宙箱に閉じこめられていると想像しよう。最初の箱は静的で、2番目の箱は最初の箱に比べて小さいが、宇宙とともに膨張する。ここで、時間が経ち、図の右側に示されたように、小さい箱が膨張して、その容積が静的な箱と同じになったとしよう。この時一般に、膨張する箱における放射エネルギーは、静的な箱における放射エネルギーの半分以下には決してならないことが容易に示される。ここから一般に、膨張では、空が暗く見える理由を説明できないことがわかる。

も、過去に無限の世代の星々が存在した。それらはすべて流れ去り、宇宙の膨張だけが物質と放射を一定のレベルに保ち、無限に堆積するのを抑えているのである。

■捕らえどころのない謎

エネルギーの議論は、夜空の闇の謎が、ディッグスやブルーノが考えたような境界のない宇宙に対しても解きうることを示している。もちろん、熱力学と相対性理論は近年発展したものであり、初期の研究者たちが用いることはできなかった。しかし我々は、宇宙の闇の謎の問題に迫り理解するには何通りもの方法があることに注意して、ポーやケルヴィンの解答をエネルギーによる解答と比べさえすればよい。光速が有限であることは一七世紀に発見され、⑴これが、ほぼ同時になされた星々の距離の決定と、⑵ユダヤ教、イスラム教、キリスト教による、宇宙の年齢は有限であるとの信念と結びついた時、根拠のある解答へとつながる。これらの考察から、可視的宇宙は有限で、目に見える星々が空を覆うには少なすぎるという結論が導かれる。空を覆うために必要な星々は、その光がいまだ我々に届いていないために見ることができない。事実、宇宙では、目に見える星の存在する領域が背景限界距離まで伸びていないことを示している。どのような議論によっても、この謎は、その本来の意味において解かれたのである。

吸収、階層構造、膨張、その他、この謎が考え出された静的で均一な宇宙に対して修正を加えたものは、どれも解答にはならない。年齢の限られた星々が大きく離ればなれになっている静的宇宙では、光速が有限であるため、空は初めから暗いのである。これらの考察から、近代的議論にしたがって、現在の宇宙では、明るい空を作り上げるのにエネルギーが十分でないという結論を示すことができる。

吸収を考えている解答は、そのほとんどがエネルギー保存法則に違反している。階層構造による解答は、その種類の如何にかかわらず、背景限界距離を超えるところまで集団が大きくなる必要があり、星々が何千兆年もの間輝くわけではないから、これもエネルギー保存則に反している。膨張もまた、エネルギー保存則に反する定常宇宙のような特別の場合を除くと、解答にならない。

これで、長年にわたる宇宙の闇の謎は解けたと主張していいかもしれない。残るのは、この謎に注目したほとんどの人々が、なぜ光速を無視するようなことをしたかという疑問である。少なくとも私は、これに対する明快な答えを出すことができず、一つ二つの推測を示すのみである。

より大きい同心球殻を一つずつ貼りつけ、空を星が幾何学的に覆い尽くすまでそれらを積み重ねていく考え方は、エドモンド・ハレーの時代からの慣例であった。時間を考えずに、空間に配置された星々を神の目で見るような見方が、星々からの光の移動時間を無視する考え方を天文学者たちに植えつけたのかもしれない。

他方、可視光線が無限の速度で進む古代世界のように、境界のない宇宙に視線が無限に遠くまで伸びることを、我々はほとんど何も考えずに仮定している。このような原始的な考え方を視覚に対して自動的に行ったことが、疑いなく、その混乱にいくぶん寄与したと思われる。

有限の可視的宇宙が光のプールとなって観測者を取り巻き、その外側には果てのない不可視の宇宙が広がっているという考えは、ゆっくりと出現し、注意深い賛同を徐々に得ていった。星々が輝く寿命の見積もりには——モーゼの年代記による数千年、ニュートンが鉄球の冷却する時間から割り出した五万年、カントの宇宙進化論や、ビュフォンが地球の冷却理論から割り出した一〇万年、ケルヴィンによる一億年などがある。このほか一〇〇〇億×一兆年以下に見積もったどの数字からも、可視的宇宙の星の数は、空を覆うには遠く及ばないことが示される。可視的宇宙の地平のところに、最初に光り出した星々が、つまり、全宇宙の始まりの創造の時代が存在していることは、我々の時代の人々も一九世紀の天文学者たちも、ほとんど思考せずに理解できるであろう。天がその創造の時代を明らかにする事実に直面するのに対する恐れの気持ちが、いくぶん混乱を招いたであろうことは理解できる。それは、ヴィクトリア時代の客間の会話として適切な内容とは思われない。

しかし、これらすべてが完全な解答だと言っているのではない。なぜならそれは、二〇世紀において、この解答のわかりにくい点をうまく説明できていないからである。ここで我々は、膨張宇宙によって生じた複雑さが、少なからず混乱と困惑を生じさせたことを認めなければならない。

ひょっとすると、一九世紀の多くの天文学者たちやその他の人々は、この本当の答えを疑っているかもしれない。急進的なエドガー・アラン・ポーを含む何人かの人々が、遠くの星々からの光がまだ地球に届いていない可能性を示唆していた。しかし、ケルヴィン卿だけは、すぐに忘れられてほとんど知られることのなかった論文で、我々の宇宙では空は必然的に暗くなることを、計算によって示していたのである。

エピローグ

二〇世紀の天文学者たちは宇宙の深淵を探究し、多数の銀河による宇宙体系を発見してきた。はるか遠方には、光が地球に届くのに数十億年もかかる明るいクェーサーを見ている。さらに遠い、可視的宇宙の地平付近からは、無数のかすかな光線が、不完全ながらも創成初期の物語をささやきながらやってきている。

「星々の背後の闇」をどのように解釈するかは、トマス・ディックの言葉で言えば、我々の住む宇宙の性質をいかに想像するかにかかっている。暗い隙間は、アリストテレス派の体系では天球の境界の外を見ているのであり、ストア派の系では宇宙の外にある空虚さを現し、また、ニュートンによる星々に満たされた静的な系では、星々の誕生以前に存在した無の空間を現すものであった。現代の観測者の目で見れば、これらの暗黒の隙間は何を現しているのだろうか？

夜、ドアの外に出て暗い空を見上げてみよう。星々の間に、空間的にははるか遠くまで続く距離を見通し、時間的には、銀河の形成やその星々の最初の誕生以前へとはるかに遡った過去が見渡せる。我々の視界は、可視的宇宙の地平、ビッグバンの境界まで伸びている。どの方向にも、我々は星々の間のいたる所に、全天を覆って宇宙の創造の時代を見ているのである。はるか昔、宇宙が若く、エネルギーに溢れていた頃、原始時代の天は恐ろしい光で炎のように燃えていた。かつては明るかった初期宇宙のその光は去り、宇宙の膨張によって一〇〇〇分の一の温度に冷やされ、宇宙は肉眼では見えない赤外線の薄暗がりへと移行していった。ある意味では、エドガー・アラン・ポーの金色の壁は存在する――しかし、幸いにも視界からは隠されている。我々は闇の壁を見るだけであるが、ビッグバンは空を覆い、時間空間を通して宇宙をその残光で満たしている。

夜空が暗いという謎へ提示された解答

	解答	解釈	提唱者	章
1	星が一列に並んでいるから	B	フルニエ・ダルベ	1
2	星の光が弱すぎるから	A	ディッグス	3
3	暗い宇宙の壁による	B	ケプラー	4
4	宇宙の外側の空虚さによる	B	ゲーリッケ	5
5	幾何学的効果による	A	ハレー	6
6	星間吸収による	A	シェゾーとオルバース	8
7	暗い星が隠すから	A	フルニエ・ダルベ	8
8	宇宙の階層構造のため	B	ハーシェルとプロクター	11
9	星の年齢が十分でない	B	ポーとケルヴィン	13,14
10	銀河間空間にエーテルがない	B	ニューカムとゴア	15
11	太陽の年齢が十分でない	C	ド・ジッター	15
12	宇宙が有限で境界がないため	B	ツェルナーとヤキ	15
13	定常宇宙論からの帰結	A	マクミラン	16
14	赤方偏移のため	A	ボンディ	17
15	エネルギー不足	B	ハリソン	18

A 「星で覆われた空」による解釈
B 「星で覆われていない空」による解釈
C 「真夜中の太陽」による解釈

監訳者あとがき

子供のとき、私の家に一冊の絵本があった。一九四〇年前後のことである。「オヒサマトオツキサマ」と題されたその本は、人々の生活に関係する太陽と月の働きを、特徴的な絵と、調子のよい七五調の文で述べたものであった。おそらく十数頁の本であったろうが、そこには潮汐が月の作用で生じることまで書かれていた。いま考えても、まことに優れた絵本であったと思われる。私は何度も読み返し、いつしかそのかなりの部分を暗記してしまった。その後年月が経ち、転居を繰り返すうちに、その絵本は失われ、残念ながら、いまではもはやその著者や出版社を知るすべもない。

その絵本の最初の頁には、画面いっぱいに大きな地球があり、その半分は明るく太陽に照らされ、残り半分が影になっていて、昼と夜の生じる理由が描かれていた。うろ覚えであるが、説明はおよそ次の文章であった（原文は全部カタカナ）。

カッチカッチブーン、ポーとサイレンお昼だね、

カーオ、カーオ、もう日が暮れる

どうしてだろう昼と夜
それはぼくらが乗っている
地球がぐるぐる回るのさ
おてんとさまに向けば昼
背中向ければ夜なのさ
そーら来た来たこんばんは
誰だか知ってるお客様
それはね、おっ月さまなのさ

太陽をおてんとさま（お天道さま）と呼んでいるのも懐かしい。そして、ここから誰でも、地球が自転すること、太陽に背を向ければ暗い夜が来ることを読み取ることができた。「昼と夜」というと、私はいつもこの文章を思い出す。

このような知識の下敷きがあると、

「夜空はなぜ暗い？」

という質問はたいへんつまらないものに思える。この問いかけは鼻先で嗤われて馬鹿にされそうである。そして、子供でも、次のように答えるかもしれない。

「お日さまが見えないから夜が暗いんだよ」

そのくらい、夜が暗いのは当たり前である。「夜」とは「暗さ」の代名詞みたいなものである。日が沈んで毎日暗い夜が来るのを不思議に思う人はほとんどいない。明るさの原因が太陽であることを証拠立てるように、太陽が長時間出ている季節は昼が長い。極地方の夏は日が沈まず、暗くなることがない。反対に冬には太陽が出ず、一日中暗いままのこともある。

それにもかかわらず、本書の標題のように、「夜空がどうして暗いのか」と真剣に考えた人々がいた。彼らの考えは次のように要約される。たとえ太陽は見えなくとも、夜空にはたくさんの星がある。遠くにあるためにそれぞれの星はそれほど明るくないにしても、星のひとつひとつは本来太陽のように明るい天体である。果てしない宇宙に限りなく星があるとしたら、それらたくさんの星の光が集まって、天球面のいたるところは太陽のように明るく輝いてもいいではないか。

この考え方はたいへんもっともである。そして、簡単に反論するのは難しい。ここから論理的に考えると、星々の輝きが集まって、太陽が沈んだ後でも夜空は明るいはずである。しかし、誰もが知っているように、現実の夜空は決して明るくはない。日が沈めば必ず暗い夜が来る。つまり、現実は論理的帰結に反している。この矛盾は一般に「オルバースのパラドックス」と呼ばれる。ただし、オルバースがこのパラドックスを最初に見出したわけではなく、そのへんのことは本書で述べられている。いずれにせよ、このパラドックスがあるからこそ、「夜空はなぜ暗いか」の問いが真剣に発せられ、その理由が探求されたのであった。

「夜空が暗いこと」に対する疑念は、一五七六年、トマス・ディッグスによって最初に表明された。それから現在までに四〇〇年以上の年月が流れた。その間に、多くの研究者からさまざまの解答が出された。その中には、誤解に基づく解答もあれば真実に迫る解答もあった。その過程で、この問題は宇宙の構造に深く関係し、天文学、宇宙論の本質にからむことが次第に浮き彫りにされていった。本書は、「夜空がなぜ暗いか」の問題に対して、その誕生から真の解決にいたるまでの流れを歴史的に扱ったものであり、その解決に挑み、さまざまな説をひっさげてそこに登場した人々の人間的ドラマを描き出したものである。その背景には、ガリレオ、ケプラー、デカルト、ニュートン、ハレーといった科学界の巨人たちが次々に登場する。これまであまり表立って扱われてはいなかったが、本書の内容は、天文学に興味をもつ人、科学史に関心のある人にとって、見逃すことのできない物語である。また、読者のみなさんは、多くの誤りを乗り越えて、科学における問題解決が一般的にどのようになされるか、その大きな流れをここから読み取ることもできるだろう。

本書の英文原本（*DARKNESS AT NIGHT: A Riddle of the Universe*, Harvard University Press）の発行は一九八七年である。どちらかといえば歴史的記述が中心であり、最新の話題を扱ったものでないためか、一七年前のものであるにもかかわらず、いま読んでもその内容に古臭さは感じられない。

本書の著者エドワード・ハリソン（Edward Harrison）は、イギリス生まれの天文学者、宇宙論研究者である。一九六六年まではイギリスの原子エネルギー研究機構やラザフォード高エネルギー研究所で働き、その後アメリカでマサチューセッツ、アマースト大学の物理・天文学教授となった。現在は同大学を引退して名誉教授になり、スチュワード天文台やアリゾナ大学の外部教授（非常勤講師のようなものらしい）をされているとか。宇宙論に関する貢献も多く、本書に示されているように、「夜空の暗さ」をエネルギーの面から決定的に証明したのもハリソンである。本書の他に、*Cosmology, Science of the Universe*, *Mask of the Universe* など、多数の著書がある。

国立天文台のアンケート調査に対して、小学校四年から六年の生徒の四割以上が「太陽が地球の周りを回っている」と答えた事実が、最近の新聞記事で取り上げられていた。中世のプトレマイオスの天動説が復権したかのような調査結果である。その非常識を嘆じ、ショックを受けた人もいるらしい。しかしご承知のように、地球が円いこと、自転、公転していることを実感するのは難しい。それを証明するには、注意深い精密な観測が必要である。日常生活で地動説を必要とすることはほとんどないから、「太陽が地球を回る」というのは素直な観察結果であり、取り立てて問題にするほどのことではない。まして現在の指導要領では、地動説に関する内容は教えなくてよいそうだから、これはむしろ当然の結果である。「話で聞いたり、本で読んだりしてでも、常識として知っておくべきだ」とお考えの方もあるかもしれないが、いまの世の中には「オレオレ詐欺」などが横行し、科学的常識を無視するような「とんでも科学」の本がいくつも出版されている。他人のいうことをそのまま信用することは、危険ですらある。上記の結果は、どちらかといえば、近代科学への転換点でもある天動説から地動説への移行を無視している指導要領に問題があったのではないだろうか。いま巷でさかんに取り沙汰されている若者の「理科離れ」や、学生の「理数力崩壊」も、日本の教育をリードする文部科学省の官僚の科学技術軽視によるものでなければよいと考えるのは、私ばかりではないだろう。

それにしても、昨今、新聞、雑誌などを見ると、スポーツ、芸能の活躍ばかりが大きく取り上げられ、理数的才能が軽視されているように思えてならない。その一方、テレビ、自動車、コンピュータ、携帯電話などなど、人々の日常生活は、理数的才能によって開発された先端の科学技術にどっぷりと漬かっている。表立って大きく報道されることはなくても、日本を支えているのはこうした科学技術である。人間の知性の歩みの一端を辿ったこのささやかな本が、科学に関心をもつ人の目に留まることがあれば、本書の翻訳に関係した私にとって、それ以上の幸せはない。

本書は私の監訳という形になっている。これは、永山淳子さんが下訳をされ、それに対して私が天文学の専門家の立場から、責任をもって見直し、修正したことを意味している。彼女は、普段、理科系書物の校正の仕事をされている方で、本書の校正も彼女が担当している。永山淳子さんには心からお礼を申し述べるものである。

二〇〇四年一〇月一〇日

長沢　工

Whitrow, G. J., and B. D. Yallop. "The background radiation in homogeneous isotropic world-models." Pt. I. *Monthly Notices of the Royal Astronomical Society* 127(1964): 301. Pt. II, 130(1965): 31.

Whittaker, E. T. *A History of Ether and Electricity*. Vol. 1, *The Classical Theories*. Vol. 2, *The Modern Theories 1900-1926*. London: Nelson, 1951.

——*From Euclid to Eddington*. New York: Dover Publications, 1958.

Whyte, L. L., A. G. Wilson, and D. Wilson, eds. *Hierarchical Structures*. New York: Elsevier, 1969.

Williams, L. P. *Michael Faraday, a Biography*. New York: Basic Books, 1965.

——"Michael Faraday and the physics of 100 years ago." *Science* 156(1967): 1335.

Wilson, C. A. *William Heytesbury*. Madison: University of Wisconsin Press, 1956.

——"How did Kepler discover his first two laws?" *Scientific American* 226(March 1972): 92.

Wolf, A. *A History of Science. Technology, and Philosophy in the Sixteenth and Seventeenth Centuries*. London: Allen and Unwin, 1935.

——*A History of Science, Technology, and Philosophy in the XVIIIth Century*. London: Allen and Unwin, 1938.

Woodcroft, B., ed. *The Pneumatics of Hero of Alexandria*. Introduction M. B. Hall. London: Macdonald, 1971.

Wren, C. "The life of Sir Christopher Wren." In *Parentalia: Or, Memoirs of the Family of the Wrens*. London: Stephen Wren, 1750. Reprinted, Farnborough: Gregg Press, 1965.

Wright, T. *An Original Theory or New Hypothesis of the Universe*, 1750. Introduction M. A. Hoskin. New York: Elsevier, 1971.

Yates, F. A. *Giordano Bruno and the Hermetic Tradition*. Chicago: University of Chicato Press, 1964.

Young, T. *Miscellaneous Works*. Ed. G. Peacock. London: John Murray, 1855.

Zeller, E. *Outlines of the History of Greek Philosophy*. Trnas. L. R. Palmer. Rev. W. Nestle. New York: Dover Publications, 1980.

Zöllner, J. C. F. *Über die Natur der Cometen*. Leipzig: Staackmann, 1883.

Zwicky, F. "On the red shift of spectral lines through interstellar space." *Proceedings of the National Academy of Sciences* 15(1929): 773.

1970.

Waerden, B. L. van der. *Science Awakening*. Groningen, Holland: Noordhoff, 1954.

Wallace, A. R. *Man's Place in the Universe: A Study of the Results of Scientific Research in Relation to the Unity or Plurality of Worlds*. New York: McClure, Phillips, 1903.

Waterfield, R. L. *A Hundred Years of Astronomy*. London: Duckworth, 1938.

Weale, R. A. *From Sight to Light*. London: Oliver and Boyd, 1968.

Webster, C. "Henry More and Descartes: some new sources." *British Journal for the History of Science* 4(1969): 359.

Weinberg, J. R. *A Short History of Medieval Philosophy*. Princeton: Princeton University Press, 1964.

Weinberg, S. *The First Three Minutes: A Modern View of the Origin of the Universe*. New York: Basic Books, 1977.

Westfall, R. S. *Science and Religion in Seventeenth-Century England*. New Haven: Yale University Press, 1958.

——"The foundations of Newton's philosophy of nature." *British Journal for the History of Science* 1(1962): 171.

——*Force in Newton's Physics: The Science of Dynamics in the Seventeenth Century*. New York: Elsevier, 1971.

——*Never at Rest: A Biography of Isaac Newton*. New York: Cambridge University Press, 1980.

Wheelwright, P. *Aristotle: Containing Selections from Seven of the Most Important Books of Aristotle*. New York: Odyssey Press, 1935.

Whewell, W. *History of the Inductive Sciences from the Earliest to the Present Times*. 3 vols. London: Parker, 1837.

White, L. *Medieval Technology and Social Change*. New York: Oxford University Press, 1962.

——"Cultural climates and technological advance in the Middle Ages." *Viator* 2(1871): 171.

Whiteside, D. T. "The expanding world of Newtonian research." *History of Science* 1(1962): 16.

Whitney, C. A. *The Discovery of Our Galaxy*. New York: Knopf, 1971.

Whitrow, G. J. *The Structure and Evolution of the Universe*. London: Hutchinson, 1959.

——"Why is the sky dark at night?" *History of Science* 10(1971): 128.

——"Kant and the extragalactic nebulae." *Quarterly Journal of the Royal Astronomical Society* 8(1967): 48.

——*The Natural Philosophy of Time*. 2nd ed. Oxford: Clarendon Press, 1980.

——"On the clustering of gravitational matter in any part of the universe." *Nature* 64(1901): 626.
——"On the clustering of gravitational matter in any part of the universe." *Philosophical Magazine* 3(1902): 1.
——"Lord Kelvin and his first teacher in natural philosophy." *Nature* 68(1903): 623.
——*Mathematical and physical Papers.* Ed. J. Larmor. 6 vols. Cambridge: Cambridge University Press, 1882-1911.
——*Baltimore Lectures on Molecular Dynaimcs and the Wave Theory of Light.* Cambridge: Cambridge University Press, 1904.
——"William Thomson, Baron Kelvin of Largs(1824-1907)" (obituary by J. Larmor). *Proceedings of the Royal Society* 81(1908): iii.
Thorndike, L. *A History of Magic and Experimental Science.* New York: Macmillan, 1923.
Tilyard, E. M. W. *The Elizabethan World Picture.* New York: Macmillan, 1944.
Tolstoy, I. *James Clerk Maxwell, a Biography.* Edinburgh: Canongate, 1981.
Toulmin, S., and J. Goodfield. *The Fabric of the Heavens: The Development of Astronomy and Dynamics.* New York: Harper and Brothers, 1961.
Trumpler, R. J. "Preliminary results on the distances, dimensions, and space distribution of open clusters." *Lick Observatory Bulletin* 14, no.420(1930): 154-188.
Turnbull, H. W., ed. *James Gregory: Tercentenary Memorial Volume.* London: Bell, 1939.
Twain, M.(S. L. Clemens). *The Science Fiction of Mark Twain*, ed. D. Ketterer. New York: Archon Books, 1984.

Van Helden, A. "The telescope in the seventeenth century. *Isis* 65(1974): 38.
——"The invention of the telescope." *Transaction of the American Philosophical Society* 67, pt. 4(1977).
——"Roemer's speed of light." *Journal for the History of Astronomy* 15(1983): 137.
——*Measuring the Universe: Cosmic Dimensions from Aristarchus to Halley.* Chicago: University of Chicago Press, 1985.
Vehrenberg, H. *Atlas of Deep-Sky Splendors.* Cambridge, Mass.: Sky Publishing Corporation, 1978.
Voltaire. *Letters Concerning the English Nation.* London: Davis and Lyon, 1733.
——*The Elements of Sir Isaac Newton's Philosophy.* Trans. J. Hanna. London: Stephen Austin, 1738. Reprinted, London: Frank Cass, 1967.
Vrooman, J. R. *René Descartes: A Biography.* New York: Putnam's Sons,

1931. Cambridge: Cambridge University Press, 1982.
Solmson, F. *Aristotle's System of the Physical World*. Ithaca, N. Y.: Cornell University Press, 1960.
Spurgeon, C. F. E. *Shakespeare's Imagery*. New York: Macmillan, 1935.
Struve, O. "The constitution of diffuse matter in interstellar space." *Journal of the Washington Academy of Science* 31(1941): 217.
——"Some thoughts on Olbers' paradox." *Sky and Telescope* 25(1963): 140.
Struve, O., and V. Zebergs. *Astronomy in the 20th Century*. New York: Macmillan, 1962.
Stukeley, W. *Memoirs of Sir Isaac Newton's Life, 1752: Being Some Account of His Family and Chiefly of the Junior Part of His Life*. Ed. A. H. White. London: Taylor and Francis, 1936.
Swedenborg, E. *Principia Rerum Naturalium*. Trans. J. R. Rendell and I. Tansley. London: Swedenborg Society, 1912.

Tammann, G. A. "Jean-Philippe de Loys de Chéseaux and his discovery of the so-called Olbers' paradox." *Scientia* 60(1966): 22.
Taylor, F. S. *An Illustrated History of Science*. Illustrated A. R. Thomson. London: Heinemann, 1955.
Terzian, Y., and E. M. Bilson, eds. *Cosmology and Astrophysics: Essays in Honor of Thomas Gold*. Ithaca, N. Y.: Cornell University Press, 1982.
Thompson, S. P. *Michael Faraday, His Life and Work*. London: Cassell, 1901.
——"Lord Kelvin." *Nature* 77(1907): 175.
——*The Life of William Thomson, Baron Kelvin of Largs*. 2 vols. London: Macmillan, 1910.
Thomson, J. *The Complete Poetical Works of James Thomson*. Ed. J. Robertson. London: Oxford University Press, 1908.
Thomson, W.(Lord Kelvin). "On a mechanical representation of electric, magnetic, and galvanic forces." *Cambridge and Dublin Mathematical Journal* 2(1847): 61.
——"Note on the possible density of the luminiferous medium, and on the mechanical value of a cubic mile of sunlight." *Edinburgh Royal Society Transactions* 21, pt.1(May 1854).
——*Notes of Lectures on Molecular Dynamics and the Wave Theory of Light*, reported by A. S. Hathaway. Baltimore: Johns Hopkins University Press, 1884.
——*Popular Lectures and Addresses*. 3 vols. London: Macmillan, 1891-1894.
——"On ether and gravitational matter through infinite space." *Philosophical Magazine* 2(1901): 161.

Schlegel, R. "Steady-stete theory at Chicago." *American Journal of Physics* 26(1958): 601.
Schwarzschild, K. "Ueber das zulässige Krümmungsmass des Raumes." *Vierteljahrschrift der Astronomischen Gesellschaft* 35(1900): 337.
Schwarzschild, M. *Structure and Evolution of the Stars*. Princeton: Princeton University Press, 1958.
Sciama, D. W. *The Unity of the Universe*. London: Faber and Faber, 1959.
——*Modern Cosmology*. Cambridge: Cambridge University Press, 1971.
Scott, J. F. *The Scientific Work of René Descartes*. London: Taylor and Francis, 1952.
Seeliger, H. "Ueber das Newton'sche Gravitationsgesetz." *Astronomische Nachrichten* 137, no. 3273(1895).
——"Ueber das Newton'sche Gravitationsgesetz." *Sitzungsberichte der Mathematisch-Physicalischen Classe, Akademie der Wissenschaften, München* 26(1896): 373.
Shapiro, H. *Motion, Time, and Place According to William Ockham*. New York: Franciscan Institute, 1957.
Shapley, H. "Colors and magnitudes in stellar clusters. Second part: Thirteen hundred stars in the Hercules Cluster(Messier 13)." *Astrophysical Journal* 45(1917): 123.
——"Evolution of the idea of galactic size." *Bulletin of the National Research Council of the National Academy of Sciences* 2(1921): 171.
——*Flights from Chaos*. New York: McGraw-Hill, 1930.
——ed. *Source Book in Astronomy 1900-1950*. Cambridge, Mass.: Harvard University Press, 1960.
——*Through Rugged Ways to the Stars*. New York: Scribner's Sons, 1969.
Shapley, H. and H. E. Howarth, eds. *A Source Book in Astronomy*. New York: McGraw-Hill, 1929.
Sharlin, H. I., and T. Sharlin. *Lord Kelvin: The Dynamic Victorian*. University Park: Pennsylvania State University Press, 1979.
Sheldon-Williams, I. P. "The pseudo-Dionysius." In *The Cambridge History of Later Greek and Early Medieval Philosophy*. Ed. A. H. Armstrong. Cambridge: Cambridge University Press, 1967.
Sidgwick, J. B. *William Herschel: Explorer of the Heavens*. London: Faber, 1953.
Singer, C. "The scientific views and visions of Saint Hildegard(1098-1180)." In *Studies in the History and Method of Science*, ed. C. Singer. London: Dawson, 1955.
Singer, D. W. *Giordano Bruno: His Life and Thought, with an Annotated Translation of His Work on the Infinite Universe and Worlds*. New York: Schumann, 1950.
Smith, R. W. *The Expanding Universe: Astronomy's 'Great Debate' 1900-*

Roemer, O. "A demonstration concerning the motion of light, communicated from Paris, in the *Journal des Scavans*, and here made English." *Philosophical Transactions* 11(1677): 893.
Ronan, C. A. *Edmund Halley: Genius in Eclipse*. Garden City, N. Y.: Doubleday, 1969.
Ronchi, V. *The Nature of Light: A Histrical Survey*. Trans. V. Barocas. Cambridge, Mass.: Harvard University Press, 1970.
Rosen, E. *The Naming of the Telescope*. New York: Henry Schuman, 1947.
——"The title of Galileo's 'Sidereus nuncius.'" *Isis* 41(1950): 287.
——"Galileo and the telescope." *Scientific Monthly* 72(1951): 180.
——"The invention of eyeglasses." *Journal of the History of Medicine* 11(1956): 13.
——*Kepler's Conversation with Galileo's Sidereal Messenger*. New York: Johnson Reprint Corporation, 1965.
Rowan-Robertson, M. *The Cosmological Distance Ladder*. New York: W. H. Freeman, 1985.
Russell, A. *Lord Kelvin: His Life and Work*. London: Jack, 1912.
Russell, B. *Mysticism and Logic*. London: Allen and Unwin, 1917.
Russell, H. N., R. S. Dugan, and J. Q. Stewart. *Astronomy*. 2 vols. New York: Ginn, 1955.
Russell, J. L. "English astronomy before 1675." *Nature* 255(1975): 583.

Sabra, A. I. *Theories of Light from Descartes to Newton*. London: Oldbourne, 1967. Reprinted, New York: Cambridge University Press, 1981.
Salmon, W. C. *Zeno's Paradoxes*. Indianapolis: Bobbs-Merrill, 1970.
Sambursky, S. *Physics of the Stoics*. London: Routledge and Kegan Paul, 1959.
——*The Physical World of Late Antiquity*. New York: Basic Books, 1962.
——*The Physical World of the Greeks*. London: Routledge and Kegan Paul, 1963.
Sandbach, F. H. *The Stoics*. London: Chatto and Windus, 1975.
Sanders, J. H. *Velocity of Light*. London: Pergamon, 1965.
Sarton, G. *Introduction to the History of Science*. Baltimore: Johns Hopkins Press, 1927.
——"Discovery of the aberration of light." *Isis* 16(1931): 233.
Saunders, J. L. *Greek and Roman Philosophy after Aristotle*. New York: Free Press, 1966.
Schaffer, S. "The phoenix of nature: fire and evolutionary cosmology in Wright and Kant." *Journal for the History of Astronomy* 9(1978): 180.
Schaffner, K. F. *Nineteenth-Century Aether Theories*. New York: Pergamon, 1972.

Pepys, S. *The Diary of Samuel Pepys*. Ed. R. Latham and W. Mathews. Berkeley: University of California Press, 1872.

Peterson, M. A. "Dante and the 3-sphere." *American Journal of Physics* 47(1980): 1031.

Plotkin, H. "Henry Draper, Edward C. Pickering, and the birth of American astrophysics." *Annals of the New York Academy of Sciences* 395(1982): 321.

Plutarch. *Plutarch's Essays and Miscellania*. Ed. W. W. Goodwin. Boston: Little Brown, 1906.

Poe, E. A. "The power of words." *United States Magazine and Democratic Review*, June 1845.

——*Eureka: A Prose Poem*. New York: Putnam, 1848.

——*Eureka: A Prose Poem*. Ed. R. P. Benton. Hartford, Conn.: Transcendental Books, 1973.

——*The Science Fiction of Edgar Allan Poe*. Ed. H. Beaver. Harmondsworth: Penguin, 1976.

Priestley, J. *The History and Present State of Discoveries Relating to Vision, Light, and Colours*. London: Johnson, 1772.

Proctor, R. A. *Other Worlds than Ours: The Plurality of Worlds Studied under the Light of Recent Scientific Researches*. London: Longmans, Green, 1870.

——*The Expanse of Heaven: A Series of Essays on the Wonders of the Firmament*. New York: Appleton, 1874.

——*Our Place among the Infinities: A Series of Essays Contrasting Our Little Abode in Space and Time with the Infinities around Us*. London: King, 1876.

——*Other Suns than Ours: A Series of Essays on Suns——Old, Young, and Dead*. London: Longmans, Green, 1896.

Quinn, A. H. *Edgar Allan Poe: A Critical Biography*. New York: Appleton Century, 1941.

Richardson, R. S. "Astronomy——the distaff side." *Astronomical Society of the Pacific*. Leaflet no. 181, March 1944.

——"Lady Huggins and others." In *The Star Lovers*. New York: Macmillan, 1967.

——"Edmund Halley: to fix the 'frame of the world.'" In *The Star Lovers*. New York: Macmillan, 1967.

Rindler, R. "Visual horizons in world-models." *Monthly Notices of the Royal Astronomical Society* 116(1956): 662.

Rist, J. M. *Stoic Philosophy*. Cambridge: Cambridge University Press, 1969.

upon Seventeenth Century Poetry. Evanston, Ill.: Northwestern University Press, 1950.

——*Science and the Imagination*. Ithaca, N. Y.: Cornell University Press, 1956.

——*Mountain Gloom and Mountain Glory*. Ithaca, N. Y.: Cornell University Press, 1959.

——*Pepys' Diary and the New Science*. Charlottesville: University Press of Virginia, 1965.

North, J. D. *The Measure of the Universe: A History of Modern Cosmology*. Oxford: Clarendon Press, 1965.

——"Chronology and the age of the world." In *Cosmology, History,and Theology*, ed. W. Yougrau and A. D. Breck. New York: Plenum Press, 1977.

Numbers, R. L. *Creation by Natural Law: Laplace's Nebula Hypothesis in American Thought*. Seattle: University of Washington Press, 1977.

Oates, W. J. *The Stoic and Epicurean Philosophers: The Complete Extant Writings of Epicurus, Epictetus, Lucretius, Marcus Aurelius*. New York: Random House, 1940.

Olbers, H. W. M. "Ueber die Durchsichtigkeit des Weltraumes." In *Astronomisches Jahrbuch für das Jahr 1826*, ed. J. E. Bode, Berlin: Späthen;, 1823. Trans. "On the transparency of space." *Edinburgh New Philosophical Journal* 1(1826): 141.

Orchard, T. N. *Milton's Astronomy: The Astronomy of 'Paradise Lost.'* New York: Longmans, Green, 1913.

Orr, M. A. *Dante and the Early Astronomers*. London: Allan Wingate, 1956.

Pancheri, L. V. "Pierre Gassendi, a forgotten but important man in the history of physics." *American Journal of Physics* 46(1978): 455.

Paneth, E. A. "Thomas Wright of Durham." *Endevour* 9(1950): 117.

Parsons, C., ed. *The Scientific Papers of William Persons, Third Earl of Rosse*. London: Percy Lund, 1926.

Partington, J. R. "The origins of the atomic theory." *Annals of Science* 4(1939): 245.

Paterson, A. M. *The Infinite Worlds of Giordano Bruno*. Springfield, Ill.: Charles C. Thomas, 1970.

Patrizi, F. "On physical space." Trans. B. Brickman. *Journal of the History of Ideas* 4(1943): 224.

Pegg, D. T. "Night sky darkness in the Eddingon-Lemaître universe." *Monthly Notices of the Royal Astronomical Society* 154(1971): 321.

Penzias, A. A., and R. W. Wilson. "A measurement of excess antenna temperature at 4080 MHz." *Astrophysical Journal* 142(1965): 419.

Publications, 1969.

Neumann, C. *Untersuchungen über das Newton'sche Prinzip der Fernwirkung*. Leipzig: Teubner, 1896.

Newcomb, S. "Elementary theorems relating to the geometry of a space of three dimensions and of uniform positive curvature in the fourth dimension." *Journal für die Reine and Ungewandte Mathematik* 83(1877): 293.

——*Popular Astronomy*. New York: Harper, 1878.

——*The Stars: A Study of the Universe*. London: Putnam's Sons, 1901.

——*Astronomy for Everybody*. New York: MaClure, Phillips, 1902.

Newton, I. "The Optical lectures, 1670-1672." In *The Optical Papers of Isaac Newton*, vol. 1, ed. A. E. Shapiro. New York: Cambridge University Press, 1983.

——*Isaac Newton's Mathematical Principles of Natural Philosophy and His System of the World*. 2nd ed. Trans. A. Motte. 1729. Rev. F. Cajori. Berkeley: University of California Press, 1934.

——*The Mathematical Principles of Natural Philosophy*. Trans. A. Motte. Introduction I. B. Cohen. London: Dawsons, 1968.

——*Opticks or a Treatise of the Reflections, Refractions, Inflections & Colours of Light*. 4th ed. 1730. Foreword A. Einstein. Introduction E. Whittaker. Preface I. B. Cohen. New York: Dover Publications, 1952.

——*The Chronology of Ancient Kingdoms Amended*. London: 1728.

——*Unpublished Scientific Papers of Isaac Newton*. Ed. A. R. Hall and M. B. Hall. Cambridge: Cambridge University Press, 1962.

——*A Treatise of the System of the World*. Trans. I. B. Cohen. London: Dawsons, 1969.

——*The Correspondence of Isaac Newton*. Ed. H. W. Turnbull, J. F. Scott, A. R. Hall, and L. Tilling. 7 vols. Cambridge: Cambridge University Press, 1959-1977.

——*The Mathematical Papers of Isaac Newton*. Ed. D. T. Whiteside. 8 vols. Cambridge: Cambridge University Press. 1967-1981.

——*Isaac Newton's Papers and Letters on Natural Philosophy and Related Documents*. Ed. I. B. Cohen and R. S. Schofield. Cambridge, Mass.: Harvard University Press, 1958.

Nichol, J. P. *Views of the Architecture of the Heavens. In a Series of Letters to a Lady*. Edinburgh, 1838. New York: Dayton and Newman, 1842.

Nicolson, M. N. "The early stage of Cartesianism in England." *Studies in Philology* 26(1929): 356.

——"The new astronomy and English imagination." *Studies in Philology* 32(1935): 428.

——"The telescope and imagination." *Modern Philology* 32(1935): 233.

——*The Breaking of the Circle: Studies in the Effect of the "New Science"*

McColley, G. "The seventeenth century doctrine of a plurality of worlds." *Annals of Science* 1(1936): 385.
McCrea, W. H. "On the significance of Newtonian cosmology." *Astronomical Journal* 60(1955): 2718.
——"James Bradley 1693-1762." *Quarterly Journal of the Royal Astronomical Society* 4(1962): 38.
——"Willem de Sitter, 1872-1934." *Quarterly Journal of the Royal Astronomical Association* 82(1972): 178.
McCrea, W. H., and E. Milne. "Newtonian universe and the curvature of space." *Quarterly Journal of Mathematics* 5(1934): 73.
McGucken, W. *Nineteenth-Century Spectroscopy: Development of Understanding of Spectra 1802-1897.* Baltimore: Johns Hopkins Press, 1969.
McGuire, J. E., and M. Tammy. *Certain Philosophical Questions: Newton's Trinity Notebook*. New York: Cambridge University Press, 1983.
McVittie, G. C., and S. P. Wyatt. "Background radiation in a Milne universe." *Astrophysical Journal* 130(1959): 1.
Meadows, A. J. *Early Solar Physics*. Oxford: Oxford University Press, 1970.
——"The origins of astrophysics." *American Scientist*, May-June 1984, p. 269.
Meyer, K. "Ole Roemer and the thermometer." *Nature* 137(1910): 296.
Michel, P. H. *The Cosmology of Giordano Bruno*. Trans. R. E. W. Maddison. Ithaca, N. Y.: Cornell University Press, 1973.
Middleton, W. E. K. *The History of the Barometer*. Baltimore: Johns Hopkins Press, 1964.
Miller, D. G. "Ignored intellect: Pierre Duhem." *Physics Today* 19(1966): 47.
Miller P. "Newton's four letters to Bentley, and the Boyle Lectures related to them." In *Isaac Newton's Papers and Letters on Natural Philosophy, and Related Documents*, ed. I. B. Cohen and R. G. Schofield. Cambridge, Mass.: Harvard University Press, 1978.
Mills, C. E., and C. F. Brooke, eds. *A Sketch of the Life of Sir William Huggins*. London: 1936.
Milne, E. "A Newtonian expanding universe." *Quarterly Journal of Mathematics* 5(1934): 64.
Minnaert, M. *The Nature of Light and Colour in the Open Air*. Trans. H. M. Kremer-Priest. Rev. K. E. B. Jay. New York: Dover Publications, 1954.
Munitz, M. K., ed. *Theories of the Universe: From Babylonian Myth to Modern Science*. New York: Free Press, 1957.

Neugebauer, O. *The Exact Sciences in Antiquity*. New York: Dover

Lovejoy, A. O. *The Great Chain of Being: A Study of the History of an Idea.* Cambridge, Mass.: Harvard University Press, 1936.
Lubbock, C. A. *The Herschel Chronicle.* Cambridge: Cambridge University Press, 1933.
Lucretius. *Lucretius on the Nature of Things.* Trans. C. Bailey. Oxford: Clarendon Press, 1922.
——*Lucretius, with an English Translation.* Trans. W. H. D. Rouse. Cambridge, Mass.: Loeb Classical Library, 1924.
——*T. Lucreti Cari: De Rerum Natura.* Ed. W. E. Leonard and S. B. Smith. Madison: University of Wisconsin Press, 1942.
——*Titi Lucreti Cari: De Rerum Natura.* Trans. C. Bailey. Oxford: Clarendon Press, 1947.
——*The Nature of the Universe.* Trans. R. E. Latham. Harmondsworth: Penguin, 1951.

MacDonald, D. K. C. *Faraday, Maxwell, and Kelvin.* Garden City, N. Y.: Doubleday, 1964.
MacMillan, W. D. "On stellar evolution." *Astrophysical Journal* 48(1918); 35.
——"Some postulates of cosmology." *Scientia* 31(1922): 105.
——"Some mathematical aspects of cosmology." *Science* 62(1925): 63,96, 121.
MacPike, E. F. *Correspondence and Papers of Edmond Halley.* London: Taylor and Francis, 1937.
Maddison, R. E. W. *The Life of the Honorable Robert Boyle.* London: Taylor and Francis, 1969.
Mandelbrot, B. B. *The Fractal Geometry of Nature.* San Francisco: W. H. Freeman, 1982.
Manning, H. P. *The Fourth Dimension Simply Explained.* New York: Dover Publications, 1960.
Manuel, F. E. *Isaac Newton, Historian.* Cambridge, Mass.: Harvard University Press, 1963.
——*A Portrait of Isaac Newton.* Cambridge, Mass.: Harvard University Press, 1968.
——*The Religion of Isaac Newton.* Oxford: Clarendon Press, 1974.
Marsak, L. M. "Cartesianism in Fontenelle and French Science, 1686-1752." *Isis* 50(1959): 51.
Maxwell, J. C. "On physical lines of force. Part II. The theory of molecular vortices applied to electric currents." *Philosophical Magazine* 21(1861): 281.
——*The Scientific Papers of James Clerk Maxwell.* Ed. W. D. Niven. 2 vols. Cambridge: Cambridge University Press, 1890.

——*Newtonian Studies*. Cambridge, Mass.: Harvard University Press, 1965.
——*The Astronomical Revolution*: *Copernicus, Kepler, Borelli.* Trans. R. E. W. Maddison. Ithaca, N. Y.: Cornell University Press, 1973.
——*Galileo Studies*. Trans. J. Mepham. Atlantic Highlands, N. J.: Humanities Press, 1978.
Kubrin, D. "Newton and the cyclical cosmos: providence and the mechanical philosophy." *Journal of the History of Ideas* 28(1967): 325.
Kuhn, T. S. *Copernican Revolution: Planetary Astronomy in the Development of Western Thought*. Cambridge, Mass.: Harvard University Press, 1957.

Lambert, J. H. *Cosmological Letters on the Arrangement of the World-Edifice*. Trans. S. L. Jaki. New York: Science History Publications, 1976.
Lanczos, C. *Albert Einstein and the Cosmic World Order*. New York: Interscience, 1965.
Langley, S. P. *The New Astronomy*. Boston: Ticknor, 1888.
Laplace, P. S. de. *Celestial Mechanics*. Trans. N. Bowditch. 4 vols. New York: Chelsea, 1966.
Lazer, D. "The siginificance of Newtonian cosmology." *Astronomical Journal* 59(1954): 168.
Lemaître, G. "A homogeneous universe of constant mass and increasing radius accounting for the radial velocity of extra-galactic nebulae." *Monthly Notices of the Royal Astronomical Society* 91(1931): 483.
——*The Primeval Atom*: *An Essay on Cosmogony*. Trans. B. H. Korff and S. A. Korff. New York: Van Nostrand, 1951.
Lewis, C. S. *The Discarded Image*: *An Introduction to Medieval and Renaissance Literature*. Cambridge: Cambridge University Press, 1967.
Lindberg, D. C., ed. *A Source Book in Medieval Science*. Cambridge, Mass.: Harvard University Press, 1974.
——*Theories of Vision from al-Kindi to Kepler*. Chicago: University of Chicago Press, 1976.
——"The science of optics." In *Science in the Middle Ages*, ed. D. C. Lindberg. Chicago: University of Chicago Press, 1978.
——, ed. *Science in the Middle Ages*. Chicago: University of Chicago Press, 1978.
Locke, J. *An Essay Concerning Human Understanding*. Ed. P. H. Nidditch. Oxford: Clarendon Press, 1975.
Lodge, O. *The Ether of Space*. New York: Harper, 1909.
——*Ether and Reality*. New York: Doran, 1925.

1969.
——*Kant's Cosmogony: As in His Essay on the Reterdation of the Rotation of the Earth and His Natural History and Theory of the Heavens*. Trans. W. Hastie. Introduction G. J. Whitrow. New York: Johnson Reprint Corporation, 1970.

Kargon, R. *Atomism in England from Hariot to Newton*. Oxford: Clarendon Press, 1966.

Kayser, H. "Scientific worthies —— Sir William Huggins." *Nature* 69(1901): 225.

Kellogg, O. D. *Foundations of Potential Theory*. New York: Dover Publications, 1953.

Kelvin. See W. Thompson.

Kepler, J. *Johannes Kepler Gesammelte Werke*. Ed. W. von Dyck and M. Caspar. 15 vols. Munich: C. H. Beck'sche Verlagsbuchhandlung, 1937. Vol. 1, *Mysterium Cosmographicum*(1596), *De Stella Nova*(1606); Vol. 6, *Harmonices Mundi*(1619); Vol. 7, *Epitome Astronomiae Copernicanae*(1618).

——*Kepler's Conversation with Galileo's Sidereal Messenger*. Trans. E. Rosen. New York: Johnson Reprint Corporation, 1965.

——*Mysterium Cosmographicum: The Secret of the Universe*. Trans. A. M. Duncan. Introduction E. J. Aiton. New York: Abaris Books, 1981.

——"The discovery of the laws of planetary motion." Trans. J. H. Walden from *Harmonices Mundi*. In *A Source book in Astronomy*, ed. H. Shapley and H. E. Howarth. New York: McGraw-Hill, 1929.

King, H. C. *The History of the Telescope*. London: Charles Griffin, 1955.

Kirchhoff, G. "On Fraunhofer's lines." Trans. G. G. Stokes. *Philosophical Magazine* 19(1860): 195.

——"Contributions towards the history of spectrum analysis and of the analysis of the solar atmosphere." *Philosophical Magazine* 25(1863): 250.

Kirchhoff, G., and R. Bunsen. "Chemical analysis by spectrum observations." *Philosophical Magazine* 20(1860): 89.

Kirk, G. S., and J. E. Raven. *The Presocratic Philosophers*. New York: Cambridge University Press, 1966.

Klein, M. J. "Maxwell, his demon, and the second law of thermo dynamics." *American Scientist* 58(1970): 84.

M. Kline. *Mathematical Thought from Ancient to Modern Times*. New York: Oxford University Press, 1972.

Koestler, A. *The Watershed: A Biography of Johannes Kepler*. Garden City, N. Y.: Doubleday, 1960.

Koyré, A. *From the Closed World to the Infinite Universe*. Baltimore: Johns Hopkins Press, 1957.

p. 551.
——*Cosmotheros* and *The Celestial Worlds Discover'd* 1698. Reprinted, London: Frank Cass, 1968.
Hyland, D. A. *The Origins of Philosophy: Its Rise in Myth and the Pre-Socratics*. New York: Putnam, 1973.

Jacob, M. C. *The Newtonians and the English Revolution, 1689-1720.* Ithaca, N. Y.: Cornell University Press, 1976.
Jaki, S. L. "Olbers', Halley's, or whose paradox?" *American Journal of Physics* 35(1967): 200.
——*The Paradox of Olbers' Paradox*. New York: Herder and Herder, 1969.
——"New Light on Olbers' dependence on Chéseaux." *Journal for the History of Astronomy* 1(1970): 53.
——*The Milky Way: An Elusive Road for Science*. New York: Science History Publications, 1972.
——*Planets and Planetarians: A History of Theories of the Origin of Planetary Systems*. New York: Wiley, 1979.
Jammer, M. *Concepts of Force*. Cambridge, Mass.: Harvard University Press, 1957.
——*Concepts of Space: The History of the Theories of Space in Physics*. New York: Harper, 1960.
Jaspers, K. *Anselm and Nicholas of Cusa*. New York: Harcourt Brace Jovanovich, 1966.
Jeans, J. H. "The stability of a spherical nebula." *Philosophical Transactions* 199(1902): 48.
——*Astronomy and Cosmogony*. Cambridge: Cambridge University Press, 1929.
Johnson, F. R. *Astronomical Thought in Renaissance England: A Study of the English Scientific Writings from 1500 to 1645*. Baltimore: Johns Hopkins Press, 1937.
——"Gresham College: precursor of the Royal Society." *Journal of the History of Ideas* 1(1940): 413.
——"Thomas Digges and the infinity of the universe." In *Theories of the Universe*, ed. M. K. Munitz. New York: The Free Press, 1957.

Kahn, C. H. *Anaximander and the Origin of Greek Cosmology*. New York: Columbia University Press, 1960.
Kant, I. *Kant's Cosmogony*. Trans. W. Hastie. Glasgow: Maclehose, 1900.
——*Kant's Cosmogony*. Trans. W. Hastie. Introduction W. Ley. New York: Greenwood, 1968.
——*Universal Natural History and Theory of the Heavens*. Trans. W. Hastie. Introduction M. K. Munitz. Ann Arbor: University of Michigan Press,

Hubble, E. "Cepheids in spiral nebulae." *Publications of the American Astronomical Society* 5(1925): 261.

——"Extra-galactic nebulae." *Astrophysical Journal* 64(1926): 321.

——"A relation between distance and radial velocity among extra-galactic nebulae." *Proceedings of the National Academy of Sciences* 15(1929): 168.

——*The Realm of the Nebulae*. New Haven: Yale University Press, 1936.

——*The Observational Approach to Cosmology*. Oxford: Oxford University Press, 1937.

Hufbauer, K. "Astronomers take up the stellar-energy problem, 1917-1920." *Historical Studies in the Physical Sciences* 11(1981): 277.

Huggins, W. "On the spectrum of the Great Nebula in Orion." *Monthly Notices of the Royal Astronomical Society* 25(1865): 155.

——"Further observations on the spectra of some of the stars and nebulae, with an attempt to determine therefrom whether these bodies are moving towards or from the Earth, also observations on the spectra of the Sun and comets II." *Philosophical Transactions* 158(1868): 529.

——"On the spcetrum of the Great Nebula in Orion, and on the motions of some stars towards or from the Earth." *Proceedings of the Royal Society* 20(1872): 379.

——"On the photographic spectra of stars." *Proceedings of the Royal Society* 25(1876): 445.

——"Celestial spectroscopy." *British Association* 61(1891): 3. Reprinted in *Smithsonian Report* 43(1891): 69.

——"The new astronomy: a personal retrospect." *The Nineteenth Century* 41(1897): 907.

Huggins, Sir William, and Lady Margaret Huggins. *Publications of Sir William Huggins's Observatory*. Vol. 1, *An Atlas of Representive Stellar Spectra*. London: Wesley, 1899. Vol. 2, *The Scientific Papers of Sir William Huggins*. London: Wesley, 1909.

Huggins, W., and W. A. Miller. "Note on the lines in the spectra of some of the fixed stars." *Proceedings of the Royal Society* 12(1863): 444.

——"On the spectra of some of the fixed stars." *Philosophical Transactions* 154(1864): 412.

Hujer, K. "Sesquicentennial of Christian Doppler." *American Journal of Physics* 23(1955): 51.

Humboldt, A. von. *Kosmos*. 5 vols. Stuttgart: J. G. Cotta, 1845-1862. Trans. E. C. Otte. 5 vols. London: H. G. Bohn, 1848-1865.

Huygens, C. *Traité de la Lumière*(Treatise on Light). 1690. Trans. S. P. Thompson. London: Macmillan, 1912. Reprinted in *Great Books of the Western World*, vol. 34. Chicago: Encyclopaedia Britannica, 1955,

Transactions 75(1785): 213.
——"Catalogue of 500 new nebulae, nebulous stas, planetary nebulae, and clusters of stars; with remarks on the construction of the heavens." *Philosophical Transactions* 92(1802): 477.
——*The Scientific Papers of Sir William Herschel*. Ed. J. L. E. Dreyer. 2 vols. London: Royal Society and Royal Astronomical Society, 1912.
Hesse, M. B. *Force and Fields: The Concept of Action at a Distance in the History of Physics*. London: Nelson and Sons, 1961.
Hoagland, C. "The universe of *Eureka:* a comparison of the theories of Eddington and Poe." *Southern Literary Messanger* 1(1939): 307.
Hoffman, B. *Albert Einstein: Creator and Rebel*. New York: Viking, 1972.
Holden, E. S. *Sir William Herschel: His Life and Works*. New York: Scribner's Sons, 1881.
Holton, G. "Johannes Kepler's universe: its physics and metaphysics." *American Journal of Physics* 24(1956): 340.
Hooke, R. *Micrographia: Or Some Physiological Descriptions of Minute Bodies Made by Magnifying Glasses with Observations and Inquiries Thereupon*. London: Royal Society, 1665. Reprinted, New York: Dover Publications, 1961.
——*The Posthumous Works of Robert Hooke, Containing His Cutlerian Lectures, and Other Discourses*. Ed. R. Waller. 1705. Rev. ed., R. S. Westfall. New York: Johnson Reprint Corporation, 1969.
——*Philosophical Experiments and Observations of the Late Eminent Dr. Robert Hooke*. Ed. W. Derham. London: Frank Cass, 1967.
Hoskin, M. A. *William Herschel and the construction of the Heavens*. New York: Norton, 1963.
——"The cosmology of Thomas Wright of Durham. " *Journal for the History of Astronomy* 1(1970): 44.
——"Dark skies and fixed stars." *Journal of the British Astronomical Association* 83(1973): 254.
——"The 'great debate': what really happened." *Journal for the History of Astronomy* 7(1976): 1976).
——"Newton, providence and the universe of stars." *Journal for the History of Astronomy* 8(1977): 77.
——"The English background to the cosmology of Wright and Herschel." In *Cosmology, History, and Theology*, ed. W. Youngrau and A. D. Breck. New York: Plenum Press, 1977.
——"Stukeley's cosmology and the Newtonian origins of Olbers's paradox." *Journal for the History of Astronomy* 16(1985): 77.
Hoyle, F. "A new model for the expanding universe." *Monthly Notices of the Royal Astronomical Society* 108(1948): 372.
——*Frontiers in Astronomy*. London: Heinemann, 1955.

Harrison, E. R. "Visual acuity and the cone cell distribution of the retina." *British Journal of Opthalmology* 37(1953): 538.
——"Olbers' paradox." *Nature* 204(1964): 271.
——"Olbers' paradox and the background radiation in an isotropic homogeneous universe." *Monthly Notices of the Royal Astronomical Society* 131(1965): 1.
——"Why the sky is dark at night." *Physics Today* 28(1974): 69. Reprinted in *Astrophysics Today*, ed. A. G. W. Cameron. New York: *American Institute of Physics*, 1984.
——"The dark night sky paradox." *American Journal of Physics* 45(1977): 119.
——"Radiation in homogeneous and isotropic models of the universe." *Vistas in Astronomy* 20(1977): 341.
——*Cosmology: The Science of the Universe.* New York: Cambridge University Press, 1981.
——"The dark night-sky riddle: a 'paradox' that resisted solution." *Science* 226(1984): 941. Reprinted in *Astronomy and Astrophysics*, ed. M. S. Roberts. Washington, D. C.: American Association for the Advancement of Science, 1985.
——"Newton and the infinite universe." *Physics Today* 39(1986): 24.
——"Kelvin on an old and celebrated hypothesis." *Nature* 322(1986): 417.
Haskins, C. H. *The Rise of Universities.* Ithaca, N.Y.: Cornell University Press, 1957.
Heath, T. L. *Aristarchus of Samos: The Ancient Copernicus.* New York: Dover Publications, 1981.
Heninger, S. K. *The Cosmographical Glass: Renaissance Diagrams of the Universe.* San Marino, California: Huntington Library, 1977.
Herschel, J. F. W. *A Treatise of Astronomy.* London: Longmans, 1830.
——*A Preliminary Discourse on the Study of Natural Philosophy.* Philadelphia: Carey and Lea, 1831.
——"Humboldt's *Kosmos*." *The Edinburgh Review* 87(1848): 170. Reprinted in *Essays*, 1857, p. 257.
——*Outlines of Astronomy.* London: Longmans, Green. 1849.
——"Treatises on sound and light." In *Encyclopaedia Metropolitana.* London: Richard Griffin, 1854.
——*Essays from the Edinburgh and Quarterly Reviews with Addresses and Other Pieces.* London: Longman, Brown, Green, Longmans & Roberts, 1857.
——*Herschel at the Cape: Diaries ans Correspondence of Sir John Herschel, 1834-1838.* Ed. D. S. Evans, T. J. Deeming, B. H. Evans, and S. Goldfarb. Austin: University of Texas Press, 1969.
Herschel, W. "On the construction of the heavens." *Philosophical*

Gregory, R. L. *Eye and Brain: The Psychology of Seeeing*. New York: McGraw-Hill, 1966.

Gregory, R. L., and E. H. Gombrich, eds. *Illusion in Nature and in Art*. New York: Scribner's Sons, 1973.

Guericke, O. von(Ottonis de Guericke). *Experimenta Nova(ut Vocantur) Magdeburgica de Vacuo Spatio*. Amsterdam, 1672. Reprinted, Aalen: Otto Zellers Verlagsbuchhandlung, 1962.

Guerlac, H., and M. C. Jacob, "Bentley, Newton, and providence(the Boyle Lectures once more)." *Journal for the History of Ideas* 30(1969): 307.

Guillemin, A. *The World of Comets*. Ed. and trans. J. Glaisher. London: Samson Low, 1877.

Gunther, R. T. *Early Science at Oxford*. Vol. 8, *The Cutler Lectures of Robert Hooke*. Oxford: Clarendon Press, 1931.

Haber, F. C. *The Age of the World: Moses to Darwin*. Baltimore: Johns Hopkins Press, 1959.

Hahm, D. E. *The Origins of Stoic Cosmology*. Columbus, Ohio: Ohio University Press, 1977.

Hall, A. R. "Sir Isaac Newton's notebook, 1661-1665." *Cambridge Historical Journal* 9(1948): 239.

——*The Scientific Revolution 1500-1800: The Formation of the Modern Scientific Attitude*. London: Longmans, Green, 1954.

——*From Galileo to Newton 1630-1720*. New York: Harper and Row, 1963.

Hall, A. R., and M. B. Hall. *Unpublished Scientific Papers of Isaac Newton*. New York: Cambridge University Press, 1962.

Halley, E. "Philosophiae naturalis principia mathematica." *Philosophical Transactions* 16(1687): 291.

——"Monsieur Cassini and his new and exact tables." *Philosophical Transactions* 18(1694): 237.

——"An account of several nebulae or lucid spots like clouds, lately discovered among the fixt stars by help of the telescope." *Philosophical Transactions* 29(1716): 390.

——"Considerations on the change of the latitudes of some of the principal fixt stars." *Philosophical Transactions* 30(1717-1719): 736.

——"Of the infinity of the sphere of fix'd stars." *Philosophical Transactions* 31(1720-1721): 22.

——"Of the number, order, and light of the fix'd stars." *Philosophical Transactions* 31(1720-1721): 24.

——*Correspondence and Papers of Edmund Halley*. Ed. E. F. MacPike. Oxford: Clarendon Press, 1932.

Haramundanis, K., ed. *Cecilia Payne-Gaposchkin: An Autobiography and Other Recollections*. New York: Cambridge University Press, 1984.

University of California Press, 1953.

——*Dialogue Concerning Two New Sciences*. Trans. H. Crew ans A. de Salvio. New York: Dover Publications, 1954.

Gamow, G. "The evolution of the universe." *Nature* 162(1948): 680.

——*The creation of the Universe.* New York: Macmillan, 1952.

Gershenson, D. E., and D. A. Greenberg. *Anaxagoras and the Birth of Physics*. New York: Blaisdell, 1964.

Gilbert, W. *On the Magnet, Magnetick Bodies Also, and on the Great Magnet Earth: A New Physiology, Demonstrated by Many Arguments and Experiments*. Trans. S. P. Thompson. London: Chiswick Press, 1900. Reprinted, New York: Basic Books, 1958.

Gillispie, C. C. "Fontenelle and Newton." In *Isaac Newton's Papers and Letters on Natural Philosophy*, ed. I. B. Cohen and R. E. Schofield. Cambridge, Mass.: Harvard University Press, 1958.

Gimpel, J. *The Medieval Machine: The Industrial Revolution of the Middle Ages*. New York: Holt, Rinehart and Winston, 1976.

Gingerich, O. "Charles Messier and his catalog." *Sky and Telescope* 12(1953); 255, 288.

——"Johannes Kepler and the New Astronomy." *Quarterly Journal of the Royal Astronomical Society* 13(1972): 345.

——"Astronomy three hundred years ago." *Nature* 255(1975): 602.

Goldman, M. *The Demon in the Aether: The Story of James Clerk Maxwell.* Edinburgh: Harris, 1983.

Gore, J. E. *Planetary and Stellar Studies*. London: Roper and Drowley, 1888.

——*The Scenery of the Heavens: A Popular Account of Astronomical Wonders*. London: Roper and Drowley, 1890.

——*The Visible Universe: Chapters on the Origin and Construction of the Heavens*. New York: Macmillan, 1893.

——*Studies in Astronomy*. London: Chatto and Windus, 1904.

Grant, E. "Late medieval thought, Copernicus, and the scientific revolution." *Journal of the History of Ideas* 23(1962): 197.

——"Medieval and Seventeenth century conceptions of an infinite void space beyond the cosmos." *Isis* 60(1969): 39.

——*Physical Science in the Middle Ages*. New York: Wiley, 1971.

——ed. *A Source Book in Medieval Science*. Cambridge, Mass.: Harvard University Press, 1974.

——*Much Ado about Nothing: Theories of Space and Vacuum from the Middle Ages to the Scientific Revolution.* New York: Cambridge University Press, 1981.

Grant, R. *History of Physical Astronomy: From the Earliest Ages to the Middle of the Nineteenth Century*. London: Bohn, 1852.

the mean density of the universe." *Proceedings of the National Academy of Sciences* 18(1932): 213.

Enriques, F., and G. de Santillana. *Storia del Pensiero Scientifico*. Vol. 1, Il *Mono Antico*. Milan: Trevens-Treccani-Tumminelli, 1932.

Epicurus. *Epicurus: The Extant Remains*. Trans. C. Bailey. Oxford: Clarendon Press, 1926.

Fellows, O. E., and S. F. Milliken. *Buffon*. New York: Twayne, 1972.

Figala, K. "Newton as alcehemist." *Journal of the History of Science* 15(1977): 192.

Fontenelle, B. de. *A Plurality of Worlds*. Trans. J. Glanville. 1688. Reprinted, London: Nonsuch Press, 1929.

——*Entretiens sur la Pluralité des Mondes*. Ed. R. Shackleton. Oxford: Clarendon Press, 1955.

Forbes, G. "Molecular dynamics." *Nature* 32(1885): 461, 508, 601.

Force J. E. *William Whiston, Honest Newtonian*. New York: Cambridge University Press, 1985.

Fournier d'Albe, E. E. "The infra-world." *English Mechanic and World of Science*, September 14, 1906, p. 127; September 21, p. 153; September 28, p. 177; October 5, p. 201; October 12, p. 225; October 19, p. 249; October 26, p. 271.

——"The supra-world." *English Mechanic and World of Science*, March 29, 1907, p. 178; April 5, p. 202; April 12, p.224; April 19, p.248; April 26, p. 272; May 3, p. 293.

——*Two New Worlds*. London: Longmans, Green, 1907.

Frank, P. *Einstein: His Life and Times*. New York: Knopf, 1947.

Frankland, W. B. "Notes on the parallel axiom." *Mathematical Gazette* 7(1913); 136.

Friedmann, A. "On the curvature of space." Trans. B. Doyle. In *A Source Book in Astronomy and Astrophysics, 1900-1975, eds. K. R. Lang and O. Gingerich. Cambridge, Mass.: Harvard University Press, 1979.*

Gade, J. A. *The Life and Times of Tycho Brahe*. Princeton: Princeton University Press, 1947.

Gale, R. M., ed. *The Philosophy of Time: A Collection of Essays*. New Jersey: Humanities Press, 1968.

Galileo Galilei. *Le Opera de Galileo Galilei*. 20 vols. Florence: Edizione Nazionale, 1890-1909.

——*The Starry Messenger*. In *Discoveries and Opinions of Galileo*, trans. S. Drake. Garden City, N. Y.: Doubleday, 1957.

——*Dialogue Concerning the Two Chief World Systems——Ptolemaic and Copernican*. Trans. S. Drake. Foreword A. Einstein. Berkeley:

Cambridge University Press, 1906. Revised by W. H. Stahl, *A History of Astronomy from Thales to Kepler.* New York: Dover Publications, 1953.

Duhem, P. *Le Système du Monde: Histoire des Doctrines Cosmologiques de Platon à Copernic.* 10 vols. Paris: Librarie Scientifique Hermann, 1913-1959.

——*To Save the Phenomena: An Essay on the Idea of Physical Theory from Plato to Galileo.* Trans. E. Doland and C. Maschler. Chicago: Chicago University Press, 1969.

——*The Evolution of Mechanics.* Trans. M. Cole. Alphen aan den Rijn, Netherlands, 1980.

——*Medieval Cosmology: Theories of Infinity, Place, Time, Void, and the Plurality of Worlds.* Ed. and trans. R. Ariew. Chicago: University of Chicago Press, 1985.

Dunkin, E. *The Midnight Sky: Familiar Notes on the Stars and Planets.* London: Religious Tract Society, 1891.

Dyce, A. *The Works of Richard Bentley.* Vol. 3, *Sermons Preached at Boyle's Lectures.* London: Macpherson, 1838.

Eddington, A. S. *Space, Time, and Gravitation: An Outline of the General Relativity Theory.* Cambridge: Cambridge University Press, 1920.

——*The Mathematical Theory of Relativity.* Cambridge: Cambridge University Press, 1923.

——*The Internal Constitution of the Stars.* Cambridge: Cambridge University Press, 1926. Reprinted, New York: Dover Publications, 1959.

——*The expanding Universe.* Cambridge: Cambridge University Press. 1933.

Einstein, A. "Cosmological considerations on the general theory of relativity." 1917. Reprinted in H. A. Lorentz, A. Einstein, H. Minkowski, and H. Weyl, *The Principle of Relativity: A Collection of Original Memoirs on the Special and General Theory of Relativity.* trans. W. Perrett and G. B. Jeffrey. New York: Dover Publications, 1952.

——*Sidelights on Relativity.* New York: Dutton, 1923.

——*The World as I See It.* New York: Crown, 1934.

——"$E = Mc^2$. In *Out of My Later Years.* New York: Philosophical Library, 1950.

——*The Meaning of Relativity.* Princeton: Princeton University Press, 1953.

——*Relativity: The Special and General Theory.* Trans. R. W. Lawson. London: Methuen, 1955.

Einstein, A., and W. de Sitter, "On the relation between the expansion and de Vaucouleurs, G. *The Discovery of the Universe*. New York: Macmillan, 1957.

——"The case for a hierarchical cosmology." *Science* 167(1970): 1203.

DeWitt, N. W. *Epicurus and His Philosophy*. Minneapolis: University of Minnesota Press, 1954.

Dick, S. J. *Plurality of Worlds: The Origin of the Extraterrestrial Life Debate from Democritus to Kant*. New York: Cambridge University Press, 1982.

Dick, T. *Celestial Scenery; Or the Wonders of the Planetary System Displayed; Illustrating the Perfections of Deity and a Plurality of Worlds*. Brookfield, Mass.: Merriam, 1838.

——*The Sidereal Heavens and Other Subjects Connected with Astronomy*. New York: Harper, 1840.

——*The Complete Works of Thomas Dick*. 2 vols. Cincinnati: Applegate, 1850.

Digges, T. "A perfit description of the caelestiall orbes." In *Prognostication Everlastinge*. London, 1576. Reprinted in F. R. Johnson and S. V. Larkey, "Thomas Digges, the Copernican system, and the idea of the infinity of the universe in 1756." *Huntington Library Bulletin*, no.5(April 1934): 69-117.

Dijksterhuis, E. J. *The Mechanization of the World Picture*. Trans. C. Dikshoorn. Oxford: Clarendon Press, 1961.

Dobbs, B. J. T. *The Foundations of Newton's Alchemy: The Hunting of the Greene Lyon*. New York: Cambridge University Press, 1975.

Donne, J. *The Poems of John Donne*, Ed. H. H. C. Grierson. 2 vols. Oxford: Clarendon Press, 1912.

Doppler, C. "Ueber das farbige Licht des Dopplesterne und einige anderer Gestirne des Himmels"(On the colored light of the double stars and the celestial constellations). *Abhandlungen der Königlichen Böhmischen Gesellschaft der Wissenschaften*(*Proceedings of the Royal Bohemian Society of Learning*) 2(1843): 465.

Doré, G. *The Doré Illustrations for Dante's Divine Comedy*. New York: Dover Publications, 1976.

Douglas, A. V. *The Life of Arthur Stanley Eddington*. London: Thomas Nelson. 1956.

Drake, S. *Discoveries and Opinions of Galileo*. Garden City, N. Y.: Doubleday, 1957.

——*Galileo at Work: His Scientific Biography*. Chicago: University of Chicago Press, 1978.

Dreyer, J. L. E. "On the multiple tail of the great comet of 1744." *Copernicus, An International Journal of Astronomy* 3(1884): 104.

——*History of the Planetary Systems from Thales to Kepler*. Cambridge:

of Florida Press, 1965.
Copernicus, N. *On the Revolutions*. Ed. J. Dobrzycki, Trans. E. Rosen. Baltimore: Johns Hopkins University Press, 1978.
——*Revolutions of the Heavenly Spheres*. In *Great Books of the Western World*, vol. 16. Chicago: Encyclopaedia Britannica, 1952.
Cornford, F. M. "The invention of space." In *Essays in Honour of Gilbert Murray*. ed. H. A. L. Fisher. London: Allen and Unwin, 1936, p. 215.
——*Before and after Socrates*. Cambridge: Cambridge University Press, 1965.
Crombie, A. C. *Robert Grosseteste and the Origins of Experimental Science 1180-1700*. Oxford: Clarendon Press, 1953.
——*Augustine to Galileo*. Vol. 1, *Science in the Middle Ages*. Vol. 2, *Science in the Later Middle Ages and Early Modern Times*. New York: Doubleday, 1959.
Curtis, H. D. "Dimensions and structure of the Galaxy." *Bulletin of the National Research Council of the National Academy of Sciences* 2(1921): 194.
Cusa, N. *Of Learned Ignorance*. Trans. G. Heron. New Haven: Yale University Press, 1954.

Dampier, W. C. *A History of Science and Its Relations with Philosophy and Religion*. Cambridge: Cambridge University Press, 1966.
Dante, *The Comedy of Dante Alighieri: Vol. 3, Paradise*, Trans. D. Sayers and B. Reynolds. Harmondsworth: Penguin, 1962.
Davidson, W. "The cosmological implications of the recent counts of radio sources: II. An evolutionary model." *Monthly Notices of the Royal Astronomical Society* 124(1962): 79.
——"Local thermodynamics and the universe." *Nature* 206(1965): 249.
de Santillana, G. *The Crime of Galileo*. Chicago: University of Chicago Press, 1955.
Descartes, R. *Discourse on Method, Optics, Geometry, and Meteorology*. Trans. P. J. Olscamp. Indianapolis: University of Indianapolis, 1965.
——*The Philosophical Works of Descartes*. 2 vols. Trans. E. S. Haldane and G. R. T. Ross. Cambridge: Cambridge University Press, 1911.
——*Oeuvres de Descartes*. Ed. C. Adam and P. Tannery. 11 vols. 1897-1913. Revised reprint, Paris: Librairie Philosophique, J. Vrin, 1974.
de Sitter, W. "On Einstein's theory of gravitation and its astronomical consequences." *Monthly Notices of the Royal Astronomical Society* 76(1916): 49; 77(1916): 155;78(1917):3.
——"On the curvature of space." *Proceedings of the Royal Academy of Amsterdam* 20(1917): 229.
——*Kosmos*. Cambridge, Mass.: Harvard University Press, 1932.

Caspar, M. *Kepler*. Trans. and ed. C. D. Hellman. London: Abelard-Schuman, 1959.

Chambers, G. F. *Descriptive Astronomy*. Oxford: Clarendeon Press, 1867.

——*The Story of the Comets*. Oxford: Oxford University Press, 1909.

Charlier, C. V. L. "Wie eine unendliche Welt aufgebout sein kann." *Arkiv för Matematik, Astronomi och Fysik* 4, no. 24(1908).

——"How an infinite world may be built up." *Arkiv för Matematik, Astronomi och Fysik* 16, no. 22(1922).

——"On the structure of the universe." *Publications of the Astronomical Society of the Pacific* 37(1927): 53, 115; 37(1925): 177.

Chéseaux, J. P. Loys de. *Traité de Comète*. Lausanne: M. M. Bousequet, 1744.

Chincarini, G., and H. J. Rood. "The cosmic tapestry." *Sky and Telescope* 59(1980): 354.

Clagett, M. *The Science of Mechanics in the Middle Ages*. Madison: University of Wisconsin Press, 1959.

Clayton, D. *The Dark Night Sky*: *A Personal Adventure in Cosmology*, New York: Quadrangle, 1975.

Clerke, A. M. *The System of the Stars*. London: Longmans, Green, 1890.

——*A Popular History of Astronomy during the Nineteenth Century*. London: Black, 1893.

——*The Herschels and Modern Astronomy*. London: Cassell, 1901.

Clerke, A. M., A. Fowler, and J. E. Gore. *Astronomy*. New York: Appleton, 1898.

Cohen, I. B. "Roemer and the first determination of the velocity of light(1676)." *Isis* 31(1940): 327.

——"Newton in the light of recent scholarship." *Isis* 51(1960): 489.

——"Isaac Newton's *Principia*, the scriptures, and the divine providence." In *Philosophy, Science, and Method*, ed. S. Morgenbesser. New York: Martin's Press, 1969.

——The *Newtonian Revolution*: *With Illustrations of the Transformation of Scientific Ideas*. Cambridge: Cambridge University Press, 1980.

Collier, K. B. *Cosmogonies of Our Fathers: Some Theories of the Seventeenth and the Eighteenth Centuries*. New York: Columbia University Press, 1934.

Comte, A. *The Essential Comte*, ed. S. Andreski. Trans. M. Clarke. London: Croom Held, 1974.

——*Auguste Comte and Positivism: The Essential Writings*. Ed. G. Lenzer. New York: Harper, 1975.

Connor, F. W. "Poe and John Nichol: notes on a source of Eureka." In *All These to Teach*: *Essays in Honor of C. A. Robertson*, ed. R. A. Bryan, A. C. Morris, A. A. Murphree, and A. L. Williams. Gainesville: University

Bondi, H., and T. Gold, "The steady-state theory of the expanding universe." *Monthly Notices of the Royal Astronomical Society* 108(1948): 252.

Bonnor, W. "On Olbers' Paradox." *Monthly Notices of the Royal Astronomical Society* 128(1964): 33.

Born, M. *Einstein's Theory of Relativity*. New York: Dover Publications, 1962.

Boyle, R. *Selected Philosophical Papers of Robert Boyle*. Ed. M. A. Stewart. Manchester: Manchester University Press, 1979.

Bradley, J. "A letter to Dr Edmund Halley, giving an account of a new-discovered motion of the fixed stars." *Philosophical Transactions* 35(1729): 637.

Brewster, D. *Memoirs of the Life, Writings, and Discoveries of Sir Isaac Newton*. 2 vols. Edinburgh: Constable, 1855. Reprinted with introduction by R. S. Westfall, New York: Johnson Reprint Corporation, 1965.

Brickman, R. "On physical space, Francesco Patrizi." *Journal of the History of Ideas* 4(1943): 224.

Brooks, C. M. "The cosmic God: science and the creative imagination in *Eureka*." In *Poe as Literary Cosmologer. Studies on Eureka: A Symposium*, ed. R. P. Benton. Hartford, Conn.: Transcendental Books, 1975.

Bruno, G. *Jordani Bruni Nolani Opera Latine Conscripta*. 3 vols. Ed. F. Fiorentino(1879-1891). Stuttgart: Friedrich Frommann Verlag, Gunther Holzboog, 1962.

——*Gesammelte Werke*, ed. L. Kuhlenbeck. 2nd ed. Jena: Eugen Dieberichs, 1904.

Burchfield, J. D. *Lord Kelvin and the Age of Earth*. New York: Science History Publications, 1975.

Burger, D. *Sphereland: A Fantasy about Curved Spaces and an Expanding Universe*. Trans. C. J. Rheinboldt. New York: Thomas Y. Crowell, 1965.

Burnet, J. *Early Greek Philosophy*. New York: Meridian Books, 1957.

Burtt, E. A. *The Metaphysical Foundations of Modern Physical Science*. London: Routledge and Kegan Paul, 1924.

Butterfield, H. *The Origins of Modern Science 1300-1800*. New York: Macmillan, 1957.

Buttmann, G. *The Shadow of the Telescope: A Biography of John Herschel*. Trans. B. E. J. Pagel. Ed. D. S. Evens. New York: Scribner's Sons, 1970.

Cantor, G. N., and M. J. S. Hodge. *Conceptions of Ether: Studies in the History of Ether Theories 1740-1900*. New York: Cambridge University Press, 1981.

Baade, W. "A revision of the extra-galactic distance scale." *Transactions of the International Astronomical Union* 8(1952): 397.
——*Evolution of Stars and Galaxies*, ed. C. Payne-Gaposchkin. Cambridge, Mass.: Harvard University Press, 1963.
Bailey, C. *The Greek Atomists and Epicurus*. Oxford: Clarendon Press, 1928.
Ball, R. S. *In Starry Realms*. Philadelphia: Lippincott, 1892.
——*In the High Heavens*. London: Isbister, 1894.
Barnard, E. E. "On the vacant regions of the Milky Way." *Popular Astronomy* 14(1906): 579.
Beaver, H., ed. *The Science Fiction of Edgar Allan Poe*. Harmondsworth: Penguin, 1976.
Beer, A., and P. Beer, eds. *Kepler: Four Hundred Years*. Oxford: Pergamon Press, 1975.
Begbie, G. H. *Seeing and the Eye: An Introduction to Vision*. Garden City, N. Y.: Natural History Press, 1969.
Bell, A. E. *Christian Huygens and the Development of Science in the Seventeenth Century*. London: Arnold, 1947.
Bennett, J. A. "Cosmology and the magnetical philosophy, 1640-1680." *Journal for the History of Astronomy* 12(1981): 165.
Bentley, R. *A Confutation of Atheism from the Origin and Frame of the World*. London, 1693. Reprinted in *Isaac Newton's Papers and Letters on Natural Philosophy*. ed. I. B. Cohen. Cambridge, Mass.: Harvard University Press, 1958.
——*The Works of Richard Bentley*. Ed. A. Dyce. 8 vols. New York: AMS Press, 1966.
Benton, R. P., ed. *Poe as Literary Cosmologer. Studies on Eureka: A Symposium*. Hartford, Conn.: Transcendental Books, 1975.
Berendzen, R., R. Hart, and D. Seeley. *Man Discovers the Galaxies*. New York: Science History Publications, 1976.
Bernstein, J. *Einstein*. New York: Viking, 1973.
Berry, A. *A Short History of Astronomy: From Earliest Times through the Nineteenth Century*. 1989. Reprinted, New York: Dover Publications, 1961.
Bok, B. J., and P. F. Bok. *The Milky Way*. Cambridge, Mass.: Harvard University Press, 1957.
Bondi, H. *Cosmology*. Cambridge: Cambridge University Press, 1952; 2nd ed. 1960.
——"Theories of cosmology." *Advancement of Science* 12(1955): 33.
——"Astronomy and cosmology." In *What is Science?* ed. J. R. Newman. New York: Simon and Schuster, 1955.
——*The Universe at Large*. Garden City, N. Y.: Doubleday, 1959.

参考文献

Abbott, E. A. *Flatland*. New York: Dover, 1952.

Abell, G. O. *Exploration of the Universe*. New York: Holt, Rinehart and Winston, 1975.

Aiton, E. J. *The Vortex Theory of Planetary Motions*. London: Macdonald, 1972.

Alexander, H. G., ed. *The Leibniz-Clarke Correspondence, Together with Extracts from Newton's "Principia" and "Opticks."* Manchester: Manchester University, 1956.

Allerton, M. *Origin of Poe's Critical Theory*. New York: Russell and Russell, 1925.

Alpher, R. A., H. Bethe, and G. Gamow. "Tht origin of the chemical elements." *Physical Review* 73(1948): 803.

Alpher, R. A., and R. C. Herman. "Evolution of the universe." *Nature* 162(1948): 774.

Ames, J. S., ed. *Prismatic and Diffraction Spectra: Memoirs by Joseph von Fraunhofer*. New York: Harper, 1898.

Andrade, E. N. da C. "Newton." In *Newton Tercentenary Proceedings of the Royal Society*, p.3. Cambridge: Cambridge University Press, 1947.

——"Robert Hooke." *Proceedings of the Royal Society* 201A(1950): 439.

——"Doppler and the Doppler effect." *Endeavour*, January 1959, p.14.

Ariew, R. *Uneasy Genius: The Life and Work of Pierre Duhem*. Dordrecht, Holland: Nijhoff, 1984.

Aristotle. *On the Heavens(De Caelo)*. Trans. W. K. C. Guthrie. Cambridge, Mass.: Harvard University Press, 1939.

——*On the Soul*. Trans. J. A. Smith. Oxford: Clarendon Press, 1908.

——*Sense and Sensible*. Trans. J. E. Beare. Oxford: Clarendon Press, 1908.

Armitage, A. *A Century of Astronomy*. London: Samson Low, 1950.

——*Copernicus: The Founder of Modern Astronomy*. New York: Thomas Yoseloff, 1957.

——*John Kepler*. London: Faber and Faber, 1966.

——*Edmond Halley*. London: Thomas Nelson, 1966.

——*William Herschel*. London: Thomas Nelson, 1962.

Arrhenius, S. "Infinity of the universe." *The Monist* 21(1911): 161.

Ashbrook, J. *The Astronomical Scrapbook: Skywatchers, Pioneers, and Seekers in Astronomy*. New York: Cambridge University Press, 1980.

Austin, W. H. "Isaac Newton on science and religion." *Journal of the History of Ideas* 31(1970): 521.

(2) Kelvin recognized that the fraction of the sky covered by stars equals the brightness ratio of the starlit night sky and the Sun's disk. This may be demonstrated formally as shown in note 5 of Chapter 14. The radiation density u of starlight from stars out to distance r is found to be

$$u = u^* (1 - e^{-r/\lambda}) \qquad \text{(B)}$$

where $u^* = L/\pi a^2 c$ is the radiation density at the surface of a star. Hence $u = u^*$ in a distribution of stars extending beyond the background limit λ. From equations (A) and (B) we obtain

$$\alpha = u / u^* \qquad \text{(C)}$$

as recognized by Kelvin.

(3) Because the aim is to compare the apparent brightness of the starlit sky with the brightness of the Sun's disk, Kelvin considered the eclipsing of geometric disks and correctly ignored the eclipsing of diffraction disks. His remarks on this point, however, are not very clear.

(4) Relativity theory had yet to stress the universality of $E = Mc^2$, thus providing a true maximum luminous lifetime $M_\odot c^2 / L_\odot$ of order 10^{13} years, where $M_\odot$ is the mass and $L_\odot$ the luminosity of the Sun. Given even this extreme value of the luminous lifetime, Kelvin would have arrived at essentially the same conclusion.

dynamics proving that the whole life of our sun as a luminary is a very moderate number of million years, probably less than 50 million, possibly between 50 and 100. To be very liberal, let us give each of our stars life of a hundred million years as a luminary.(4) Thus the time taken by light to travel from the outlying stars of our sphere to the centre would be about three and a quarter million times the life of a star. Hence, if all the stars through our vast sphere commenced shining at the same time, three and quarter million times the life of a star would pass before the commencement of light reaching the earth from the outlying stars, and at no one instant would light be reaching the earth from more than an excessively small proportion of all the stars. To make the whole sky aglow with the light of all the stars at the same time the commencements of the different stars must be timed earlier and earlier for the more and more distant ones, so that the time of arrival of every one of them at the earth may fall within the durations of the lights at the earth of all the others! Our supposition of uniform density of distribution is, of course, quite arbitrary; and we ought in the greater sphere to assume the density much smaller than in the smaller sphere; and in fact it seems there is no possibility of having enough of stars(bright or dark) to make a total of star-disc-area more than 10^{-12} or 10^{-11} of the whole sky.

Notes

(1) This result neglects the geometric occultation of stars. The neglect may easily be remedied. The fraction of the sky covered by stars in a shell of radius q must be multiplied by the probability $\exp(-q/\lambda)$ that these stars are occulted by the stars occupying a sphere of radius q. In this expression $\lambda = 1/\pi n a^2$ is the mean free path of a light ray. Instead of Kelvin's equation (10) we obtain

$$\alpha = 1 - e^{-r/\lambda} \qquad \text{(A)}$$

for the fraction of the sky covered by stars out to distance r, as shown in note 5, Chapter 14. When the ratio r/λ is small, as assumed by Kelvin in his treatment, then

$$\alpha = r/\lambda = 3Na^2/4r^2$$

$$n = N/\left(\frac{4\pi}{3}r^3\right) \tag{9}$$

Hence (8) becomes $N.3\pi\,(a/r)^2$; and if we denote by α the ratio of the sum of the apparent areas of all the globes to 4π we have

$$\alpha = \frac{3N}{4}\left(\frac{a}{r}\right)^2 \tag{10}$$

$(1-\alpha)/\alpha$, very approximately equal to $1/\alpha$, is the ratio of the apparent area not occupied by stars to the sum of the apparent areas of all their discs. Hence α is the ratio of the apparent brightness of our star-lit sky to the brightness of our sun's disc.(2) Cases of two stars eclipsing one another wholly or partially would, with our supposed values of r and a, be so extremely rare that they would cause a merely negligible deduction from the total of (10), even if calculated according to pure geometrical optics. This negligible deduction would be almost wholly annulled by diffraction, which makes the total light from two stars of which one is eclipsed by the other, very nearly the same as if the distant one were seen clear of the other.(3)

19. According to our supposition of § § 18 we have $N = 10^9$, $a = 7\ 10^5$ kilometers, and therefore $r/a = 4.4\ 10^{10}$. Hence by (10)

$$\alpha = 3.87\ 10^{-13} \tag{11}$$

This exceedingly small ratio will help us to test an old and celebrated hypothesis that if we could see far enough into space the whole sky would be seen occupied with discs of stars all of perhaps the same brightness as our sun, and that the reason why the whole of the night-sky is not as bright as the sun's disc is that light suffers absorption in traveling through space. Remark that if we vary r keeping the density of the matter the same, N varies as the cube of r. Hence by (10) α varies simply as r; and therefore to meke α even as great as 3.87/100, or, say, the sum of the apparent areas of discs 4 per cent. of the whole sky, the radius must be $10^{11}r$ or $3.09\ 10^{27}$ kilometers. Now light travels at the rate of 300,000 kilometers per second or $9.45\ 10^{12}$ kilometers per year. Hence it would take $3.27\ 10^{14}$ or about $3\frac{1}{4}\ 10^{14}$ years to travel from the outlying suns of our great sphere to the centre. Now we have irrefragable

付録5　ケルヴィンによる古くて有名な仮説

Appendix Five

Kelvin on an Old and Celebrated Hypothesis

On ether and gravitational matter through infinite space

First published in *Philosophical Magazine*, series 6,
vol. 2, pp.161-177(1901);
reprinted in *Baltimore Lectures on Molecular Dynamics and the Wave Theory of Light*(London: Cambridge University Press, Clay & Sons, 1904), Lecture 16, pp.260-278

18. Many of our supposed thousand million stars, perhaps a great majority of them, may be dark bodies; but let us suppose for a moment each of them to be bright, and of the same size and brightness as our sun; and on this supposition and on the further suppositions that they are uniformly scattered through a sphere of radius 3.09 10^{16} kilometers, and that there are no stars outside this sphere, let us find what the total amount of starlight would be in comparison with sunlight. Let n be the number per unit of volume, of an assemblage of globes of radius a scattered uniformly through a vast space. The number in a shall of radius q and thickness dq will be $n.4\pi q^2dq$, and the sum of their apparent areas as seen from the centre will be(1)

$$\frac{\pi a^2}{q^2}n.4\pi q^2dq \text{ or } n.4\pi^2a^2dq.$$

Hence by integrating from $q = 0$ to $q = r$ we find

$$n.4\pi^2a^2r \tag{8}$$

for the sum of their apparent areas. Now if N be the total number in the sphere of radius r we have

contribute 37, 14, 5, 2, and 0.7 percent respectively to the total amount of starlight. The stars beyond 30,000 times the distance of Sirius contribute only 5×10^{-17} of the total.

(8) In this passage, which I have omitted, Olbers presents on page 120 evidence to show that the empty gaps between stars are never completely dark, even on the clearest moonless nights, because of the atmospheric scattering of starlight.

number of shells needed to cover the sky is 2×10^{15}, and the background limit is 10^{16} light-years. Olbers, unlike Chéseaux, does not calculate these results.

(5) Intersecting light rays cannot interfere with one another and scatter in the manner considered by Olbers. Rays of light entering the Gregorian telescope cross one another before being brought to a focus in the eye or on a photographic plate, whereas in the Cassegrain telescope they do not cross at an intermediate focus. The papers by Henry Kater, referred to by Olbers, claiming to have detected the effect of rays scattering one another, can be found in the *Philosophical Transactions* 103(1813): 206; *ibid.* 184(1814): 231. Olbers appears not to recognize that even should rays scatter one another in the manner supposed, radiation would not be lost but be merely redirected, and the sky would still blaze at every point with starlight.

(6) On pages 117 to 119 of his paper Olbers gives an unenlightening and arithmetically inaccurate treatment of radiative transfer, taking into account the effect of interstellar absorption. The following gives a clearer analysis. Let L_0 be the luminosity of a star(this is the energy radiated each second from its surface) and let L by this radiant energy when it has traveled distance q. Olbers uses an equation of the form

$$dy = -ydq/\mu$$

where $y = L/L_0$ and μ is the mean free path for absorption. He employs a volume absorption coefficient $a = 1/\mu$, and guesses that of every 800 rays emitted from Sirius, 1 ray is lost in traversing a distance equal to that of Sirius from the Sun. In effect he adopts an absorption limit or cut-off distance equal to 800 times the distance of Sirius, or 7,000 light-years, with Sirius at 8.6 light-years. Chéseaux assumed a much larger absorption coefficient, and his absorption limit is roughly only 33 times the distance to Sirius. When all distances are normalized to that of Sirius, Olbers's absorption coefficient is $a = 1/800 = 0.00125$, from $dy/y = -1/800$. Olbers uses a tedious procedure and finds, working to 10 places of decimals, an arithmetically incorrect value for a. In his analysis he fails to show that the star-covered sky is dark because the absorption limit is much smaller than the background limit. This is discussed in the notes to Chapter 8.

(7) The conclusion that stars at 30,000 times the distance of Sirius have a brightness equal to that of the Moon is of doubtful significance. Unlike Chéseaux, Olbers apparently fails to appreciate that all stars beyond the absorption limit contribute little to the light of the night sky. Using his value for the absorption coefficient, we note that all stars beyond 800, 1,600, 2,400, 3,200, and 4,000 times the distance of Sirius

Notes

(1) J. E. Bode, editor of *Astronomisches Jahrbuch*, published Olbers's paper in the 51st issue, 1823, containing advance astronomical information for 1826. In the following rendition I have taken note of the translation in the *Edinburgh New Philosophical Journal*(1826) and have used with slight alterations several passages in Deborah Schneider's helpful unpublished translation.

(2) In this quotation by Olbers I have taken note, but not followed exactly, W. Hastie's translation of Kant's *Universal Natural History and Theory of the Heavens* in his *Kant's Cosmogony*(1900), pp. 138-140.

(3) In this impressionistic quotation of Halley's remarks(see the opening paragraph of Halley's first 1721 paper), Olbers uses the word *Schwerpunkt*(center of gravity), a term probably unfamiliar to Halley.

(4) Olbers uses n to denote the number of first magnitude stars; to avoid confusion I have changed this symbol to N_1. The following remarks make clear Olbers's treatment. He first constructs shells of equal thickness with imaginary spheres of increasing radius. Let q_1 be the radius of the first sphere with N_1 stars supposed fixed to its surface. Each star on this sphere of ara $4\pi q_1^2$ presents a disk-area πa^2, and thus subtends a fraction $\pi a^2/4\pi q_1^2 = a^2/4q_1^2$ of the celestial sphere (the whole sky). The total fraction for N_1 stars is hence $N_1 a^2/4q_1^2$. Olbers calls the quantity $\delta = a/q_1$ the radius of a star and then confuses the discussion by referring to it as diameter. He measures distances in terms of q_1, setting q_1 (the distance of Sirius) equal to unity. The second sphere of radius q_2 (equal to $2q_1$) has N_2 stars fixed to its surface. The fraction of the sky covered by all stars on this sphere is $N_2 a^2/4q_2^2$; for uniformly distributed stars we have $N_2 = N_1 q_2^2/q_1^2$, thus yielding $N_1 a^2/q_1^2$. This result is the same as that obtained for the first sphere. We see that all spheres contribute equally, and therefore the fraction of the sky covered by the stars on m spheres, reaching out to distance $q_m = mq_1$, is

$$mN_1 a^2/4q_1^2$$

This fraction equals unity when $m = 4q_1^2/N_1 a^2$, and hence the background limit (not calculated by Olbers) is $\lambda = mq_1$, or

$$\lambda = 4q_1^3/N_1 a^2.$$

Using for N_1 a value of order 10 and for q_1 (the average separating distance between stars) a value of order 5 light-years, we find that the concave mirrors appears to have overlooked the fact that a so-called focus must be regarded not as a physical point but only as an image of the Sun or the candle flame. The corrections necessary, however, need not invalidate his conclusion that light suffers a small loss while passing through a focus. It is desirable that these interesting experiments be repeated with greater care.

Without doubt the universe is not absolutely transparent. Only the slightest degree of non-transparency suffices to refute the conclusion—so contrary to our experience—that if the fixed stars stretch away to unlimited distance, the entire sky must blaze with light. Assume, for example, that space is transparent to the extent that of every 800 rays emitted by Sirius, 799 survive after traveling a distance equal to that separating us from Sirius. This small amount of absorption in an endless star-filled universe is more than sufficient to create the conditions observed on Earth……[(6)]

We may safely say, given the assumed amount of absorption, that all stars more than 30,000 times the distance of Sirius contribute nothing to the brightness of the sky.[(7)]

But for the fact that our atmosphere has a certain brightness, even when illuminated solely by stars, the heavens would appear completely black. Because of atmospheric light the sky appears dark blue and never completely black even on the clearest nights ……[(8)]

The assumption that the light coming to us from Sirius has been weakened by one part in 800, independently of its divergence, is of course quite arbitrary. As I mentioned, I intended to show by the use of this value that a small loss of light, or an even smaller loss, would suffice to explain the observed darkness of the night sky, despite the possibility that the number of stars is infinite in endless space. The amount of non-transparency was not chosen entirely at random, however, and I believe that it corresponds quite closely to the actual amount prevailing.

The Almighty with benevolent wisdom has created a universe of great yet not quite perfect transparency, and has thereby restricted the range of vision to a limited part of infinite space. Thus we are permitted to discover some of the design and construction of the universe, of which we could know almost nothing if the remotest suns were allowed to blaze with undiminished light.

be covered with stars, but also stars will stand one behind another in endless rows covering each other from our view. Clearly, whether stars are uniformly distributed in space or clustered in widely separated systems, the same conclusion follows.

How fortunate for us that nature has arranged matters differently! How fortunate that the Earth does not receive starlight from every point of the celestial vault! Yet, with such unimaginable brightness and heat, amounting to 90,000 times more than what we now experience, the Almighty could easily have designed organisms capable of adapting to such extreme conditions. But astronomy for the inhabitants of the Earth would remain forever in a primitive state; nothing would be known about the fixed stars; only with difficulty would the Sun be detected by virtue of its spots; and the Moon and planets would be distinguished merely as darker disks against a background as brilliant as the Sun's disk.

Because the celestial vault has not at all points the brightness of the Sun, must we reject the infinity of the stellar system? Must we restrict this system of stars to one small portion of limitless space? Not at all. In our inferences drawn from the hypothesis that an infinite number of fixed stars exists, we have assumed that space throughout the whole universe is absolutely transparent, and that light, consisting of parallel rays, remains unimpaired as it propagates great distances from luminous bodies. This absolute transparency of space, however, is not only undemonstrated but also highly improbable. Because planets, which have high density, do not encounter any noticeable resistance in their motion, we should not assume that space is entirely empty. What we know of comets and their tails suggests the presence of something material in the regions they traverse. Also the matter composing comet tails, which gradually disperses, and also the matter responsible for zodiacal light provide further evidence. Even if space were quite empty, the crossing of light rays would cause small losses.(5) This can be proved not only by a priori arguments, using either Newton's or Huygen's theory of light, but also by experiments contrasting the performance of the Cassegrain and Gregorian telescopes and comparing the density of light in front of and behind the focus of spherical mirrors.*

* *Philosophical Transactions*(1813-1814). Captain Kater in calculations of the relative density of light in front of and behind the focus of

The motions of the stars actually indicate that centrifugal forces cannot be ignored. This fact alone suffices to show the inadequacy of Halley's argument; other errors also refute his argument.

Nevertheless, in spite of the inadequacies of Halley's treatment, it remains highly probable that this sublime order, extending as far as the eye can reach, continues much the same throughout infinite space. Let us try to discover arguments that might compel us to deny this hypothesis. Immediately an important objection springs to mind. If there really are suns throughout the whole of infinite space, and if they are placed at equal distances from one another, or grouped into systems like that of the Milky Way, their number must be infinite and the whole vault of heaven must appear as bright as the Sun; for every line that we can imagine drawn from our eyes would necessarily lead to some fixed star, and therefore starlight, which is the same as sunlight, would reach us from every point of the sky.

It goes without saying that experience contradicts this argument. Halley rejects the argument that with an infinite number of stars the sky must blaze as bright as the Sun at every point. But he does so on altogether erroneous grounds. He confuses the apparent and absolute magnitudes of stars, and arrives at the conclusion that the number of fixed stars increases as the square of their distance from us, whereas the space between them increases as the fourth power of distance. This conclusion is false. Let us assume that the fixed stars are uniformly distributed throughout space. We imagine a sphere, with the Sun at the center, having a radius equal to the average distance of the stars of first magnitude. Let this radius have unit value. Furthermore, let N_1 denote the number of first magnitude stars, and let δ be the radius of a star. We find that the nearest stars cover $\frac{1}{4}N_1\delta^2$ of the celestial vault.[(4)] The fixed stars at distance 2, of number $4N_1$, have an apparent diameter $\frac{1}{2}\delta$, and also cover $\frac{1}{4}N_1\delta^2$ of the celestial vault. Hence, stars at distances 1, 2, 3, 4, 5, ……, m cover equal areas of the celestial vault, and their sum

$$\frac{1}{4}N_1\delta^2 + \frac{1}{4}N_1\delta^2 + \frac{1}{4}N_1\delta^2 \cdots\cdots = \frac{1}{4}mN_1\delta^2$$

becomes infinitely great as m goes to infinity, regardless of how small is the quantity $\frac{1}{4}\delta^2$. Not only will the whole celestial vault

But did the late keen-eyed Herschel penetrate to the outer limits of the universe? Did he even succeed in approaching these limits? Who can believe that he did? Is space not infinite? Are limits to it conceivable? And is it conceivable that the omnipotence of the Creator would have left this interminable space empty? I will let the celebrated Kant speak for me:(2) "Where shall creation itself cease?" says Kant. "It is evident that in order to think of it as in proportion to the power of the Almighty, it must have no limits at all. We come no nearer to the infinitude of God's creative power by enclosing space within a sphere having the radius of the Milky Way than by limiting space to a small ball an inch diameter. All finite things possessing limits and definite relations to unity are equally far removed from infinity. It would be absurd to represent the Deity as manifesting finite creative power; it would be illogical to think of divine infinite power—that limitless storehouse of natures and worlds—existing in a permanently inactive state. Surely it seems reasonable and even necessary to regard the created universe as evidence of that power that cannot be measured by any standard whatever? For this reason the field of divine nature reveals itself as infinite as that nature itself. Eternity alone fails to embrace the manifestations of the supreme being and must be conjoined with an infinitude of space."

So reasoned Kant. Quite probably not only the portion of space that our eye has penetrated with the aid of instruments, ro may be penetrated in the future, but also endless space itself is sprinkled with suns and their accompanying planets and comets. I say "probably," but our limited reason guarantees no certainty. Indeed other parts of space may contain creations entirely different from suns, planets, and comets, having an entirely different form of light; creations perhaps altogether beyond our imagination. Halley has attempted to establish the existence of an infinity of stars. "If their number were not infinite," he says, "there would exist a center of gravity(3) at a certain point within the space occupied by the stars. All bodies in space would fly toward this point with increasing speed and the universe would thus collapse upon itself. Only because the universe is infinite can the whole maintain itself in equilibrium." Halley considered gravitational forces only and neglected centrifugal forces. If there were no fixed stars, and only our planetary system existed, the planets would not fall into the Sun.

付録4　オルバースによる夜空の闇の謎についての説明

Appendix Four

Olbers Revives the Riddle of Darkness

On the transparency of space

Submitted 7 March 1823 by Dr. Olbers of Bremen,
Astronomisches Jahrbuch für das Jahr 1826
(Berlin: C. F. E. Späthen, 1823), pp.110-121[1]

Large and small in space are of course relative only. We can imagine creatures to whom a grain of sand would seem as large as the Earth seems to us; also we can conceive of another order in which bodies surpassing planets and suns in size would seem no larger than grains of sand. For this reason it is natural for man to judge whether things are great or small according to the scale of his own body and the bodies around him. In this way man evaluates the magnitude of things and consequently views with astonishment the vastness of the universe revealed by telescopes. The distance of the Sun from the Earth is already so great that attempts have been made to render it more comprehensible by calculating the time taken for a cannon ball to travel to the Sun. Every fixed star is a sun. But the nearest star is so far away that by comparison the distance of the Sun from the Earth dwindles to almost nothing. With the naked eye we observe numerous stars of various magnitudes ranging from bright Sirius to those of sixth and seventh magnitude that can only just be detected by the sharpest eye on the clearest night. Some of these faint stars may actually be quite small; most, however, appear faint because of their great distance, and with the naked eye we perceive stars that are twelve to fifteen times farther away than those of first magnitude. Improvements in telescopes continually reveal fainter stars, even though we find it difficult to comprehend the vast distances and reaches of space revealed by Herschel in his giant telescope when he explored the heavens out to distances 1500 and even several thousand times more remote than Sirius or Arcturus.

where a is the radius of the Sun. Very slight alterations to Chéseaux's terminology have been made to avoid conflict with modern definitions.

(2) Let $L_\odot$ be the luminosity of the Sun. The "quantity of light"(or luminous flux) from the Sun is $F_\odot = L_\odot / 4\pi q_\odot^2$, where $q_\odot$ represents the distance of the Sun from the Earth. The flux from a star of similar luminosity at distance q is $L_\odot / 4\pi q^2$, or $F_\odot (q_\odot / q)^2$, as stated by Chéseaux.

(3) The Cartesian planetary vortices filled the whole of interstellar space, and the diameter of a vortex was therefore a measure of the separating distance between stars. Chéseaux's shells have a thickness equal to the average separating distance between stars and each consists of a single layer of planetary vortices.

(4) Let $d = 2a$ be the actual diameter of a star. A star at distance q has an apparent or angular diameter d/q. Chéseaux assumes without comment that stars are uniformly distributed; hence the number contained in a shell is proportional to q^2, as he states. The luminous flux from a layer at distance q is proportional to the number of stars contained in that layer multiplied by the square of the apparent diameter $(d/q)^2$ of each star. The flux from a layer is hence proportional to q^2 multiplied by $(d/q)^2$, and is therefore independent of the value of q.

(5) Chéseaux states that the luminous flux from a layer equals the number of contained stars multiplied by $F_\odot (q_\odot / q)^2$. The nearest layer contains approximately 10 first magnitude stars at a distance 200,000 times the distance of the Sun, and the flux from this layer is $\frac{1}{4} \times 10^{-9}$ times the flux $F_\odot$ from the Sun. The solid angle of the celestial sphere is roughly 1.8×10^5 times that of the Sun, and Chéseaux argues that the number of shells is therefore $1.8 \times 10^5 \times 4 \times 10^9 = 7.2 \times 10^{14}$.

(6) If light is diminished by one thirty-third each time it passes through a layer, then in effect almost no light comes to us from layers farther away than 33 times the distance of the nearest stars. See note 1, Chapter 8.

(7) Angular notation in the sexagesimal system is degrees, minutes, seconds, 1/60th seconds, 1/3600th seconds.

(8) Bouguer's published work of 1729 is translated into English by W. E. Knowles Middleton in *Pierre Bouguer's Optical Treatise on the Gradation of Light* (University of Toronto Press, Toronto, 1961). See also Stanley Jaki's informative chapter 5 in *The Paradox of Olbers' Paradox*(1969).

less than that of the most brilliant stars. Using the same procedure as before, I found that the apparent diameter of the fixed stars of first magnitude is slightly more than 1/131 of a second of arc. On the average the diameter of these stars is 1/125 of a second of arc, or[7] $0^\circ\ 0'\ 0''\ 0'''\ 28^{iv}\ 48^{v}$. I compared this value with the diameter of the Sun, used 15″ for the parallax of the Sun, and employed the method used by the learned academician Mr. Bouguer for determining the opacity of water in his essay on the gradation of light.[8] This procedure gave me, with hardly any other help, all my results, except for the hypothesis I was obliged to make concerning the amount of light sent by the stars in the first layer compared with the amount sent by the entire firmament. The diameter of Jupiter at perigee is 50", also its distance from the Sun is 5 times the Moon's distance from the Sun; consequently the intensity of its light is 7,500,000 times weaker than that of the Sun or fixed stars. From the apparent diameter of $0^\circ\ 0'\ 0''\ 0'''\ 28^{iv}\ 48^{v}$ of the first magnitude stars, the brilliance of Jupiter(in these circumstances) would equal that of 5 such stars, or 2/5 or 1/3 of all first magnitude stars taken together. Now the brilliance of that planet seemed to me—as well as I could judge by rough experiments comparing certain objects illumined by a section of the firmament with those same objects illumined by the planet—to be approximately one 50th that of an entire hemisphere, or one 100th that of the whole firmament. From this I concluded that the latter—the light of the entire firmament—to be 33 times greater than that from stars of first magnitude in the first layer. The brilliance of Venus at half phase, at its mean distance, seems four times greater than the brilliance of Jupiter, and therefore, according to this hypothesis, is one twelfth the brilliance of an entire hemisphere.

Notes

(1) In this rendition into English I have used parts of Debbie Van Dam's helpful unpublished translation. Chéseaux uses the term "force" for either the intensity or the flux. We note that intensity(flux per unit solid angle) as defined nowadays does not vary with distance from a point source, whereas the flux F (energy incident per unit time per unit area) varies as the inverse of the square of distance. If $I_\odot$ denotes the intensity of the Sun's radiation, the flux at distance q is $F_\odot = \pi\ I_\odot\ a^2/q^2$,

the square of the distance of the first layer of stars divided by the number of stars in that layer,[(5)] that is, approximately the ratio of 1 to 4,000,000,000. From this argument it follows that if starry space is infinite, or only larger than the volume occupied by the Solar System and the first-magnitude stars by the ratio of the cube of 760,000,000,000,000 to 1, each bit of the sky would appear as bright to us as any bit of the Sun, and therefore the amount of light received from each celestial hemisphere—one above and the other below the horizon—would be 91,850 times greater than what we receive from the Sun. The enormous difference between this conclusion and experience demonstrates either that the sphere of fixed stars is not infinite but actually incomparably smaller than the finite extension I have supposed, or that the force of light decreases faster than the inverse square of distance. This latter supposition is quite plausible; it requires only that starry space is filled with a fluid capable of intercepting light very slightly. Even If this fluid were 330,000,000,000,000,000 times more transparent or thinner than water, this would suffice to weaken the force of light by one thirty-third as it passes through each layer. All the light sent to us beyond the layers closest to our vortical system would be gradually absorbed to the point where the total amount of light from one hemisphere is reduced to 1 part in 430,000,000 the amount of light from the Sun, or to an amount only 33 times greater than the light received from the dim globe of the new Moon lighted by the Earth.[(6)]

No doubt you will think that the numbers I have used were chosen by guesswork. This is true, but my conjectures were not entirely arbitrary, at least not the distance to the fixed stars of first magnitude. I have estimated this distance to be 240,000 times greater than the distance of the Sun according to certain principles. On May 16, 17, and 18, 1743, at the time of the conjunction of Mars with Saturn, I noticed that their brilliance exceeded that of any fixed star of first magnitude, even of Sirius. By considering their distances from the Earth and the Sun, their apparent size and dichotomous shape, and the brightness of their light compared with that of the Moon and Sun, I determined that the apparent diameter of a star of first magnitude is less than 1/119 of a second of arc. During the conjunction of Mars with Jupiter on June 1 and 2, the brilliance of Mars seemed equal to that of Regulus, or a little

付録3　シェゾーによる夜空の闇の謎についての説明

Appendix Three

Chéseaux Explains the Riddle of Darkness

On the force of light and its propagation in the ether, and the distances to the fixed stars

Traité de la Comète qui a Paru en Décembre 1743 & en Janvier, Février & Mars 1744

(Lausanne: Bousquet et Compagnie, 1744), appendix 2, pp.223-229[1]

If all the fixed stars were so many Suns, similar and equal to our own, when placed at the same distance they would have the same apparent size and luminocity as the Sun, and would send the same amount of light to us. According to a proposition in optics the amount of light sent to us by a star, no matter how far from the Earth, equals the direct ratio of the square of its apparent diameter to the square of that of the Sun, or the inverse ratio of the square of its distance to the square of that of the Sun.[2] Let us now imagine that all of starry space is divided into concentric spherical layers of approximately constant thickness equal to the diameter of the vortex[3] of the planetary system of each star; also let the number of stars in a layer be approximately proportional to the surface area of that layer, or to the square of its distance from the Sun, with the Sun taken as the center of the starry heavens; finally, let the actual diameter of each star be approximately equal to that of the Sun. As I have said, we will find that the amount of light that is sent to us by the stars in any single layer is proportional to the sum of the squares of their apparent diameters, that is, proportional to the number of stars in each layer multiplied by the square of the apparent diameter of any of these stars, or in accordance with what I have just said, proportional to the square of the distance of a layer divided by this same square;[4] and thus the amount of light is the same from all layers. The amount of light from each layer equals the amount we receive from the Sun times the ratio of the square of the distance of the Sun from the Earth to solution remains as obscure as in the first paper.

having a thickness equal to the separating distance between neighboring stars. Now, the number of stars occupying a shell is proportional to its surface area and hence proportional to the square of the radius of the shell, and therefore it is not clear why Halley thought the number of contained stars must be proportional to the fourth power.

(4) Halley knew that the apparent disk-area of an individual star and the light received from it diminish in proportion to the inverse square of distance. He also knew that the *apparent* separating distance between neighboring stars diminishes as the inverse of distance. The apparent disk-area thus decreases faster than the apparent separating distance, and he incorrectly concluded that this simple geometric fact explains why the gaps between stars remain unfilled and why the heavens are dark. It seems in this confused argument that he failed to realize that in each shell we must compare the apparent disk-area of the stars with their apparent separating area. Because the number of stars in a shell is proportional to the square of the shell's distance, and because the light received from a star, like the apparent disk-area of a star, is proportional to the inverse square of distance, we see that all shells contribute equal amounts of light and star-coverage.

(5) Possibly Halley realized that his geometrical argument might fail to convince. This may explain why he fell back on the intuitive argument previously used by Thomas Digges, stating that the light from distant stars is "not sufficient to move our Sense." Like Digges, but with less excuse, he overlooked the accumulative effect of many small sources.

(6) The immediate neighbors in two-dimensional and three-dimensional uniform arrays cannot have identical separations. Newton considered this problem in the case of stars after corresponding with Bentley in 1692-1693(see Michael Hoskin, "Newton, providence and the universe of stars," 1977). It is difficult to understand why a practical man like Halley bothered with so profitless a geometrical investigation. An analogous situation exists when grains of sand are scattered more or less uniformly on the floor; in this case we may discuss the average separating distance of grains and also their number per unit area, and remain quite unconcerned with the geometrical problem of why all neighboring grains cannot have identical separations. A few lines later Halley becomes more practical and comments on the fact that the brightest stars have unequal spacings in the sky.

(7) John Herschel confirmed that stars of the first magnitude are 100 times brighter than those of the sixth magnitude.

(8) Halley's second paper clarifies certain parts of his first paper, which may be the reason why he wrote it. But it fails to provide an acceptable analysis of the riddle, and to the attentive reader the proposed

be seen. If therefore the Number of them be supposed *Thirteen*, omitting Niceties in a Matter of such Irregularity, at twice the distance from the Sun there may be placed four times as many, or 52; which, with the same allowance, would nearly represent the number of the Stars we find to be of the 2d magnitude: so 9 × 13, or 117, for those at three times the distance: and at ten times the distance 100 × 13 or 1300 Stars; which distance may perhaps diminish the light of any of the Stars of the first magnitude to that of the sixth, it being but the hundredth part of what, at their present distance, they appear with.(7) But if, since we have room enough for it, we should suppose the Sphere continued to 10 times the last, or 100 times the first distance, the number of Stars would be 130 000, and they would appear but with the 10 000th part of the Light of a first magnitude Star, as we now see it. This is so small a pulse of Light, that it may well be questioned, whether the Eye, assisted with any artificial help, can be made sensible thereof. But 100 times the distance of a Star we see, is still Finite: from whence I leave those that please to consider it attentively, to draw the Conclusion.(8)

Notes

(1) In "Dark skies and fixed stars"(1973) Michael Hoskin points out that the *Journal Book* of the Royal Society records that Halley read his two papers on March 9 and 16, 1721.

(2) These comments by Halley recall the discussion in the Newton-Bentley correspondence on the gravitational equilibrium and stability of the universe. Newton realized that the assumed state of equilibrium of an unbounded distribution of self-gravitating matter is unstable. Almost all theoreticians until the early decades in this century, including James Jeans, who made a study of this subject, agreed with Newton. Halley alone incorrectly supposed that the equilibrium state of an unbounded self-gravitating system is stable. The theory of general relativity has shown that an unbounded, uniform, self-gravitating system has in fact no equilibrium state, either stable or unstable. An equilibrium state can be contrived by means of a "cosmological term," as in the Einstein static universe, and this state is unstable.

(3) "To biquadrate," a term in use since 1694, means to raise to the fourth power. Halley's second paper shows more clearly that he imagined the stars occupying shells constructed from spherical surfaces, each shell

freely to consider the nature of Infinite, which perhaps the very narrow limits of humane Capacity cannot attain to.

Since then, I have attentively examined what might be the consequence of an Hypothesis, that the Sun being one of the Fixt Stars, all the rest were as far distant from one another, as they are from us; and by a due calculation I find, that there cannot, upon that Supposition, be more than 13 Points in the Surface of a Sphere, as far distant from the Center of it, as they are from one another; and I believe it would be hard to find how to place thirteen Globes of equal magnitude, so as to touch one another in the Center: for the twelve Angles of the *Icosaedron* are from one another very little more distant than from its center; that is, the side of the Triangular Base of that Solid, is very little more than the Semidiameter of the circumscribed Sphere, it being to it nearly as 21 to 20; so that it is plain that somewhat more than twelve equal Spheres may be posited about a middle one; but the Spherical Angles or Inclinations of the planes of these Figures being incommensurable with the 360 degrees of the Circle, there will be several interstices left, between some of the Twelve, but not such as to receive in any part the thirteenth Sphere.(6)

Hence it is no very improbable Conjecture, that the number of the Fixt Stars of the first magnitude is so small, because this superior appearance of Light arises from their nearness; those that are less shewing themselves so small by reason of their greater distance. Now there are in all but sixteen Fixt Stars, in the whole number of them, that can indisputably be accounted of the first magnitude; whereof four are *extra Zodiacum*; viz. *Capella*, *Arcturus*, *Lucida Lyrae*, and *Lucida Aquilae*, to the *North*; four in the way of the *Moon* and *Planets*, to wit, *Palilicium*, *Cor Leonis*, *Spica*, and *Cor Scorpii*; and five to the *Southward*, that are seen in England, viz. The *Foot* and Right *Shoulder* of *Orion*, *Sirius*, *Procyon*, and *Formalhaut*; and there are three more that never rise in our Horizon, viz. *Canopus*, *Acharnâr*, and the *Foot* of the *Centaur*. But that they exceed the number Thirteen, may easily be accounted for from the different magnitudes that may be in the Stars themselves; and perhaps some of them may be much nearer to one another, than they are to us; this excess of Number being found singly in the Signs of *Gemini* and *Cancer*. And indeed within 45 degrees of Longitude, or one 8th of the whole, there are no less than *five* of these *sixteen* to

Years, or Ages, can compleat it. Another Argument I have heard urged, that if the number of Fixt Stars were more than finite, the whole superficies of their apparent Sphere would be luminous, for that those shining Bodies would be more in number than there are Seconds of a Degree in the *area* of the whole Spherical Surface, which I think cannot be denied. But if we suppose all the Fixt Stars to be as far from one another, as the nearest of them is from the Sun; that is, if we may suppose the Sun to be one of them, at a greater distance their Disks and Light will be diminish'd in the proportion of Squares, and the Space to contain them will be increased in the same proportion; so that in each Spherical Surface the number of Stars it might contain, will be as the Biquadrate of their distances.(3) Put then the distances immensely great, as we are well assured they cannot but be, and from thence by an obvious *calculus*, it will be found, that as the Light of the Fix'd Stars diminishes, the intervals between them decrease in a less proportion, the one being as the Distances, and the other as the Squares thereof, reciprocally.(4) All to this, that the more remote Stars, and those far short of the remotest, vanish even in the nicest Telescopes, by reason of their extream minuteness; so that, tho' it were true, that some such Stars are in such a place, yet their Beams, aided by any help yet known, are not sufficient to move our Sense; after the same manner as a small Telescopical fixt Star is by no means perceivable to the naked Eye.(5)

Second Paper

Of the Number, Order, and Light of the Fix'd Stars

Read before the Royal Society in March 1721,
published in the *Philosophical Transactions*(1720-1721)

At the last meeting of the Society, I adventured to propose some Arguments, that seemed to me to evince the Infinity of the Sphere of Fixt Stars, as occupying the whole Abyss of Space, or the τὸ πᾶυ, which at present is generally understood to be necessarily Infinite; and thence I laid before you what may seem a very *Metaphysical Paradox, viz.* That the number of Fixt Stars must then be more than any finite Number, and some of them more than at a finite distance from others. This seems to involve a Contradiction, but it is not the only one that occurs to those who have undertaken

付録2　ハレーによる恒星天球の無限についての説明

Appendix Two

Halley on the Infinity of the Sphere of Stars

First Paper

Of the Infinity of the Sphere of Fix'd Stars

Read before the Royal Society in March 1721, published in the *Philosophical Transactions*(1720-1721)[(1)]

The System of the World, as it is now understood, is taken to occupy the whole *Abyss* of *Space*, and to be as such actually infinite; and the appearance of the Sphere of Fixt Stars, still discovering smaller and smaller ones, as you apply better Telescopes, seems to confirm this Doctrine. And indeed, were the whole System finite; it, though never so extended, would still occupy no part of the *infinitum* of Space, which necessarily and evidently exists; whence the whole would be surrounded on all sides with an infinite *inane*, and the superficial stars would gravitate towards those near the center, and with an accelerated motion run into them, and in process of time coalesce and unite with them into one. And, supposing Time enough, this would be a necessary consequence. But if the whole be Infinite, all the parts of it would be nearly *in aequilibrio*, and consequently each fixt Star, being drawn by contrary Powers, would keep its place; or move, till such time, as, from such an *aequilibrium*, it found its resting place; on which account, some, perhaps, may think the Infinity of the Sphere of Fixt Stars no very precarious Postulate.[(2)]

But to this I find two Objections, which are rather of a Metaphysical than Physical Nature; and first, this supposes, as its consequent, that the number of Fixt Stars is not only indefinite, but actually more than any finite Number; which seems absurd *in terminis*, all Number being composed of Units, and no two Points or Centers being at a distance more than finite. But to this it may be answer'd, that by the same Argument we may conclude against the possibility of eternal Duration, because no number of Days, or

Notes

(1) This follows the reproduction by Francis R. Johnson and Sandford V. Larkey in "Thomas Digges, the Copernican system, and the idea of the infinity of the universe in 1576," *The Huntington Library Bulletin*(1934): 83-95. Johnson and Larkey write: "This treatise on the Copernican system of the universe was clearly intended by Digges as a sort of stop-gap until he could publish a more important work he was writing. He explains at the beginning of his preface that, while preparing this new edition of his father's *Prognostication*, he noticed its plan of the universe was according to the old Ptomlemaic system, and he had been unwilling to let that be reprinted without inserting also a diagram and description of the universe according to the new Copernican theory, 'to the ende such noble English minds (as delight to reache above the baser sort of men) might not be altogether defrauded of so noble a part of Philosophy.'"

Digges used astronomical symbols to denote the planets, Sun, and Moon; Johnson and Sandford replace these symbols with proper names, and insert an asterisk to show that a change has been made; I have omitted these asterisks.

(2) In the omitted two pages Digges compares the Ptolemaic and Copernican systems.

(3) *According to whose measures may the deities be set in motion and the orbs receive the laws and preserve the prescribed agreements.*

(4) *We set out from the harbor, lands and cities recede from view.* I am indebted to Professor Rex Wallace for translations in notes 3 and 4.

proper to the whole as streighte is only vnto partes, we may say that circulare doth rest with streighte as *Animall cum Aegro.* And whereas *Aristotle* hath dystrybuted *Simplicem motum* into these thre kyndes *A medio. ad medium,* and *Circa medium,* it must be onely in reason and imagination, as wee likewise seuer in consideration Geometricall a poincte, a line, and a superficies, whereas in deede neither can stand without other, ne any of them without a bodye.

Heereto wee may adioyne that the condition of immobilitye is more noble and diuine then y^t of chandge, alteration, or instabilitye, & therefore more agreeable to Heauen then to this Earth where al thinges are subject to continual mutability. And seeinge by euident proofe of Geometricall mensuration wee finde that the Planets are sometimes nigher to vs and sometimes more remote, and that therefore euen the mainteyners of the Earthes stability are enforced to confesse that the Earth is not their Orbes Centre, this motion *Circa medium* must in more generall sort bee taken and that it maie bee vnderstande that euery Orbe hath his peculiare *Medium* and Centre, in regarde whereof this simple and vniforme motion is to bee considered. Seinge therefore that these Orbes haue seuerall Centres, it may be doughted whether the Centre of this earthly Grauity be also the Centre of the worlde. For Grauity is nothinge els but a certaine procliuitye or naturall coueting of partes to be coupled with the whole, whiche by diuine prouidence of the Creator of al is giuen & impressed into the parts, y^t they should restore themseules into their vnity and integritie concurringe in sphericall fourme, which kinde of propriety or affection it is likelye also that the Moone and other glorious bodyes wante not to knit & combine their partes together, and to mainteyne them in their round shape, which bodies notwithstandinge are by sundrye motions, sundrye wayes conueighed. Thus as it is apparant by these natural reasons y^t the mobility of the Earth is more probable and likelye then the stabilitye. So if it bee Mathematically considered and wyth Geometricall Mensurations euery part of euery *Theoricke* examined: the discreet Student shall fynde that *Copernicus* not without greate reason did propone this grounde of the Earthes Mobility.

reason wayed his Motion is found mixt of right and circulare. For sutch thinges as naturally fall douneward beinge of earthly nature there is no doubt but as partes they retayne the nature of the whole. No otherwise is it of these things that by fiery force are carried vpward. For the earthly fyer is cheefly noorished wyth earthly matter, and flame is defined to be nought els but a burninge fume or smoke and the propertye of fyer is to extende the subject whereunto it entereth, the whiche it doth with so greate violence as by no meanes or engines it canne be constrayned but that with breache of bandes it will perfourme his nature. This motion extensiue is from the Centre to the circumference, so that if any earthly part be fiered, it is carryed violently vpward. Therefore whereas they say that of simple bodyes the motion is altogether simple, of the circulare it is cheefely verified, so longe as the simple bodye remayneth in his naturall place and perfit vnity of composition, for in the same place there can bee no other motion but circulare, whiche remayninge wholye in it selfe is most like to rest and immobility. But right or streight motion only happen to those thinges that stray and wander or by anye meanes are thrust out of their natural place. But nothing can bee more Repugnaunte to the fourme and Ordinance of the world, then that thinges, naturally should be out of their naturall place. This kinde of motion therefore that is by right line is only accident to those things that are not in their right state or perfection naturall, while partes are disioyned from their whole bodie, and couet to retourne to the vnity thereof againe. Neither do these thinges which are carryed vpwarde or downwarde besides this circular mouinge make anye simple, vniforme, or equall motion, for with their leuity or ponderositye of their body they cannot be tempered but alwaies as they fall(beginninge slowly) they increase their motion, and the farder y[e] more swiftly, whereas contrariwise this our earthly fier(for other wee cannot see) we may behould as it is carryed vpwarde to vanish and decay as it were confessinge the cause of violence to proceede only from his matter *Terrestriall.* The circulare motion alwaye contynueth vnyforme and equall by reason of his cause whiche is indeficient and alway continuinge. But the other hasteneth to ende and to attayne that place where they leaue lenger to be heuye or lighte, and hauinge attayned that place, theyr motion ceaseth. Seinge therefore this circulare motion is

Virgilian Æneas shoulde say.

Prouehimur portu, terræque vrbesque recedunt[4]

For a shippe carryed in a smoothe Sea with sutch tranquility dooth passe away, that al thinges on the shores and the Seas to the saylers seeme to mooue and themselues onely quietly to rest with all sutche thinges as are aboorde them, so surely may it bee in the Earth whose Motion beinge naturall and not forcible of all other is most vniforme and vnperceaueable, whereby too vs that sayle therein the whole worlde maye seeme too roull about. But what shall wee then saye of Cloudes and other thinges hanginge or restinge in the ayre or tendinge vpward, but that not only the Earth and Sea makinge one globe but also no small part of the ayre is likewyse circularly carried and in like sort all sutche thinges as are deriued from them or haue any maner of aliance with them. Either for that the lower Region of the ayre beinge mixte with Earthlye and watrye vapours folowe the same nature of the Earth. Eyther that it be gayned and gotten from the Earth by reason of *Vicinity* or *Contiguity*. Whiche if any man merueyle at, let him consider howe the olde Philosophers did yeelde the same reason for the reuolution of the highest Region of the ayre, wherein we may sometime behoulde Comets carryed circularly no otherwise then the bodies Celestial seeme to bee, and yet hath that Region of the ayre lesse conuenience with the Orbes Celestiall, then this lower part with the earthe, But we affyrme that parte of the aire in respect of his great distance to be destitut of this Motion *Terrestriall*, and that this part of the ayre that is next to ye Earthe dooth appeare moste still and quiet by reason of hys vniforme naturall accompanyinge of the Earth, and lykewyse thinges that hange therein, onelesse by windes or other violent accident they be tossed to and fro. For the wynde in the ayre, is nothinge els but as the waue in the Sea: And of thinges ascēdinge and descendinge in respect of the worlde we must confesse them to haue a mixt motion of right & circulare, albeit it seeme to vs right & streight, No otherwise then if in a shippe vnder sayle a man should softly let a plūmet downe from the toppe alonge by the maste euen to the decke: This plummet passing alwayes by the streight maste, seemeth also too fall in a righte line, but beinge by discours of

greater then yᵉ Earth. Is therefore the Heauen made so huyge in quantitye that yt might wyth vnspeakeable vehemencye of motion bee seured from the Centre, least happily restinge it shoud fall, as some Philosophers haue affirmed: Surelye yf this reason shoulde take place, the Magnitude of the Heauen shoulde infinitely extende. For the more this motion shoulde violentlye bee carryed higher, the greater should the swiftnes be, by reason of the increasing of the circumferēce which must of necessity in 24. houers bee paste ouer, and in lyke maner by increase of the motion the Magnitude muste also necessarilye bee augmented. Thus shoulde the swiftnes increase the Magnitude and the Magnitude the swiftnes infinitely: But according to that grounde of nature whatsoeuer is infinite canne neuer be passed ouer. The Heauen therefore of necessity must stande and rest fixed. But say they without the Heauen there is no body, no place, no emptynes, no not any thinge at all whether heauen should or could farther extende. But this surelye is verye straunge that nothinge shoulde haue sutche efficiente power to restrayne some thinge the same hauinge a very essence and beinge. Yet yf wee would thus confesse that the Heauen were indeede infinite vpwarde, and onely fynyte downewarde in respecte of his sphericall concauitye, Mutch more perhappes might that sayinge be verified, that without the Heauen is nothinge, seeinge euerye thinge in respect of the infinitenes thereof had place sufficient within yᵉ same. But then must it of necessity remaine immoueable. For the cheefest reason that hath mooued some to thincke the Heauen limited was Motion, whiche they thoughte without controuersie to bee in deede in it. But whether the worlde haue his boundes or bee in deed infinite and without boundes, let vs leaue that to be discussed of Philosophers, sure we are yᵗ the Earthe is not infinite but hath a circumference lymitted, seinge therefore all Philosophers consent that lymitted bodyes maye haue Motion, and infinyte cannot haue anye. Whye dooe we yet stagger to confesse motion in the Earth beinge most agreeable to hys forme and nature, whose boundes also and circumference wee knowe, rather then to imagyne that the whole world should sway and turne, whose ende we know not, ne possibly can of any mortall man be knowne. And therefore the true Motion in deede to be in the Earth, and the apparāce only in the Heauen: And that these apparances are no otherwise then yf the attribute the right or streyghte motion, and to the heauens only it is proper circularly aboute this meane or Center to be turned rownde. Thus much *Aristotle.* Yf therefore saith *Ptolomy* of *Alexandria* the earth should turne but only by ye dayly motion, thinges quite contrary to these should happen. For his motion should be most swift and violent that in .24. howres should let passe the whole circuite of the earth, and those things whiche by sodaine toorninge are stirred, are altogether vnmeete to collecte, but rather to disperse thinges vnited, onelesse they shoulde by some firme fasteninge be kept toogether. And longe ere this the Earthe beinge dissolued in peeces should haue been scattered through ye heauens, which were a mockery to thincke of, and much more beastes and all other waights that are loose could not remayne vnshaken. And also thinges fallinge should not light on the places perpendiculare vnder theym, neyther shoulde they fall directly thereto, the same beinge violentlye in the meane carryed awaye. Cloudes also and other thynges hanginge in the ayre shoulde alwayes seeme to vs to bee carried towarde the West.

The Solution of these Reasons with their insufficiencye.

These are ye causes and sutch other wherwith they approue ye Earthe to reste in the middle of the worlde and that out of all question: But hee that will mainteyne the Earthes mobility may say that this motion is not violent but naturall. And these thinges whyche are naturally mooued haue effectes contrary to sutch as are violentlye carried. For sutche motions wherein force and vyolence is vsed, muste needes bee dissolued and cannot be of longe continuance, but those which by nature are caused, remayne stil in their perfit estate and are conserued and kepte in their moste excellent constitution. Without cause therefore did *Ptolomey* feare least the Earth and all earthelye thynges shoulde bee torne in peeces by thys reuolution of the Earthe caused by the woorkinge of nature, whose operations are farre different from those of Arte or sutche as humayne intelligence may reache vnto. But whye shoulde hee not mutch more thincke and misdought the same of the worlde, whose motion muste of necessity be so mutche more swift and vehemente then this of the Earth, as the Heauen is

cannot but be nowe very imperswasible, I haue thought good out of *Copernicus* also to geue a taste of the reasons philosophicall alledged for the earthes stabilitye, and their solutions, that sutch as are not able with *Geometricall* eyes to beehoulde the secret perfection of *Copernicus Theoricke*, maye yet by these familiar, naturall reasons be induced to serche farther, and not rashly to condempne for phantasticall, so auncient doctrine reuiued, and by *Copernicus* so demonstratiuely approued.

* Text reads *andte y in*——obviously a printer's error.

VVhat reasons moued Aristotle and others that folovved him to thincke the earth to rest immoueable as a Centre to the vvhole vvorlde.

The most effectuall reasons that they produce to proue the earthes stability in the middle or lowest part of the world, is that of Grauity and Leuitye. For of all other the Elemente of the earth say they is most heauy, and all ponderous thinges are carryed vnto it, stryuinge as it were to sway euen downe to the inmoste parte thereof. For the earth beinge rounde into the which all waighty thinges on euery side fall, makinge ryghte angles on the superficies, muste neades if they were not stayde on the superficies passe to the Center, seinge euery right line y[t] falleth perpendicularly vpon the *Horizon* in that place where it toucheth the earth muste neades passe by the Centre. And those thinges that are carried towarde that *Medium*, it is likely that there also they woulde reste. So mutche therefore, the rather shall the Earth rest in the middle, and(receyuinge all thinges into yt selfe that fall) by hys owne wayghte shall be moste immoueable: Agayne they seeke to proue it by reason of motion and his nature, for of one and the same a simple body the motion must also be simple saith *Aristotle*. Of simple motions there are two kyndes right and circulare, Right are either vp or downe: so that euery simple motion is eyther downewarde towarde the Center, or vpwarde from the Center, or circular about the Centre. Nowe vnto the earth and water in respect of their waight the motion downewarde is conuenient to seeke the Center. To ayre and fyer in regarde of their lightnes, vpwarde and from the Center. So is it meete to these elements to

Mars who rising at the Sunne set, sheweth in his ruddy fiery coollour equall in quantity with *Iupiter*, and contrarywise setting little after the Sunne, is scarcely to be discerned from a Starre of the seconde light. All whiche alterations appararantlye folowe vppon the Earthes motion. And that none of these do happen in the fixed starres, yt playnly argueth their huge dystance and inmēsurable Altitude, in respect whereof this great Orbe wherein the earth is carryed is but a poyncte, and vtterly without sensible proportion beinge compared to that heauen. For as it is perspectiue demonstrate, Euery quantity hath a certaine proportionable distance whereunto yt may be discerned, and beyond the same it may not be seene, this distance therefore of that immoueable heauen is so exceadinge great, that the whole *Orbis magnus* vanisheth awaye, yf it be conferred to that heauen.

Heerin can wee neuer sufficiently admire thys wonderfull & incomprehensible huge frame of goddes woorke proponed to our senses, seinge fyrst thys baull of ye earth wherein we moue, to the common sorte seemeth greate, and yet in* respecte of the Moones Orbe is very small, but compared with *Orbis magnus* wherein it is caried, it scarcely retayneth any sensible proportion, so merueilously is that Orbe of Annuall motion greater then this litle darcke starre wherein we liue. But that *Orbis magnus* beinge as is before declared but as a poynct in respect of the immēsity of that immoueable heauen, we may easily consider what litle portion of gods frame, our Elementare corruptible worlde is, but neuer sufficiently be able to admire the immensity of the Rest. Especially of that fixed Orbe garnished with lightes innumerable and reachinge vp in *Sphæricall altitude* without ende. Of whiche lightes Celestiall it is to bee thoughte that we onely behoulde sutch as are in the inferioure partes of the same Orbe, and as they are hygher, so seeme they of lesse and lesser quantity, euen tyll our sighte beinge not able farder to reache or conceyue, the greatest part rest by reason of their wonderfull distance inuisible vnto vs. And this may wel be thought of vs to be the gloriouse court of ye great god, whose vnsercheable worcks inuisible we may partly by these his visible cōiecture, to whose infinit power and maiesty such an infinit place surmountinge all other both in quantity and quality only is conueniente. But because the world hath so longe a tyme bin carryed with an opinion of the earths stabilitye, as the contrary circuit.

Mars in .2. yeares runneth his circulare race.

Then followeth the great Orbe wherein the globe of mortalitye inclosed in the Moones Orbe as an *Epicicle* and holdynge the earth as a Centre by his owne waight restinge alway permanente, in the middest of the ayre is caryed rounde once in a yeare.

In the fift place is Venus makinge her reuolution in .9. moneths.

In the .6. is Mercury who passeth his circate in .80. dayes.

In the myddest of all is the Sunne.

For in so stately a temple as this who woulde desyre to set hys lampe in any other better or more conuenient place then thys, from whence vniformely it might dystribute light to al, for not vnfitly it is of some called the lampe or lighte of the worlde, of others the mynde, of others the Ruler of the worlde.

Ad cuius numeros & dij moueantur & Orbes
Accipiant leges præscriptaque fædera seruent.(3)

Trismegistus calleth hym the visible god. Thus doth the Sun like a king sitting in his thrōe gouern his courts of inferiour powers: Neither is yᵉ Earthe defrauded of the seruice of yᵉ Moone, but as *Aristotle* saith of all other the Moone with the earth hath nighest alliance, so heere are they matched accordingely.

In this fourme of Frame may we behould sutch a wonderful *Symetry* of motions and situations, as in no other can bee proponed: The times whereby we the Inhabitauntes of the earth are directed, are constituted by the reuolutions of the earth, yᵉ circulation of her Centre causeth the yeare, the conuersion of her circumference maketh the naturall day, and the reuolutiō of the Moon produceth the monethe. By the onelye viewe of thys *Theoricke* the cause & reason is apparante why in Jupiter the progressions and *Retrogradations* are greater then in Saturn, and lesse then in Mars, why also in Venus they are more then in Mercury. And why sutch chandges from *Direct* to *Retrograde Stationarie. &c.* happeneth notwithstandinge more rifely in Saturn then in Jupiter & yet more rarely in Mars, why in Venus not so cōmonly as in Mercury. Also whye Saturn Jupiter and Mars are nigher the earth in their *Acronicall* then in their *Cosmicall* or *Heliacall* rysinge. Especially

付録１　ディッグスによる宇宙の無限についての説明

Appendix One

Digges on the Infinity of the Universe

A Perfit Description of the CÆlestiall Orbes according to the most aunciente doctrine of the *PYTHAGOREANS, latelye reuiued by COPERNICVS and by Geometricall Demonstrations approued*[1]

Althoughe in this most excellent and dyffycile parte of Philosophye in all times haue bin sondry opiniōs touchīg the situation and mouing of the bodies Celestiall, yet in certaine principles all Philosophers of any accompte, of al ages haue agreed and cōsented. First that the Orbe of the fixed starres is of al other the moste high, the fardest distante, and comprehendeth all the other spheres of wandringe starres. And of these strayinge bodyes called *Planets* the old philosophers thought it a good grounde in reason y^t the nighest to the center shoulde swyftlyest mooue, because the circle was least and thereby the sooner ouerpassed and the farder distant the more slowelye……[2]

The first and highest of all is the immoueable sphere of fixed starres conteininge it self and all the Rest, and therefore fyxed: as the place vniuersal of Rest, whereunto the motions and positions of all inferiour spheres are to be compared. For albeit sundry Astrologians findinge alteration in the declination and Longitude of starres, haue thought that the sme also shoulde haue his motion peculiare: Yet *Copernicus* by the motions of the earth salueth al, and vtterly cutteth of the ninth and tenth spheres, whyche contrarye to all sence the maynteyners of the earthes stability haue bin compelled to imagine.

The first of the moueable Orbes is that of Saturn, whiche beinge of all other next vnto that infinite Orbe immoueable garnished with lights innumerable is also in his course most slow, & once only in thirty years passeth his *Periode*.

The second in Jupiter, who in .I2. yeares perfourmeth his

れているとする。もし、最初の箱が静的であれば、V の中の放射エネルギーの総量は Lt である。もし、2 番目の箱が、時刻 t の間に非常に小さい体積から膨張してきたのであれば、V の中の放射エネルギーは $Lt/(1+n)$ で、最初の箱より弱い。体積の等しい二つの箱には、過去に同じように放射された同数の光子が含まれている。二つの箱の放射の唯一の相違は、膨張してきた箱の光子が赤方偏移していることであり、これが、放射密度を $1/(1+n)$ に減少させている。一般に、 $H>0$ および $q>0$ であることが必要であるから、$0<n<1$ となる。したがって、膨張による放射密度の減少は、最大で 1/2 である。Einstein や de Sitter のモデルで示されたように $n=2/3$ は許容される値で、この時減衰係数の値は 0.6 になる。

$u = u^*/(1+4H\tau)$

であることがわかる。$4H\tau$が、1よりはるかに大きければ（すなわち、背景限界距離がハッブル距離を大きく超えているなら）、uはu^*よりはるかに小さく、夜空は暗くなる。しかし、$4H\tau$が1より小さければ（すなわち、背景限界距離がハッブル距離よりも小さければ）、uはほぼu^*と等しくなる。明らかに、定常宇宙は、星の光によって明るくなるようにも暗くなるようにも設計できるのである。

■第18章

(1) *Science Illustrated* 1946年4月号の"$E=Mc^2$"のエッセイは、Albert Einstein による *Out of My Later Years*(1950) に再収録されている。質量Mはすべての形態のエネルギーを含み、cは光速であることに注意されたい。M_0は、観測者に相対的に静止している物体の質量で、Mは、同じ物体が速度vで運動している時の質量である。その差 $(M-M_0)c^2$ が運動エネルギーであり、$M=M_0\ (1-v^2/c^2)^{-1/2}$ で、M_0は静止質量である。v/cが小さい時、

$$\text{運動エネルギー} = M_0c^2((1-v^2/c^2)^{-1/2}-1) = (1/2)M_0v^2$$

になる。

(2) ρが宇宙における物質平均密度、aが放射密度定数を表すとしよう。放射温度Tは、$aT^4=\rho c^2$の関係式で表せる。もし、密度ρに、1立方メートル当たり水素原子が1個の値をとるとすると、この関係式から、$T=20\mathrm{K}$の値が出てくる。

(3) Harrison, "Olbers' paradox"(1964) を参照のこと。*Nature* のこの論文は、エネルギーについて初めて論じており、膨張宇宙における放射の性質を研究するための微分方程式の概要を述べている。その結論は「したがって、今日の我々の宇宙で放射レベルが低く夜空が暗いのは、単に、星々が互いにたいへん遠くに離れ、散らばっているからである」という言葉で締めくくられている。この相等関係は興味深い。背景限界距離は10^{23}光年だが、他方、可視的宇宙の半径は10^{10}光年であるから、背景限界距離は可視的宇宙の地平線の10^{13}倍も遠いところにある。星々と平衡状態にある光が宇宙を満たすには、一つの星の平均寿命と推定される10^{10}年の10^{13}倍もかかる。そして結局、星が全天を覆い尽くすためには、宇宙には、今日存在している数の10^{13}倍の星が必要となる。

(4) もし、Rがt^nに従って増加するならば、Hubble項は$H=n/t$で、減速項は$q=-\ddot{R}R/\dot{R}^2=(1-n)/n$である。体積が$V$である二つの箱のそれぞれに、光度$L$で 時間$t$の間輝くまったく同じ星が一つずつ含ま

は、地平線のすぐ近くにあり、それらの数は $4\pi(c/H)^2/\sigma$ で与えられる。この値はおよそ 10^{35} になる。ただし、σ は平均的な星の断面積である。

(5) この積分方程式は、Gerald Whitrow と B. D. Yallop によって、論文 "The background radiation in homogeneous isotropic world-models" のⅠとⅡの中で検証された。この著者たちは先行文献を参照している。容積が変化する空洞内の放射を決定する微分方程式は、宇宙論に適用するため、Harrison の "Olbers' paradox"(1964) と "Olbers' paradox and the background radiation in an isotropic homogeneous universe"(1965) の中で作られた。最初の論文で私は以下のように書いた。「今、宇宙史のすべての期間にわたって、(連動する) 体積 V の一部屋が、その内側も外側も完全に反射する壁に囲まれていると想像しよう。いかなる瞬間にも、V の外側の観測者は、V の内側の観測者が認めるのと同じ放射状態であることに気づく。V の外側の観測者は、遠くの星からの光が Doppler 偏移をする寄与の時間遅延を積分して、放射密度を求めようとする。しかし、V の内側の観測者は、体積の変化する空洞内の局所的な星が放出する放射密度を求めるために、古典的熱力学の微分方程式を使用する。両者は同じ結論に達するが、後者の方がはるかに簡単なので、私はそちらを選ぶ」。William Davidson は、*Nature*(1965) の "Local thermodynamics and the universe" と題した論文で、1962 年の微分方程式が使える可能性を述べていると指摘した。積分方程式と微分方程式の扱いは対照的であるが、その結果の等しいことは、私のレビュー論文 "Radiation in homogeneous and isotropic models of the universe"(1977) で公式に示されている。この二つのモデルが等しいことは、一様空間で放射密度を決定する際になぜ空間の湾曲が影響しないかを説明するのに役立つ。

u が、空間における放射密度を、また、u^* がある典型的な星の表面における放射密度を表すとしよう。すると、u^* の時間による変化を表す微分方程式は、

$$\frac{d(uR^4)}{dt}=\frac{R^4}{\tau}(u^*-u)$$

となる。ここで τ は、「満杯になるまでの時間 (fill up time)」で、背景限界距離を光速で割った値に等しい。微分方程式によるアプローチの有用性を概念的に説明するものとして、定常宇宙を考慮し、そこで、u と u^* は一定で、R は $\exp(Ht)$ に従って変化するとしよう。するとすぐに

は、同様により青く、強くなる。もし、宇宙が膨張する体系であるならば、（Olbers の議論で言う）遠くの球殻にある星々は我々から遠ざかり、非常に遠くの球殻は非常に速く後退していることになる。したがって、Olbers の議論によると、これらの球殻からくる光はかなり弱くなり、空における背景の光の強さも、以前に計算したものより弱くなる。その結果、もし、膨張速度が十分大きければ、空の背景光は現在と同じくらいに弱まり、それによって Olbers のパラドックスは解決されるであろう。もし、宇宙が収縮しつつあるならば、遠くの球殻からの光は強まり、パラドックスはさらに困難になるだろう」。当時 Bondi は、Halley や Chéseaux による先行論文に気づいていなかった。Fred Hoyle は、有名な *Frontiers of Astronomy*（1955）〔邦訳『天文学の最前線』〕の p.304 で、以下のように書いている。「日々の疑問から始めよう。その疑問は、あまりに些末なため、おそらくほとんどの人は聞かれてもそれに煩わされることはないだろう。しかしそれは、宇宙の遠い部分とつながりのある深い疑問のこともある。なぜ夜空は暗いのかというこの疑問は、最初は 1826 年に Olbers によって発せられ、近年、H. Bondi によって再提起された」。Bondi の最初の取扱いに続いて、Hoyle のような多くの議論が文献に現れている。

⑶　いろいろな出版物の中で、Bondi は Olbers の仮定をさまざまな方法で分析した。本文中で引用されたリストは、彼の論文 "Astronomy and cosmology"(1955) からのものである。脚注で Bondi は、仮定 ⑴は宇宙原理であり、⑴と⑵は結合して、完全な宇宙原理を形成すると指摘している。

⑷　定常宇宙は de Sitter 宇宙と同じ距離基準を持つ。尺度因子 R は $\exp(Ht)$ に比例し、ハッブル定数 $H=\dot{R}/R$ は一定の値になる。可視的宇宙の地平はこの場合、ハッブル距離 c/H の場所にあり、そこでは、後退速度は光速に等しい。光円錐は観測者の背後に時間を遡って外に伸び、$t<0$ のいかなる時でも、

$$r=(1-\ e^{Ht})c/H$$

の半径を持つ。このようにして、光円錐は、ハッブル距離 c/H にある可視的宇宙の地平に漸近的に接近する。光源の赤方偏移は、$z=e^{-Ht}-1$ であり、したがってその距離は、

$$r=\frac{c}{H}\left(\frac{z}{1+z}\right)$$

となる。地平を超えたところには、永遠に観測することのできないままの事象が存在する。観測者によって観測される空を覆う星々のほとんど

Astrophysics: Essays in Honor of Thomas Gold（Yervant Terzian、Elizabeth Bilson 編）に収録されている、Bondi の "Steady state origins: comments I"、および、Gold の "Steady state origins: comments II" を参照。静的宇宙は、膨張も収縮もしない宇宙だが、定常宇宙は、膨張しているかもしれないし、収縮しているかもしれないし、あるいは静的であるかもしれないが、見かけは変化しない宇宙である。

(9) MacMillan の宇宙論モデルは、"Steady-state theory at Chicago"(1958) の中で、Richard Schlegel によって論じられている。

■第17章

(1) 宇宙の赤方偏移は、宇宙の膨張の結果と考えると最もよく説明がつく。ドップラー赤方偏移と違って、それは、空間における相対運動の結果ではない。膨張する均一な宇宙内で動いている銀河間の距離は、尺度因子（scaling factor）R に比例する。もし、R が 2 倍になれば、すべての系外銀河の距離も 2 倍になる。光線の波長 λ は、銀河外空間を進む時、R に従って変化する。もし、λ_0 が現在の波長で、R_0 が現在の尺度因子の値であるなら、$\lambda/\lambda_0=R/R_0$ である。赤方偏移は、$z=(\lambda_0-\lambda)/\lambda$ によって定義されるから、宇宙の赤方偏移は、$z=R_0/R-1$ になる。Edwin Hubble の論文 "A relation between distance and radial velocity among extra-galactic nebulae"(1929) は、理論的な予想を確認したものである。*Proceedings of the National Academy of Sciences* の同じ巻で、Fritz Zwicky が、論文 "On the red shift of spectral lines through interstellar space"(1929) において、宇宙赤方偏移を説明するために、「疲れた光線（tired-light)」の理論を初めて提示した。これらの理論は、光が銀河間空間を進む間、散乱せずにどのようにエネルギーを失うかを、さまざまなメカニズムによって示そうとしたものである。夜空の闇の謎の見地から見ると、この「疲れた光線」の理論は、Chéseaux による吸収の解答と同じグループに分類できる。

(2) Hermann Bondi, *Cosmology*(1952), p.23。夜空の謎の取扱いは、1960 年の第 2 版でも変えられていない。1954 年、オックスフォードの英国協会の会合で、Bondi は "Theories of cosmology" において、夜空の闇の謎について論じ、次のように述べた。「いろいろの点で、Olbers の議論は今日のすべての宇宙論の基礎であり、それゆえに、その議論はすべてが示されるべきである……後退する光源からの光は、静止した光源の光に比べて赤く、また弱くなり、これらの効果は、光源の速度が光速に近づくにつれてより大きくなる。また、接近する光源の光いた。「しかし、もし、今後の観測で、渦巻星雲が系統的に正の視線速度を持つことが確かめられれば、それは、仮説Aよりも仮説Bの方が合致することを確実に示している。もし、スペクトル線が赤に向かう系統的な偏移がないことがわかれば、仮説Bよりも仮説Aの方が適していると解釈できるか、または、Bの中のRの値がさらに大きいことを示している」。de Sitter の論文中のRは$(3/\Lambda)^{1/2}$であり、Λは宇宙項である。

(4) Arthur Eddington, *The Mathematical Theory of Relativity* (1923), p. 162。

(5) Aleksandr Friedmann, "On the curvature of space"(1922)、Georges Lamaître, "A homogeneous universe of constant mass and increasing radius accounting for the radial velocity of extra-galactic nebulae"(1931) を参照のこと。

(6) Edwin Hubble, "A relation between distance and radial velocity among extra-galactic nebulae"(1929)。Hubble の *Realm of the Nebulae* (1936) も参照されたい。Michael Rowan-Robinson は、*The Cosmological Distance Ladder* (1985) で、系外銀河の距離の測定に関する多くの問題と、その結果生じるハッブル項の値の不確かさを論じている。

(7) "The evolution of the universe"(1948) での George Gamow の計算は、彼の同僚である Ralph Alpher と Robert Herman により "Evolution of the universe"(1948) の中で改訂され、彼らは宇宙背景放射の現在の値が、絶対温度の0度より5度高いと予言した。この高温のビッグバンは、Gamow の一般向けの著作である *The Creation of the Universe* (1952) の中で説明されている。Steven Weinberg の *First Three Minutes: A Modern View of the Origin of the Universe* (1977)〔邦訳『宇宙創成はじめの三分間』〕には、あまり専門的でないより最近の扱い方で初期宇宙が書かれている。Arno Penzias と Robert Wilson は、"A measurement of excess antenna temperature at 4090 MHz"(1965) で、低温の背景放射の検出を報じ、より最近の観測は、この放射の温度が、絶対温度0度より3度高いことを確認している。

(8) Hermann Bondi と Thomas Gold は、1948年に "The steady-state theory of the expanding universe" を出版し、同年、Fred Hoyle は、"A new model for the expanding universe" を出版した。この考え方はもともと Gold により提示されたもので、*Cosmology and*

アンドロメダ星雲M31は、その速度が測定された最初の銀河であった。1912年にSlipherは、アンドロメダが1秒間に約300キロメートルの速度で接近しつつあることを発見した。20世紀初頭の銀河研究の発展の歴史については、John North の *Measure of the Universe*(1965)を参照。また、William McCrea, "Willem de Sitter, 1872-1934"(1972)も参照のこと。Einstein の伝記で最も優れたものとして、Philipp Frank, *Einstein: His Life and Times*(1947)、Banesh Hoffmann, *Albert Einstein: Creator and Rebel*、Jeremy Bernstein, *Einstein*(1973)がある。

(2) Einstein の論文 "Cosmological consideration of the general theory of relativity" は、H. A. Lorentz、A. Einstein、H. Minkowski、H. Weyl により、*The Principle of Relativity: A Collection of Original Memoirs on the Special and General Theory of Relativity* として英訳されている。ここで、特殊相対性理論は重力が存在しない場合に適用されることに注意されたい。この理論によると、時空は時間と空間に分割され、各々の観測者の空間ではユークリッド幾何学が成り立つ。一般相対性理論はリーマン幾何学と同じ距離構造をもち、重力が存在するより一般的な場合にも適用できる。重力場を自由落下する観測者は重力を感じない（無重力状態にある)。この局所的な状況を説明するには特殊相対論が用いられる。Einstein の宇宙モデルである球形の空間——また、楕円に変形した空間——は、Riemann と Newcomb によって研究された。また、Hugo von Seeliger の生徒であり、著名な天文学者でも数学者でもあった Karl Schwarzschild は、その論文 "On the admissable curvature of space"(1900)の中で、統計視差に基づいて空間湾曲の決定を試みた。1954年、Einsteinは、Arthur Eddington の古典的著作 *Mathematical Theory of Relativity*(1923)が、あらゆる言語で書かれた著作の中でこの主題を最もよく提示したものであると述べた。A. Vibert Douglas の *Arthur Stanley Eddington* (1956)を参照のこと。

(3) de Sitter の3番目の、そして我々の目的には最も重要な論文である "On Einstein's theory of gravitation and its astronomical consequences," は、1917年に出版された。Einstein の静的なモデル——「仮説A」と呼ぶことにする——とは対照的に、de Sitter は、動的なモデル——「仮説B」と呼ぶことにする——を提示した。どちらのモデルも、重力に反して働くEinstein の提唱した宇宙項を用いていた。de Sitter は、二つのモデルの相対的な長所について論じ、以下のように書

any part of the universe"(1902)。

⑹ Fournier d'Albe, *Tew New Worlds*(1907), p.100。

⑺ Simon Newcomb, "Elementary theorems relating to the geometry of a space of three dimensions and of uniform positive curvature in the fourth dimension"(1877)。19世紀の数学者たちは、3種類の一様な空間を発見した。すなわち、ユークリッド型（湾曲がゼロ）、双曲線型（湾曲が負）、球型（湾曲が正）である。ユークリッド空間では、ある点を通り任意の直線に平行な直線は、ただ1本のみ引けるが、双曲線空間においては、ある点を通り任意の直線に平行な直線は、無数に引ける。そして、球空間では、ある点を通り任意の直線に平行な直線は、1本も引けない。Simon Newcomb は、*The Stars: A Study of the Universe*(1901), p.226で「宇宙の構造と寿命の問題は、知性が取り扱わなければならない問題のうち、最も広範囲にわたるものである」と論じた。

⑻ W. Barrett Frankland, "Notes on the parallel axiom"(1913)。John North, *The Measure of the Universe*, pp.72-81の、閉じた宇宙についての議論を参照。また、Dionys Burger の *Sphereland* の記述も参照のこと。

⑼ Willem de Sitter, "On Einstein's theory of gravitation and its astronomical consequences. Third paper," p.25。

⑽ de Sitter, "On the curvature of space," p.234, 脚注。

⑾ Johann Zöllner, *Über die Natur der Cometen*(1883), pp.90-104 "Ueber die Endlichkeit der Materie im unendliche Raume" にある。Stanley Jaki は、*The Paradox of Olbers' Paradox* の中でこの著作に触れ、また、有限の宇宙の解を主張した。しかしながら、均一で等方の空間における湾曲は放射レベルに対して影響を与えないことが、数学的解析によって示されている。これは、私の "Dark night sky paradox"(1977) で、また、より技術的な "Radiation in homogeneous and isotropic models of the universe"(1977) で説明されている。

■第16章

⑴ Slipher は41個の銀河を研究し、そのうち、36個は後退し、5個は接近しつつあることを発見した。銀河はいろいろな大きさの集団となる傾向があり、宇宙の膨張と重なり合って不規則に運動する。近くにある銀河は、後退と接近とが同じくらいの確率で起こるが、遠くの銀河はほとんどが後退し、さらに遠くの銀河はすべてが完全に後退している。

は、光がまだ観測者に届いていないすべての星々が存在する。1世代を100億年として、何世代にもわたって星が光ると論じることもできる。しかし、もし、宇宙の物質が保存されるならば、各々の世代では光る星々はより少なくなり、宇宙における光の最終的な強度は、世代の数に無関係になる。ここで、Kelvinとともに、星々は時刻$t=-r/c$に光りはじめると考えよう。rは各々の星までの距離である。すると、すべての星々は、今、観測者の背後にある光円錐上にあり、時刻$0 \leqq t \leqq t^*$の間、同時に輝いて見える。このようにすれば、空は星々の円盤に覆われるようになる。このありそうもないモデルは現代の宇宙論の趣旨に反し、観測者が特別な位置を占めている。

■第15章

(1) Lord Kelvin, "Note on the possible density of the luminiferous medium, and on the mechanical value of a cubic mile of sunlight"(1854)。これはジョンズ・ホプキンス大学で行われた講演ノート *Notes of Lectures on Molecular Dynamics and the Wave Theory of Light*（1884）に、論評とともに再収録されている。Kelvinの最初の論文（1847）には、"On a mechanical representation of electric, magnetic, and galvanic forces" というタイトルが付いている。エーテルの考え方の歴史に関する論文は、*Conceptions of Ether*（G. N. Cantor、M. J. S. Hodge 編、1981）を参照されたい。

(2) Simon Newcomb, *Popular Astronomy*(1878), p. 505には、以下のように述べられている。太陽の熱線が戻ってくることは「ドイツの偉大な数学者によって想像されたように、我々が直線と考えているものがそれ自体に戻ってくる湾曲した宇宙から、あるいは、ある範囲内で熱を作り出す振動をするエーテル媒質から、あるいは、最終的に、いまだ科学にまったく知られていない何らかの作用からのみ生じうる」。脚注で、彼はこの数学者をRiemannとしている。

(3) John Ellard Gore(1845-1918), "On the infinity of space," 第27章, *Planetary and Stellar Studies*(1888), の p.233。

(4) Goreは、宇宙の闇の謎は、星々に囲まれ、その周囲に反射壁があるという考え方では解けないことを理解できなかった。これは、簡単な計算によって非常に容易に証明できる。残念なことに、夜の闇の謎は、その歴史において多くの議論がなされ解答が提示されたが、計算はほとんどなされなかった。

(5) Lord Kelvin, "On the clustering of gravitational matter in

第24章、特にp.368を参照。

(7) 可視的宇宙の縁の地平は、しばしば「粒子の地平」と言われる。宇宙論的地平は、Wolfgang Rindlerの "Visual horizons in world-models"（1956）によって論じられ、より初歩的なレベルでは、私が *Cosmology: The Science of the Universe*（1981），第19章で論じている。

(8) William Thomson, "On mechanical antecedents of motion, heat, and light"（1854）、*Mathematical and Physical Papers*, vol. 2, p.34に再収録。

(9) Joe Burchfield, *Lord Kelvin and the Age of the Earth*（1975）を参照のこと。太陽と地球の年齢に関するさまざまな議論は、Kelvinの *Mathematical and Physical Papers* 全6巻と、*Popular Lectures and Addresses* 全3巻を参照されたい。

(10) William Thomson, "On the age of the Sun's heat"（1862）は、*Popular Lectures and Addresses*, vol. 1, p. 349に再収録。

(11) 背景限界距離は、L^3 に従って変化する。ただし L は星々の間の平均距離である。背景限界距離を 10^{23}光年から10^{10}光年に縮小するには、現在の L の値 を 5×10^{-5} 倍する必要がある。現在の L の値 を100光年（銀河どうしが大きく離れていることを忘れずに）とすると、縮小した時の平均距離は、5×10^{-3} 光年、つまり3,000天文単位になる。銀河の場合、100万光年を単位として、銀河の占める平均体積が、$V=100$、断面積が $\sigma=10^{-2}$ となり、背景限界距離は 10^{10} 光年になることに注意されたい。したがって、非常に大まかな数字で言えば、10^{10} 光年まで銀河が広がっていると、可視的宇宙では空が銀河で覆われる。しかし、当然のことながら、銀河が空を覆い、星々が夜空を明るくすることはなかった。W. Bonnor, "On Olbers' Paradox" を参照のこと。

(12) 明るい空の宇宙に普通の星々は存在しえず、我々の等式は、空が暗くなる条件を決定するために用いられるべきである。

(13) ここでKelvinは観測者の背後の光円錐上に明るい星々が分布しているありそうもない状況を考えていて、それについては、私が "Why the sky is dark at night"（1974）で論じている。すべての星々が、時刻 $t=0$ に光りはじめると考えよう。最初、観測者は、星々の球（可視的宇宙）が光速で放射状に広がるのを見る。典型的な星が光る寿命の t^* が経過した後には、近くの星は消滅し、観測者は、放射状に広がっていく暗い星々の球に囲まれる。この暗い星々から成る球のすぐ外側を、光り輝く星々を含む厚さ ct^* の球殻が後退していく。この球殻の外側に

dq の球殻に含まれる星の数は、$4\pi nq^2dq$ となり、球殻の中の星々で覆われる空の割合は、この数に $\pi a^2/(4\pi q^2)$ を掛けた数になる。（Kelvin は無視していたが）幾何学的な重なり合いを考慮に入れるには、これに $\exp(-q/\lambda)$ を掛ければよく、$\lambda=1/(\pi na^2)$ は、光線の平均自由行程である。したがって、球殻の中の星々によって覆われる空の割合は、$\lambda^{-1}\exp(-q/\lambda)dq$ となる。これを、$q=0$ から $q=r$ まで積分すると、

$$\alpha=1-e^{-r/\lambda} \tag{1}$$

となる。ここで α は、半径 r までの天球で空が星々の円盤で覆われる割合を表す。星々が無限に広がっている場合には、空全体が星で覆われ（$\alpha=1$)、任意の地点から見た視線の平均距離は、背景限界距離 λ となる。この体系の半径 r が、背景限界距離に比べて小さい時、我々は以下の Kelvin の結論に到達する。

$$\alpha=\frac{r}{\lambda}=\frac{3N}{4}\left(\frac{a}{r}\right)^2 \tag{2}$$

ここで、$N=4\pi nr^3/3$ は星の総数である。Kelvin によるこの扱いは、過去に 1721 年に Halley が、1744 年に Chéseaux が、そして 1823 年に Olbers が提起した問題を解明している。各々の星の明るさを L としよう。球殻の中心に対する、球殻からの放射密度 u の寄与は、$du=(nL/c)e^{-q/\lambda}dq$ である。前と同様に積分すると、

$$u=u^*(1-e^{-r/\lambda}) \tag{3}$$

となる。ここで、$u^*=L/(\pi a^2c)$ は、星の表面における放射密度である。したがって、背景限界距離を超えたところでは、そこに広がる星がどんな分布であっても、常に $u=u^*$ となる。また、等式(1)と(3)から、

$$\alpha=u/u^* \tag{4}$$

となる。これで「α は、太陽面の明るさに対する、星々に照らされた空の見かけの明るさの比である」という Kelvin の記述の正しいことが示された。夜空の闇の謎に関する近年の議論では、星が空を覆うことと明るさとの間に成り立つこの関係が、ほとんど認識されていなかった。これは、視線方向の Olbers の議論を無視した結果と思われる。私の論文 "Kelvin on an old and celebrated hypothesis"(1986) を参照されたい。

(6) Simon Newcomb は、*Popular Astronomy*（1883、初版は 1878 年）で、19 世紀における標準的な宇宙モデルを示した。それは、一つの銀河――天の川銀河――の宇宙で、10^9 個の星々から成り、半径が 1,000 パーセクで、代表的な値で隣どうしの星が約 5 光年離れているというものであった。Agnes Clerke の *The System of the Stars* (1890),

価しすぎることはないだろう」。

(2) Hathaway の手書きによるこれらの注記は、謄写版の一種であるパピログラフで複製された。講義はまた、George Forbes によって "Molecular dynamics" にも要約されている。*Nature* 32 (March 19, 1885); 461-463; (April 2) 508-510; (April 30)601-603 に所収。

(3) フルタイトルは、*Baltimore Lectures on Molecular Dynamics and the Wave Theory of Light, Founded on Mr. A. S. Hathaway's Stenographic Report of Twenty Lectures Delivered in The Johns Hopkins University, Baltimore, October 1884; Followed by Twelve Appendices on Allied Subjects* である。講義 16、pp.260-278 を参照されたい。1907 年、83 歳での Kelvin の死後、Joseph Larmor は、"William Thomson, Baron Kelvin of Largs" の追悼記事で、以下のように述べた。「1844 年から今日にわたるケルヴィンの純粋に科学的な活動は、これらの講義の決定版を生み出したことによって大いに評価された」。

(4) Kelvin は、彼の考えを、1901 年 10 月に英国協会で行われた集会で "The absolute amount of gravitational matter in any large volume of interstellar space" という講演として発表した。この講演は、"On the clustering of gravitational matter in any part of the universe"(1901) のタイトルで *Nature* に要約された。また、1901 年の *Philosophical Magazine* に掲載された重要な論文の際だった部分は、1902 年、*Philosophical Magazine* の 2 度目の論文でも再度言及され、同じタイトルで *Nature* に載せられた。この 2 度目の論文は、*Baltimore Lectures* の付録 D に再収録されている。二つ目のこの論文で、Kelvin は再度、銀河系における物質の分布について、また、それが星の速度に与える影響について述べた。さらに彼は、重力的自由落下運動による球状天体の崩壊について論じ、ついでに、夜空の暗さに関して以前自分の出した結論に言及した。重力崩壊に関するこの興味深い論文は、私の "Newton and the infinite universe" (1986) で論じられ、Kelvin の *Mathematical and Physical Papers* にも再収録され、Thompson の書誌にも載せられている。しかし彼の 1901 年の論文と似た運命をたどり、無視されたままになっていた。

(5) 以下の分析は、講義 16 の改訂版の 18 章における Kelvin の分析と並行したものである。計算の便宜のために、我々は、すべての恒星は太陽と類似したものであり、直径 a で、均一に分布していると仮定している。n を単位体積当たりの星数としよう。すると、半径 q、厚さ

notes on a source of *Eureka*" (*All These to Teach: Essays in Honor of C. A. Robertson*(1949) 所収。Robert Bryan 他編)、*Poe as Literary Cosmologer* (1975、Richard Benton 編)。

(3) Poe, *Eureka: A Prose Poem*(1848)、Richard Benton による伝記とともに再収録。また、*The Science Fiction of Edgar Allan Poe* (1976、Harold Beaver 編) にも所収。この「パンフレット」は、Alexander von Humboldt に捧げられ、ニューヨークの学会図書館で行われた「宇宙進化論について」という 2 時間の講義用に内容を増やされた。そして Poe は、出版社の George Putnam から 14 ドルを受け取った。印刷されたのはわずか 500 部で、*Weekly Universe* のような雑誌に熱心な概説が載せられたにもかかわらず、その売れ行きは芳しくなかった。Poe は前書きで以下のように述べた。「ここで私が提起するものは真実である——したがって、それは死に絶えることはない。たとえ今、何らかの手段によって踏みにじられ、死んだとしても、それは“不滅の生”を得て甦るであろう。にもかかわらず、私は、死後、この作品をただ詩としてのみ評価してほしいと望んでいる」。*Eureka* に対する本書の主要な関心は、夜空の闇の謎に対する Poe の解答に関連するものであり、そこで彼は、非常に遠くの星から来る光が、まだ我々のもとに届いていないという考え方を示した。この解答は、今日の膨張宇宙においてもきわめて一般的で、修正をほとんど必要としない。*Eureka* からの引用は、Benton による再収録版に、原典のページ (pp.100, 101-102, 117, 136) を付したものである。

(4) George Eveleth への書簡、1848 年 2 月 29 日。*The Science Fiction of Edgar Allan Poe* (Harold Beaver 編、n.1, p.395) を参照のこと。

(5) Fournier d'Albe, *Two New Worlds*, p.94。

(6) 前掲書、p.95。

■第14章

(1) Silvanus Thompson, *The Life of William Thomson, Baron Kelvin of Largs*, vol. 1, chap. 1, "Upbringing at Glasgow." を参照のこと。"Lord Kelvin and his first teacher in natural philosophy" (1903) に書かれているように、John Pringle Nichol の記念式典で、Kelvin は以下のように思い起こしている。「人を鼓舞する彼の影響力——創造力に溢れる想像、乾いたむき出しの知識から、素晴らしく、そして美しい構造を作り上げる力——から我々が受けた恩恵は、決して評

John Nichol" を参照のこと。

(14) Thomas Dick は 1774 年にダンビーで生まれ、神学者の間では記憶にとどめられているが、一般的な天文学の著作があるにもかかわらず、天文学者からは忘れ去られている。彼はエジンバラで学び、1827 年までの 20 年間、メトヴィンとパースで教鞭をとり、その後は完全に著作に専念した。最もよく知られた科学的著作は、*Celestial Scenery*（1838）と *The Sidereal Heavens*（1840）である。一般向けの「版画や著者の肖像が掲載されている」*Complete Works of Thomas Dick* は、特にアメリカで多くの版を重ねた。

(15) Alexander von Humboldt, *Cosmos: A Sketch of a Physical Description of the Universe*, E. C. Otté 訳, 5 vols.(1848-1865), vol. 1, pp.144-145。光速の話は、vol. 3, pp.105-106 も参照されたい。

(16) Richard Proctor, *The Expanse of Heaven: A Series of Essays on the Wonders of the Firmament*(1874), p.203。少し後のページ（pp.206-287）に、彼は以下のように書いている。「しかし、その時点で星が存在する距離は、正確には決してわからないし、いかなる時点に対しても、その時点での距離は、我々には決してわからない」。彼は、生物が重力による信号を感知する可能性を考察し、「宇宙を伝播するこの情報は、ほとんど同時に伝わるであろう。なぜならば、重力作用の伝播速度は、何人かの哲学者たちが想像するような無限の速さではないとしても、疑いなく光速の数千倍だからである」と述べた。この点で彼は誤りを犯した。というのも、50 年後に Albert Einstein によって示されたように、重力は光速で伝播するからである。

(17) アイルランドの天文学者である Robert Ball は、ダブリンのトリニティ大学で学び、1874 年にアイルランドの王室天文学者になり、また、1892 年にはケンブリッジ大学の天文学部のローンディーン教授となった。引用については、その著作 *In Starry Realms* の pp.259-260 を参照のこと。

■第13章

(1) Edgar Allan Poe, "The Power of Words"、最初は、*United States Magazine and Democratic Review*（1845 年 6 月）に出版され、*The Science Fiction of Edgar Allan Poe*（1976、Harold Beaver 編）の p.171 に再収録された。

(2) William Browne, "Poe's *Eureka* and some recent scientific speculations"(1869)、Frederick Connor, "Poe and John Nichol:

Mr. James Bradley, Savilian Professor of Astronomy at Oxford, and F. R. S., to Dr. Edmond Halley Astronom. Reg. &c, giving an account of a new discovered motion of the fix'd stars." というタイトルで出版された。Sarton の論文には、Bradley から Halley に宛てた手紙が再収録されている。Jean Picard、Robert Hooke、John Flamsteed は、それより前に、光行差によって生じる星の位置の年周変移を観測していた。Hooke と Flamsteed は、視差を検出したと誤って主張したが、Jean Cassini は 1699 年、彼らの観測が年周視差とは一致していないことを指摘した。

(9) 科学者、医師、エジプトの象形文字の権威である Thomas Young（1773-1829）は、光の波動論を打ち立て、色の見え方に関する現代的研究を基礎づけた。これに続き、光の波動論はフランスの Augustin Fresnel が、また、色の見え方の理論はドイツの Hermann von Helmholtz が発展させた。

(10) Agnes Clerke, *The System of the Stars*(1890), pp.380-381。「というのも、我々は同時に恒星を見ているのではないからである。光によって星々と連絡するには時間がかかり、星々がどこにあるかを我々に知らせる星像は、星までの距離に比例して遅れて見える。我々は、星が今ある場所に星を見ているのではない――ある一瞬に存在した場所ですらなく、移動する時間目盛りの上で過去に存在した場所を見ているのである」。

(11) "Catalogue of 500 new nebulae, nebulous stars, planetary nebulae, and clusters of stars; with remarks on the construction of the heavens"(1802) の William Herschel の前書きから引用。

(12) John Herschel, *Treatise of Astronomy*, p.354。この著作は 1849 年に十分に練り上げられて、有名な *Outlines of Astronomy* となり、12 版を重ねた。最後の版は 1873 年に出版され、19 世紀の専門家向けの教科書として最も広く読まれた本となった。Herschel は、我々の恒星系（銀河系）が 1 億個の星々を含み、2000 光年の距離に広がっていると見積もっていた。

(13) John Pringle Nichol の一般的な *Views of the Architecture of the Heavens*（1838）は、覚え書き形式の有益な数編の小論文で締めくくられている。この著作は、英語を話す一般人の注目を集め、天文学に進歩をもたらし、Edgar Allan Poe に影響を与えた。"Lord Kelvin and his first teacher in natural philosophy"、Silvanus Thompson, *The Life of William Kelvin*, vol. 1, chap. 1、Frederick Connor, "Poe and

語からの訳は、J. F. Fries による。

■第12章

(1) 可視光と影像の理論を論じたものとしては、Joseph Priestley の *Histroy and Present State of Discoveries Relating to Vision, Light, and Colours* (1772)、John Herschel, *Light and Vision* (1831)、Lynn Thorndike, *A History of Magic and Experimental Science*、Vasco Ronchi, *The Nature of Light*、David Lindberg 編の *A Source Book of Medieval Science* を参照されたい。

(2) Galileo, *Dialogue Concerning Two New Sciences*, pp.43-44。Galileo は、この実験と関連して次のように書いた。「海のことを何も知らないままに、我々は、不可知の海に次第に滑り込んでいる。真空とか無限とか分割できないものとか瞬時の運動とかについて千の議論を重ねたとしても、一体我々は陸地にたどり着くことができるのだろうか？」。

(3) 光速についての Descartes 以前の思想が収録されている A. L. Sabra, *Theories of Light from Descartes to Newton* の第 2 章、"Descartes' doctrine of the instantaneous propagation of light and his explanation of the rainbow and the colours" を参照のこと。

(4) Hooke, *Micrographia*, pp.56-57。

(5) Hooke, "Lectures of light, explicating its nature, properties, and effects, etc.," *The Posthumous Works of Robert Hooke*, pp. 77-78 所収。

(6) I. Bernard Cohen の "Roemer and the first determination of the velocity of light" を参照のこと。この論文は、Roemer の原論文 "A demonstration concerning the motion of light" の分析を行っている。ここで Cohen は、光速の有限性に関連する Roemer 以前の考え方を要約している。Newton は、1694 年のイオの食のデータを Halley が概説したものから、光は 1 天文単位を 8 分 30 秒で進むことを理解しており、これは、今日の値からわずか 10 秒長いだけである。1 天文単位の距離を同じ精度で求めることは、まだできなかった。当時、Newton もその他の誰も、距離の測定に光の進む時間を使用することを考えていなかった。

(7) Francis Roberts, "Concerning the distances of the fixed stars"。

(8) George Sarton, "Discovery of the aberration of light"。Bradley の発見は Halley に伝えられ、"A letter from the Reverend

時、その構造は光学的に薄く、したがって光線と共存できる。$d=2$ の森林は、フラクタル次数 D が 1 より小さい時、光学的に薄い。フラクタルの構成要素の平均密度は N/L^d に比例し、これは L^{D-d} の大きさに従って減少することに注意されたい。$D<d$ の時、無限の広がりを持つフラクタルは、たとえ構成要素の数が無限であっても、$D>0$ に対して平均密度はゼロになる。

(7) 球形の集団で、全方向にわたり光学的深さを平均したものは、(5)で述べた係数と同じ結果になる。

(8) Seeliger-Charlier の条件（以下の(10)を参照）は、以下のように導き出される。サブクラスターによる背景限界距離 $L_i^3/(N_i L_{i-1}^2)$ が L_i を超える時、つまり、

$$N_i<(L_i/L_{i-1})^2$$

の時、観測者は、各々の直径が L_{i-1} のサブクラスター N_i 個の間から、直径 L_i の集団の外部を見ることができる。この関係がすべての階層で満たされる時、これは、宇宙を見通すための十分条件になる。もし、$N=N_1N_2N_3\cdots\cdots N_i$ が、i 番目の集団の星の総数であるならば、

$$N<(L_i/L_0)^2$$

である。ただし、L_0 を星の直径とする。これが、本文で導き出されている条件である。フラクタル次数 D の配置で見通しがきくためには、$D+1$ が d より小さい、つまり、3 次元空間においては D が 2 より小さい必要がある。無限の広がりを持ち、光学的に薄い階層的宇宙では、星々の平均密度は L^{D-3} に従って減少し、ゼロに近づく。

(9) Edward Fournier d'Albe, *Two New Worlds*。引用は pp.98, 100 から。

(10) Carl Charlier の階層構造に関する最初の出版物 "Wie eine unendliche Welt aufgebaut sein kann"（1908）には、数学的誤りがある。正しい結果は前述の(8)に示されていて、最初にこれは 1909 年、Hugo von Seeliger が Charlier に宛てた手紙の中で導き出した。Charlier はこの結果を評価し、2 番目の論文である "How an infinite world may be built up"(1922) の中でそれを使用した。質量 M、大きさ L の集団の中心部における重力ポテンシャルは L^{D-1} に比例し、したがって、フラクタル次元 D が 1 以下の天文学的階層構造は、不定値の、あるいは無限のポテンシャルの Dirichilet 問題の対象外となる。階層的宇宙においては必然的に空は暗くなり、重力ポテンシャルと集団の平衡速度は、レベルが高くなるほど小さくなる。

(11) Svante Arrhenius, "Infinity of the universe"(1911)。ドイツ

を意味する *hier* と、「法則」を意味する *archy* から来たことに注目されたい。天使や僧侶、あるいは官僚に「階層」という言葉を用いるのは適切だが、物理的な物体に階層を用いるのはあまり適切ではない。より正確には、我々は多階層的な宇宙ではなく、多段階的（multilevel）あるいは多層的（multilayer）な宇宙と言うべきなのである。しかし我々は、包括的な意味をもつ「階層」という言葉を使用するのに、あまりうるさく言う必要はない。言い換えれば、何であれ「流行のなせる技」なのである。Lancelot Whyte, Albert Wilson, および Donna Wilson の編集した *Hierarchical Structures* の前書きを参照されたい。Gerard de Vaucouleurs は、階層的宇宙についての現代的証拠を、"The case for a hierarchical cosmology" の中で論じている。

(4) Benoit Mandelbrot, *The Fractal Geometry of Nature*。

(5) 森は決して完全な円形ではなく、その係数は重要でない。どのような場合でも、集団内のすべての方向にわたって光学的深さを平均すると、本文で仮定したように係数は一定になる。

(6) 本文中で導き出される、見通しのきく、つまり光学的に薄い森林の条件は、すべての集団の一つひとつが透明であるならば、集団のレベル数とは関係しない。以下に述べる別の決定法もある。直径 L_{i-1} で N_i 個のサブクラスターから成る i 番目の レベルの集団の直径を L_i とする。サブクラスターによる背景限界距離、$L_i^2/(N_iL_{i-1})$ が、L_i を超える場合、つまり

$$N_i<L_i/L_{i-1}$$

の時、観測者には、各々の直径が L_{i-1} である N_i 個のサブクラスターの間から直径 L_i の集団の外が見える。すべてのレベルでこの条件が満たされると、見通しのきく森林の十分な条件になる。i 番目のレベルの集団の樹木の総数は、$N=N_1N_2N_3\cdots\cdots N_{i-1}N_i$ であり、したがって、

$$N<L_i/L_0$$

であることに注意されたい。ここで L_i は、N 本の樹木を含む集団の直径で、L_0 は木の直径である。これが、本文中で導き出された条件である。より一般的には、L を空間のある領域の典型的な大きさとし、N をその領域で集団を作っているメンバーの総数とすると、自己相似の階層集団では、N はL^D に従って変化する。ただし、D はフラクタル次数である。一様分布では、d 次元の空間におけるフラクタル次数が $D=d$ になる。それぞれのフラクタル次数の合計が d より小さい時、二つのフラクタルは、d 次元の空間で重複せずに共存しうる。光線のフラクタル次数は 1 である。フラクタル次数の合計である $D+1$ が d より小さい

Kenneth Jones, *Messier's Nebulae and Star Clusters* を参照のこと。

■第11章

(1) Kant, *Universal Natural History*, W. Hastie 訳, p.65。

(2) Johann Lambert, *Cosmological Letters on the Arrangement of the World-Edifice*、Stanley Jaki の注釈つき翻訳。1765年、Kant に宛てた書簡で、Lambert は以下のように書いている。「自信を持って申し上げますが、世界の起源についてのあなたのお考えは、*Only Possible Proof* の前書きであなたが述べられるまで、私は存じ上げませんでした。*Cosmological Letters*, p.149 で私が述べた考えは、1749年のものです。夕食の直後、私は、当時の自分の習慣に反して自室に行き、窓から星の出ている空、とりわけ天の川を見ました。私は、四つ折り判の紙に思いついたアイディアを書き留め、それは、天の川が、恒星の黄道のように見えるというものでした。そしてこれこそ、1760年の手紙を書く時に私が持っていたこのメモなのです」。

(3) John Herschel は *Edinburgh Review* の中で、"Humboldt's *Kosmos*" 第1巻（1848）を以下のように概説している（p.98)。「星々の広がる天空の範囲が文字通り無限であるという仮定は、偉大なる天文学者の一人であった故 Olbers 博士によって立てられ、その結論の基盤となった考え方は、天の空間に、ある程度その透明さが欠けていることである。したがって、ある一定距離を超えたところでは永遠に何も見えなくなり、また、どんなに望遠鏡の能力が向上しても、それを上回って、光の減少は幾何学的に進行する。もしそうでなかったら、天球のどの部分も、太陽面円盤の明るさで輝かなければならない。というのは、どんな視線も、無限の長さのどこかでそのような円盤表面に突き当たるからである。この特殊な形式をとった議論に我々はほとんど関心がない。それは実際のところ、非常に高い権威に従ったとしても正しくないように思われた」。そして John Herschel は一つの銀河の宇宙に賛同し、ストア派の解答を信じてはいたが、階層的な解答もあることを示した。Richard Proctor は、*Other Worlds than Ours*（1871）の脚注（p.289）で、John Herschel がその見解を述べている1869年8月20日付の手紙を引用している。Proctor は、1869年に学生たちに向けて "A new theory of the universe" と題した一連の小論文を執筆している間に、これと類似した考えを思いついた。Herschel-Proctor の書簡からの抜粋が、1886年1月1日付 *Knowledge* の pp.83-85 に掲載されている。「ヒエラルキー（hierarchy)」という言葉は、ギリシア語で「聖なる」

⑼ Robert Richardson, *The Star Lovers,* p. 158では、読者が自分で分光器を作成する方法の記事を掲載している雑誌名を、*Good Words*としている。

⑽ Otto Struve と Velta Zebergs の *Astronomy of the 20th Century*、19章および20章。および、Michael Hoskin, "The 'Great Debate': what really happened" を参照のこと。1920年の公開討論で、Shapleyは、球状星団の分布の研究によって、我々の銀河系の大きさと形の現実的な像を作り上げることに初めて成功した。しかし、彼は星の光の減衰について十分考慮しなかったため、銀河系を大きく見積もりすぎてしまった。他方Curtisは、銀河系の大きさを小さく見積もりすぎていた。Shapleyは*Through Rugged Ways to the Stars*（1969）のp.79で「実際の"討論"について、全体的なことを私はずっと前に忘れてしまった、と言わなければならないし、長年の間、誰もそのことを私に話してくれなかった」と述べている。ストア派の体系対エピクロス派の体系の長大なドラマは、一つの島宇宙に対するたくさんの島宇宙の討論において最高潮に達したが、それは、1920年の討論の内容を限定したことによって、どちらかと言えばつまらないものになってしまった。

⑾ Charles Whitneyは、ハーバード大学でShapleyの大学院生であった時の経験を思い起こし、*The Discovery of Our Galaxy,* p.219で以下のように書いている。「彼のように頭の回転が速く、鋭敏なユーモア感覚を持ち、通常は謙遜と見なされる種類の行為をまったくしない人を私は見たことがない」。

⑿ Shapley, "Colors and magnitudes in stellar clusters. Second part: Thirteen hundred stars in the Hercules Cluster（Messier 13)," p.139, 脚注。Shapleyが述べた見解は、過去数十年間広く流布していた。カナダ生まれの天文学者で、ワシントンの海軍天文台で少将の階級にまでのぼったSimon Newcombは、その著作*The Stars: A Study of the Universe*（1901), pp.231-233で、夜空の闇の謎に対するさまざまな解答を論じ、無限で空虚な空間に有限な物質が囲まれている体系（一つの銀河の宇宙）を支持すると述べた。「宇宙が有限で光の消滅がないとする仮説は、完全に証明されているわけではないが、さらなる探究によって、その仮説が間違っていることが証明されない限り、承認されたと見なされるべきものである」。

⒀ Edwin Hubble, *The Realm of the Nebulae*（1936）。

⒁ Owen Gingerich, "Charles Messier and his catalog," および

戦いをしない？　彼女の十が数千になり、数千が数百万になる時、それから——
彼女の得る物はすべて、あまりに限られている——誰が戦わない男なぞ望むだろう？

戦いをしない？　戦いは後に絶えるだろう。それは永遠の果て？　ずっと後、それともすぐ？
死んだ世界のあそこの月のように、疲れ切ったこの地球も死ぬのだろうか？

新しい天文学は、死んで彼女を呼ぶ——そしてこの日、この時、
砂の丘の間の隙間から、あなたはロックスレー塔を見る。

本文中の引用は、他の指定がない限り、William Hugginsの "The new astronomy: a personal retrospect"（*The Nineteenth Century*（1897）所収）からのものである。さらに情報を得たい場合には、William and Margaret Hugginsの *An Atlas of Representative Stellar Spectra*（1899）、*The Scientific Papers of Sir William Huggins*（1909）を参照のこと。また、*A Sketch of the Life of Sir William Huggins*（1936）（Charles Mills, C. F. Brooks 編）も参照されたい。

(5) August Comteは、*Cours de Philosophie Positive*（1830-1842）の講義19の中で、以下のように述べている。「実際の視覚的観察に還元できない研究は、いかなるものでも、星に関係する研究から除かれる……我々には、星々の形、距離、等級、運動を決定する見込みがある。しかし、いかなる手段を用いても、それらの化学的組成や鉱物学的構造が研究できるとは思われない。いわんや、その表面に住む生物の性質などは、なおさらである」。*The Essential Comte*, p.74を参照されたい。

(6) William Huggins, "On the spectrum of the Great Nebula in Orion" (1865)。

(7) E. N. da C. Andrade, "Doppler and the Doppler effect"; Karel Hujer, "Sesquicentennial of Christian Doppler"。

(8) William Huggins, "Further observations on the spectra of stars and nebulae, with an attempt to determine therefrom whether these bodies are moving towards or from the Earth" (1868)。Hugginsは、Dopplerのアイディアを評価し、その小論文 "New astronomy" の中で、わかりやすい喩え話をした。「海岸から沖へ出ようとする泳者にとって一つひとつの波は短くなり、ある決まった時間内に通過する波の数は、水にじっと立っている時よりも多くなる」。

Otté 訳、1855）の中で、「宇宙の島（Weltinsel）」あるいは「島宇宙（island universe）」という言葉を一般的にした。「我々の“宇宙の島”が属している星々の集団は、レンズ形の平たい層状のもので、どの方向も他の星の集団と離れている。その長軸は、シリウスまでの距離のおよそ 700 倍あるいは 800 倍、短軸は 150 倍と見積もられている」。「島宇宙（island universe）」もしくは「複数の島宇宙（island universes）」という言葉は、前者はストア派の体系を示し、後者はライト - カント - エピクロスの体系を示しているので、これらを混同してはならない。その混同を生じないようにするため、私は、「島宇宙」を一つの島宇宙、あるいは一つの銀河宇宙と呼び、「複数の島宇宙」を、たくさんの島宇宙、あるいはたくさんの銀河宇宙と呼ぶようにした。Richard Proctor は、*Our Place among the Infinities*（pp.193-194）の中で、宇宙論に対する Herschel の考え方の変化について、以下のように述べた。「著作を書き進むにつれて、William Herschel 卿は自信を失っていった。彼は、星を計測する自らの方式では扱えない宇宙構造の複雑さに気づきはじめた。また、測定を拡大していくにつれて、星の距離は事実上測れないほど大きいことがますます明らかになった」。

■第10章

(1) *Outlines of Astronomy,* 871 節を参照のこと。

(2) Agnes Clerke, *The System of the Stars*, p.368。

(3) Friedrich Struve, *Etudes d'Astronomie Stellaire sur la Voi Lactée et sur les Distances des Étoiles Fixes*（1847）。Struve によると、天の川銀河は、どこまでかはっきりしないが星々で構成された遠くまで広がる平たい体系である。天の川の最も遠くにある星々は、星の光が吸収されて消えるために見ることができないと彼は言った。Struve の全体像は理にかなっており、現代の考えに近いものである。しかし、銀河の円盤は、彼の言ったほど大きいわけではなく、約 10 万光年の直径である。気体とガスによる吸収が、円盤面における我々の視線を遮っている。たとえ吸収がなくても、天の川銀河は太陽の表面のように明るく輝くほど十分に大きいものではない。

(4) 「新しい天文学（new astronomy）」という言葉は、アメリカの天文学者である Samuel Langley が、その著作 *The New Astronomy*（1888）の中で最初に使用した。桂冠詩人であり、ヴィクトリア時代における思想的な代弁者であった Alfred Tennyson は、"Locksley Hall Sixty Years After"(1889）で以下のように書いた。

は、Wrightの著作から一字一句そのままに引用している。「どうすればすえられたどこかの点を中心として、それを丸く囲むように数多くの星々を配置できるかを解明することのみが、今では残されている。それが可能な方法は、たった二つしか提案されていない。そのうちの一つはいかにもありそうなものだけれど、二つのうちのどちらがあなたの賛同を得られるか私には決められない。最初の考え方はすでに私の記述したもので、すなわち、太陽中心の軌道で惑星が運動する時のように、ある平面から大きくずれることがなく、それぞれの星が同様の軌道をたどるものである……この現象を解く二つ目の考え方は、惑星や彗星が太陽のまわりを回るように、星々が球形に配置され、球殻状もしくは凹状の軌道で一つの共通した中心点のまわりをさまざまな異なる方向に動くものである。前者は、すでに述べたことから容易に理解できるであろうし、後者は、もしあなたが球を分割する考え方をするならば、同様に簡単に理解することができるだろう」。Hoskinは、*An Original Theory*の前書きで、Kantが円盤型の体系を取り入れた時、Wrightを「創造的に誤解」したのだと論じている。しかし、Gerald Whitrowは、*Kant's Cosmogony*の前書きでそれに不賛成を示し、たとえWrightが「星々の体系を球状の分布として解釈することに熱意を持ったように見えた」としても、上記のハンブルクの雑誌に引用された決定的な文言に示されたように、平面上の環の形の体系をとったWrightの完璧で明快な記述は円盤形のモデルと一致し、誤解を生じるものではなかったとしている。引用は、Kantの*Universal Natural History*（W. Hastie訳), pp.65, 145から。

(7) William Herschelは、天王星を、恒星ではなく惑星であると最初に同定した人であった。天王星は過去に何度も観測され、重要な星表を編集した最初の王室天文学者、John Flamsteedが作成した星図にも含まれていた。

(8) William Herschelの "On the construction of the heavens"（1785）、およびMichael Hoskinの*William Herschel and the Construction of the Heavens*、p.99を参照のこと。

(9) Agnes Clerke, *The Herschels and Modern Astronomy*（1901), p.67から引用。「それらは、LambertやKantが思った通りのものであった」（p.66）と彼女は述べている。「島宇宙、星々の巨大な集合体、独立した組織で銀河と認められるもの。それらのすべては、それぞれが輝かしい体系で、無限に広がる宇宙の海に完全に沈み込むことはほとんどなかった」。Alexander von Humboldtは、*Cosmos*（vol. I, p.88、E. C.

る。

(2) Wright の本のフルタイトルは、*An Original Theory or New Hypothesis of the Universe, Founded upon the Laws of Nature and Solving by Mathematical Principles the General Phaenomena of the Visible Creation; and Particularly the Via Lactea* である。1971 年のファクシミリによる複製には、Michael Hoskin による前書きがある。引用は、pp.57, 83-84 から。天文学に関する Thomas Wright の知識は、Christiaan Huygens の *Celestial Worlds Discover'd*（1698）、David Gregory の *Elements of Physical and Geometrical Astronomy*（1715）、William Whiston の *Astronomical Lectures*（1715）、John Keill の *Introduction to the True Astronomy*（1721）、William Derham の *Astrotheology, or a Demonstration of the Being and Attributes of God, from a Survey of the Heavens*（1715）のような、一般的で人を感激させる著作によっている。Michael Hoskin の "The Cosmology of Thomas Wright of Durham"（1970）と、"The English Background to the Cosmology of Wright and Herschel"（1977）を参照されたい。

(3) *Discoveries and Opinions of Galileo*（Stillman Drake による前書きと注釈つきの翻訳）、p.49 より。

(4) Pierre Maupertuis（1698-1759）、*Ouvres de Maupertuis*（1756）, 第 1 巻中の "Discours sur la figure des astres"（1742）。参照されている箇所は、Kant の *Natural History and Theory of the Heavens*（W. Hastie 訳）、p.62 より。

(5) Lucretius, *De Rerum Natura*（Latham）, p.29。

(6) Kant の本のフルタイトル（W. Hastie 訳）は、*Universal Natural History and Theory of the Heavens; An Essay on the Constitution and Mechanical Origin of the Whole Universe Treated According to Newton's Principles* である。この著作の出版に関する履歴は、Willey Ley の前書きが付されている改訂版の付録 C で述べられている。*Kant's Cosmogony*（W. Hastie 訳）の前書きで、Gerald Whitrow は、Kant について以下のように語っている。「宇宙についての今日の我々の知識から見ると、彼が晩年に書き、それによって彼の思想家としての評価がなされていた著作は、大いに時代遅れであまり評価すべきではない。そして、注目すべき物理的洞察力を示した初期の科学的著作により多くの注意を向けなければならないことは、はっきりしている」。ハンブルクの雑誌の中にある Wright の *An Original Theory* の概要は、W. Hastie の翻訳の付録 B に再収録されている。この概要

$$\alpha = \frac{\mu}{\mu+\lambda}\Big(1- \exp[(\lambda^{-1}+\mu^{-1})r]\Big)$$

となる。ここでαは、遮られていない星々が空を覆う割合である。無限で均一な宇宙では、rが無限大に近づくにつれて、空を星が覆う割合は、

$$\alpha = \mu/(\mu+\lambda)$$

となる。もし、星間吸収が重要でなく、カットオフ距離μ（我々はこれを吸収限界距離と呼んでいる）が、背景限界距離のλよりはるかに大きければ、αは1となり、空は、隠されていない星々で完全に覆われる。しかし、星間吸収が重要で、吸収限界距離μが背景限界距離λよりはるかに小さければ、$\alpha = \mu/\lambda$となり、ほとんどの星は視界から隠れる。本文中で述べたように、吸収媒質によって夜空の闇が生じる条件は、吸収限界距離μが背景限界距離λよりはるかに小さいことである。

(2) Olbersの論文 "Ueber die Durchsichtigkeit des Weltraumes" は、1823年に、J. E. Bodeの *Astronomical Year Book for the Year 1826* の中に収められて出版された。"On the Transparency of Space" と題された英訳はあまり正確ではなかったが、1826年、*Edinburgh New Philosophical Journal* に収録された。

(3) Otto Struveの "Some thoughts on Olbers' paradox"、Stanley Jakiの "Olbers', Halley's, or whose paradox?" と、"New light on Olbers's dependence on Chéseaux" を参照のこと。

(4) John Herschelの "Humboldt's *Kosmos*" (*Essays*, p.257所収)。エネルギー保存と、また、吸収の考えをHerschelが否定したことに対する言及は、18章を参照されたい。

(5) Hermann Bondi, *Cosmology*, p.21、および、"Modern theories of cosmology"。

(6) Edward Fournier d'Albe, *Two New Worlds*(1907), p.109。

■第9章

(1) ストックホルムのEmanuel Swedenborg (1688-1772) は、神秘主義に転向したデカルト主義者で、1734年にその著作 *Principia Rerum Naturalium* で以下のように書いている。「天球、つまり星に満ちた天は、銀河と共通軸をもち、銀河には非常に数多くの星が認められる。すべての渦は、銀河に沿って直線上に列になって配置されている」。これはJames RendelとIsaiah Tansleyによる英訳、第2巻p.159による。この種の漠然とした記述によって、Swedenborgはしばしば、ニュートン後の時代に、銀河の構造を最初に理論化した人と思われてい

の距離によってたくさんの木々が混じり合い、何千本もの木が一つにつながって見えることをあなたは信じるであろうか？」。Stanley Jaki が *Paradox of Olbers' Paradox* で指摘したように、森林の比喩から論理的結論を導き出せなかったことによって、Bruno は、夜空の闇の謎を解き損なったのである。しかし、Jaki が、Otto von Guericke に対しても同じ根拠で言及したことは、Guericke はストア派の体系を信じていたため、不適切である。

(6) 均一な媒質の光学的深さは、その距離を平均自由行程で割ったものである。したがって、もし、ある雲の光学的深さが τ ならば、それは、平均自由行程の τ 倍の厚さがある。透明でない物質で、その厚みが 1 平均自由行程を越える時、それは光学的に厚いと言われる。これは、厚みが我々が背景限界距離と呼ぶものより大きいことを意味する。一般にあらゆる形態をとる放射——電波、赤外線、可視光、紫外線、X 線——の強度は、$\exp(-\tau)$ で減少する。ここでは、$\tau=r/\lambda$ が光学的深さを表す。

(7) (3)で、背景限界距離である $r=\lambda$ までの星々で空が覆われることを示した。$N=4\pi nr^3/3$ は、距離 r までにある星々の数を表す。したがって、空を覆うために必要な星々の数は、

$$N=4\pi n\lambda^3/3$$

になる。$V=1/n$ は、一つの星が占める平均体積であり、$\lambda=V/\sigma$ であるから、

$$N=4\pi V^2/(3\sigma^3)$$

となる。これが、本文で示した空を覆う星々の数を表す式である。

■第 8 章

(1) この結果は、一般的には以下のように導き出される。すべての星は太陽と似ているものとし、半径 a、密度 n で均一に分布していると仮定する。半径 q、厚さ dq の球殻に含まれる星の数は、$4\pi nq^2dq$ であり、球殻の中の星々が覆う空の割合は、この数字に $a^2/(4q^2)$ を掛けた値になる。間にある球殻の星が幾何学的に重なり合う影響を含めるためには、それに $\exp(-q/\lambda)$ を掛ける必要がある。ただし、$\lambda=1/(\pi na^2)$ は背景限界距離である。さらに、星間吸収による影響を含めるには、$\exp(-q/\mu)$ を掛ける必要があり、μ は、吸収平均自由行程である。したがって、球殻の中の星が覆う空の割合は、$\lambda^{-1}\exp[(\lambda^{-1}+\mu^{-1})q]dq$ である。これを $q=0$ から $q=r$ まで積分すると、

の半径rがλと等しい時にαは1となり、したがって、λはまた背景限界距離となることに注意されたい。E. Harrison, "Kelvin on an old and celebrated hypothesis." を参照のこと。もし、$V=1/n$が、一つの星の占める平均体積とすると、

$$\lambda=V/\sigma$$

となる。これが本文中の等式で、星に満たされた宇宙の背景限界距離となる。

(4) 測光法によって星の距離を測定するGregoryの方式の議論は、Michael Hoskinの"Newton, providence and the universe of stars"、および"The English background to the cosmology of Wright and Herschel" を参照のこと。Albert Van Heldenは、*Measuring the Universe: Cosmic Dimensions from Aristarchus to Halley*, p. 158で、Gregoryについて言及している。

(5) ここでは、すべての木は似通ったものであり、目の高さの直径がwで、単位面積当たりnの密度で均一に分布していると仮定する。半径がq、幅がdqの円環領域では、木の数は$2\pi nqdq$となり、木の直径の総計は$2\pi nqwdq$となる。この総計をこの領域の円周である$2\pi q$で割れば、木で覆われた面積の割合として$nwdq$が得られる。それを距離rまで積分すると、

$$\sigma=nwr=r/\lambda$$

となる。この場合、$\lambda=1/(nw)$は平均自由行程である。$r=\lambda$の場合、αは1となる。ただし、λは背景限界距離であることに注意されたい。ここでAを1本の木が占める平均面積とすると、木の平均密度は、$n=1/A$である。したがって、

$$\lambda=A/w$$

となる。これが本文の、森林における背景限界距離を表す式である。言い換えれば、$A=L^2$のとき、$\lambda=L^2/w$である。ただしLは、木々の間の典型的な距離を表す。したがって、背景限界距離内にある木の本数は、

$$N=\pi\lambda^2/A=\pi A/w^2$$

となる。これが本文で示した、見ることのできる木の数である。森林の比喩は、私の論文 "The dark night sky paradox" で扱われている。おそらく、Giordano Brunoが、森林の比喩を用いた最初の人であったろう。*Jordani Bruni Nolani Opera Latine Conscripta*, vol.1, 2nd pt., pp.127-128には、以下のように記されている。「木々がどこも同じ密度で植えられている森林の中に入り、周囲を見渡してみよう。近くの木々は遠くの木々よりも互いどうしが離れて見えること、遠く離れると、そ

た思想や海外の新しい考えが、Stukeley が 30 年前の会話の内容を回想する際に影響を与えたのかもしれない。

■第 7 章

⑴ Chéseaux の彗星に関する逸話の詳細は、J. L. E. Dreyer の "The multiple tail of the great comet of 1744" にある。Amédée Guillemin の *The World of Comets*, p.212 や、George Chambers の *The Story of the Comets*, pp.128-129 も参照のこと。

⑵ 夜空の闇の謎を論じた無限の宇宙に関する Halley の 2 編の論文は、天文学者の間ではよく知られていたと思われる。それらは、他の著者の選りすぐった論文とともに、王立協会による *Philosophical Transactions*（1734）の 6 巻から成る特別版に再収録されている。過去の著作を紹介する時に犯した Chéseaux の誤りが、近年の著者の誤解を招いた可能性がある。たとえば、Otto Struve の "Some thoughts on Olbers' paradox"（1963）や Gustav Tammann の "Jean-Philippe de Loys de Chéseaux and his discovery of the so-called Olbers' paradox"（1966）、また、Donald Clayton の *The Dark Night Sky: A Personal Adventure in Cosmology*（1975）の中では、この謎の起源が Chéseaux にあるとされ、より初期の歴史については考慮されていない。この見落としに関するコメントは、Stanley Jaki の "Olbers', Halley's, or whose paradox?" や Michael Hoskin の "Dark skies and fixed stars" を参照されたい。

⑶ Chéseaux の計算は Kelvin 卿によって 1901 年に更新され、以下のような形式になった。星々はすべて太陽と同じで、その半径が a、単位体積当たりの密度が n で一様に分布していると仮定する。半径が q で、厚さが dq の球殻の中にある星の数は、$4\pi nq^2dq$ であり、それらが互いに隠し合っていないとすると、星の見かけの総面積は、この値に πa^2 を掛けた値の、$4\pi^2na^2q^2dq$ である。星々が占めるこの面積を、球殻の面積 $4\pi q^2$ で割れば、空が星々で覆われる割合の πna^2dq が得られる。星の幾何学的断面積を、$\sigma=\pi a^2$ で表すとしよう。すると、球殻の中で空が星々に覆われる割合は、$n\sigma dq$ になる。これを、距離 r まで積分して、空が星で覆われる割合は、

$$\alpha=n\sigma r=r/\lambda$$

となる。ただし、$\lambda=1/(n\sigma)$ は光の平均自由行程である。この平均自由行程——一般的には気体力学で使用される用語であるが——は、ある粒子が衝突するまでに平均して進む距離である。星々を取り囲む球

universe of stars" を参照のこと。引用は、*Principia* 第 2 版（I. Bernard Cohen 編), vol.2, p.236 より。

(8) *Isaac Newton's Mathematical Principles of Natural Philosophy and his System of the World*, 2nd ed. pp.389-390。Andrew Motte の訳で、I. Bernard Cohen による前書きがある。

(9) Isaac Newton の *Opticks*, 4th ed., p.400。

(10) Voltaire, *Letters Concerning the English Nation*(1733)。

(11) Edmund Halley, "Considerations on the change of the latitude of some of the principal fixt stars"(1718)。

(12) Halley によるこの論文のフルタイトルは以下のとおり。"An account of several nebulae or lucid spots like clouds, lately discovered among the fixt stars by help of the telescope"(1714)。

(13) Journal Book によると、これら二つの論文は、王立協会において、最初の方は 1721 年 3 月 9 日に、2 番目の方は 1 週間後の 3 月 16 日に読まれた。Michael Hoskin, "Dark skies and fixed stars" を参照のこと。

(14) Michael Hoskin は、"Dark skies and fixed stars" の中で、James Gregory の甥であるスコットランドの天文学者で、オックスフォード大学の天文学教授である David Gregory による議論を、Halley が聞いた可能性があると示唆している。さらに後に、"Stukeley's cosmology and the Newtonian origins of Olbers's paradox" において、Hoskin はそれとは違った示唆をしている。William Stukeley（1687-1765）は 18 世紀の科学において主要な人物ではないが、その著作 *Memoirs of Sir Isaac Newton's Life*（1752）で、30 年も前の 1718 年から 1721 年の間のどこかで、2 人がまだ知り合って間もなくの頃、Newton と記憶に残る対話をしたことを思い起こしている。彼は、次の質問について Newton とどんな議論をしたかを記憶していた（p.75)。「もし、空間がすべての方向に無限に広がっていたとしたら、その結果はどのようになるか？　私たちは、毎晩不便を感じる。半球全体が天の川のような薄暗がりに見えるだろうから」。Stukeley はまた、1721 年 2 月 23 日に Halley と彼が、Newton と朝食をとったと言っている。これは、Halley がこの議論を最初に Stukeley から聞いたことを示唆している、と Hoskin は述べている。不幸にも、Stukeley の伝記には事実の間違いが数多くあり、また、Newton は控えめな辛抱強い人で、異端に傾倒したり錬金術に興味を持ったりした汚点がない、という誤ったイメージを作り上げた大きな責任がある。18 世紀中頃に流行してい

入り交じった以外に何もないからである。したがって、動かない雲状の天体や雲のような星々は、非常に小さい星々が寄り集まったものにほかならず、望遠鏡がないとそれぞれの星に分かれて見えずに、混じり合って雲のように見えるのである」。

(3) Edmund Halley, "Philosophiae naturalis principia mathematica" (1687)。Newton は何よりも数学の天才であった。彼がまた熱心な錬金術師であったことは、あまり知られていない。1660年代から1690年代初期にかけて、彼は、自らの時間のほとんどを膨大な量の秘密文献の書き写しに費やし、また、研究室で高度な技術を用いて注意深い数多くの化学実験を行うことに費やした。彼はまた、生涯ユニテリアン派という秘密主義で異教の神学者であった。彼は、聖書の意味に関する多量の書物を書き、聖ヨハネによる黙示録とダニエル書の預言の謎を解き、モーゼの年代記や初期の教会史を学んだ。また、死後出版された *Chronology of Ancient Kingdoms Amended*（1728）の中で、彼は歴史を再構築して聖書の記録と一致させた。*Foundations of Newton's Alchemy* で、Betty Dobbs は、Newton の「偉大なる力のほとんどは、教会史、神学、"古代王国の年代記"、預言、錬金術に注がれた」と書いている。

(4) Richard Bentley, "Eight Boyle Lectures,"（*The Works of Richard Bentley*, vol.3, Alexander Dyce 編、1838年発行所収）。講義には以下のタイトルがつけられている。(1)「無神論と（今日呼ばれているところの）現神論の愚かしさ」、(2)「物質と運動は思考できない、あるいは、無神論に対する魂の機能からの反論」、(3)〜(5)「無神論に対する人体の構造と起源からの反論」、(6)〜(8)「無神論に対する世界の起源と構造からの反論」。7番目と8番目の講義は、*Isaac Newton's Papers and Letters on Natural Philosophy and Related Documents*（I. Bernard Cohen、Robert Schofield 編）にも再収録されている。これには、Perry Miller の "Bentley and Newton," p.271 も含まれている。Henry Guerlac and M. C. Jacob, "Bentley, Newton, and providence (the Boyle Lectures once more)" も参照されたい。

(5) *The Correspondence of Isaac Newton*, vol.3（H. W. Turnbull 他編）、p.233（1692年12月10日）、p.238（1693年1月17日）、p.244（1693年2月11日）、p.253（1693年2月25日）。

(6) Lucretius, *De Rerum Natura*（Latham）p.56。

(7) Michael Hoskin, "The English background to the cosmology of Wright and Herschel" と、"Newton, providence, and the

■第6章

(1) ストア派の「物質世界の外にある空虚（extramundane void)」の考えは、新プラトン主義者たちによって作り出され、さらに、Thomas Bradwardine（1290?-1349)、Francesco Patrizi（1529-1597)、Giordano Bruno（1548-1600)、Tommaso Campanella（1568-1639)、Pierre Gassendi（1592-1655)、Henry More（1614-1687）らによって発展して、ニュートン派の宇宙となった。Samuel Sambursky の *The Physical World of Late Antiquity*、Alexandre Koyré の *From the Closed World to the Infinite Universe* と Edward Grant の "Medieval and seventeenth-century conceptions of an infinite void space" および *Much Ado about Nothing* を参照のこと。Benjamin Brickman の "On physical space" には、Patrizi の最初の著作である *Pancosmia* の 1593 年版の翻訳と、Lillian Pancheri の "Pierre Gassendi, a forgotten but important man in the history of physics" が含まれているので参照されたい。また、Henry More については Edwin Burtt の *Metaphysical Foundations of Modern Physical Science* を参照されたい。

(2) ノートに書かれ、*De gravitatione et aequipondio fluidorum* で始まるこの手稿は、*Unpublished Scientific Papers of Isaac Newton*, p.121（A. Rupert Hall、Marie Boas Hall 訳・編）の中に、On the gravity and equilibrium of fluids という表題で翻訳されている。以下の興味深い引用は、Newton の小論文 "Cosmography", pp.375-376 からのものである。「宇宙は、3 種類の大きな天体から成り立っている。恒星、惑星、そして彗星である。そして、これらの天体はすべて、それら自身に向かって引きつけようとする重力を持ち、それによって、ちょうど、地球上の石や他の物体が地球に向かって落ちるのと同じように、それぞれの一部がその天体に向かって落ちるのである……恒星は非常に大きい丸い天体で、自らの熱によって力強く光り、互いに、大きく離ればなれになって天空全体に散らばっている……我々の太陽は恒星の一つであり、一つひとつの星はそれぞれの領域における太陽である。もし、我々が恒星から離れているのと同じくらい太陽から離れるとしたら、その距離によって太陽は恒星の一つのように見えるだろう。また、我々が恒星のどれかに太陽と同じくらいに近づいたとしたら、近さのためその星は太陽のように見えるだろう……というのも、性能の良い望遠鏡で見た天の川は、非常に小さい恒星でいっぱいであり、これらの星々の光がに続けている。「宇宙の半球全体から注がれるこれら限りなく多くの放射は、すべて、目の瞳孔の表面を通過し、この、まったく素晴らしい目の仕組みによって互いに分離され、目の小宇宙の異なる細胞へと運ばれる」。

(8) Hooke, *Posthumous Works*, pp.76-77。原子の集合による効果については、Lucretius が叙事詩 *De Rerum Natura*（Latham, p.69）で以下のように記している。「丘にはしばしば、ふわふわの毛に覆われた羊が、青々とした牧草をはみながらゆっくり前へ進む。そして、新しい露の光る草に、あちらこちらへと誘われる。お腹がいっぱいになった子羊たちは、陽気にはね回り、ぶつかり合う。だが、私たちが遠くから見れば、緑の丘の中腹にかすんで静止した白い点――にしか見えない。他の例を見よう。模擬戦争をする強い軍隊が、演習のために平原に集まっている。目の眩むような光彩が空に輝き、地上一面に赤銅色が輝く。下界では、行進する無数の軍靴が鳴り響く。やかましい叫び声が丘にとどろき、天球に反響する。騎手が大急ぎのギャロップで平原を横切り、平原は彼らの激しい攻撃に震動する。しかし、丘の高台という優位な位置に立って見ると、すべては静止している――光の炎もその平原の上では止まっているのだ」。

(9) Fontenelle の *Plurality of Worlds*（Joseph Glanville 訳), pp.122-124 より。Steven Dick は、その著作 *Plurality of Worlds* の中で、Fontenelle の *Entretiens sur la Pluralité des Mondes*（1686）の数多くの版やさまざまな翻訳について論じ、また、ほとんど同じ領域をより技術的に扱った Huygens の *Cosmotheros*（1698 年、彼の死後にラテン語で出版され、同年、英語訳が *The Celestial Worlds Discover'd: or Conjectures Concerning the Inhabitants of the Planets* として出版された）を論じている。Marjorie Nicolson は、"The early stages of Cartesianism in England" の中で、以下のように書いている。Fontenelle の *Plurality of Worlds* は十数回も英語に訳され、「哲学者たちを、アカデミーの回廊からご婦人たちのサロンへと誘い出すのが流行した。この本が女性の社会に与えた影響はとりわけ注目に値する。もし、美しい M. Fontenelle 侯爵夫人がデカルト主義を理解できたとしたら、イギリスの婦人たちも理解できただろう」。

(10) *The Celestial Worlds Discover'd*, p.156。Christiaan Huygens の光に関する著作で、より網羅的なものは、彼自身の *Treatise on Light*（1690）を参照のこと。

and seventeenth century conceptions of an infinite void space beyond the cosmos" と *Much Ado about Nothing*, pp.215-216 の中で論じられている。Grant は、*A Source Book in Medieval Science*, pp.563-568 の中にある *New Magdeburg Experiments on Void Space* の books Ⅰ とⅡの一部分を訳している。

(4) 彗星の周期的出現を最初に予測したのは、Guericke でも Halley でもなかった。Samuel Pepys は 1665 年 3 月 1 日、日記の中で以下のように書いている。「昼、私はトリニティーハウスで昼食をとり、それからグレシャム・カレッジへ行った。そこでは Hooke 氏が、最近の彗星について非常に興味深い第 2 回目の講義を行っていた。他の事柄と合わせて見ると、この彗星は、1618 年に出現したものと同じ彗星である可能性が高く、また、同じくらいの間を置いて彗星はおそらく再び出現するというのである」。*New Magdeburg Experiments on Void Space*, books 1 and 2 は、Edward Grant により、*A Source Book in Medieval Science*, pp.563-568 に、ラテン語から翻訳されている。Grant の "Medieval and seventeenth-century conceptions of an infinite void space beyond the cosmos" も参照。

(5) Descartes, *Dioptrique*（1637）。I. Sabra, *Theories of Light from Descartes to Newton* の第 1 章〜第 4 章を参照のこと。I. Bernard Cohen, Robert Schofield 編の Newton, *Opticks*、および A. E. Shapiro 編 The optical lectures, 1670-1672 を参照のこと。

(6) Robert Hooke（1635-1703）についての情報の原典は、*The Posthumous Works of Robert Hooke*（1705）の序文として載せられた Richard Waller の短い解説である。Edward Andrade による "Robert Hooke" は、Hooke について今日知られている事柄の多くを要約している。有名な *Micrographia: Or Some Physiological Descriptions of Minute Bodies Made by Magnifying Glasses with Observations and Inquiries Thereupon*（1665）は、Hooke が 30 歳の時の著作であり、多数の図とともに、多くのオリジナルな思想を含んでいる。その中には「熱は、物体の一部分の運動もしくは振動から生じる性質である」とか、光は「均質な媒体の中を、伝播する方向に対し横方向に振動する非常に短い波である」というものもある。Marjorie Nicolson は、*Science and the Imagination* 中の小論文や *The Breaking of the Circle* の講演の中で、顕微鏡や望遠鏡によって明らかにされた新しい領域が、文学にどのような影響を与えたかを述べている。

(7) Hooke, *Posthumous Works*, pp.120-121。Hooke は以下のよう

2.44 λ/d ラジアンの角度で中央の円盤形となる（1 ラジアンは $180/\pi=57.3$ 度、つまり 3,440 分である）。青色光に対して、$\lambda=4\times10^{-5}$ センチメートル、$d=0.4$ センチメートルとすると、回折像の角度は 0.8 分になる。これは大体、網膜中央における円錐体細胞の分離度に相当する。星は小さな回折円盤に見え、この円盤は、星の実際の幾何学的像の大きさよりはるかに大きい。光学的な不完全さによって見かけの大きさはさらに増大し、また、大気の揺らぎによってまたたきが生じる。惑星、銀河、また、他のまたたかずに光る天体は、角度の大きさが 1 分よりはるかに小さいことはない。望遠鏡は口径がより大きいので、肉眼より小さな角度まで分解できる。回折限界よりもはるかに小さい角度しか持たない星のような天体を望遠鏡で拡大することは、通常できない。望遠鏡は集光のために用いられ、星々をより明るく見せるが、より大きく見せるのではない。ケプラーは、望遠鏡は目に見えない星々を拡大して見るという間違った考え方をしていた。

(8) Kepler, *Conversation with the Starry Messenger*、Edward Rosen 訳、pp. 34, 35-36, 43。

(9) Kepler, *Epitome of Copernican Astronomy*、Koyré, *From the Closed World*, p. 78 より引用。

(10) Alexandre Koyré, *From the Closed World*, pp.86-87。

■第 5 章

(1) *A Discourse on the Method of Rightly Conducting the Reason and Seeking for Truth in the Sciences*（1637）と、*Principles of Philosophy*（1644）は、Elizabeth Haldane と G. R. T. Ross によって、*The Philosophical Works of Descartes* の中で翻訳されている。引用は、*Discourse on the Method* の pt. V と、*Principles* の pt. II と principle XX からされている。

(2) 理性的な原理に支配された広がりの確定できない宇宙という考えは、Henry More に刺激を与え、*Infinite of Worlds*（1646）の中の詩を書かせた。「たとえ私が、エピクロス派の堕落したあり方を嫌悪していたとしても、真実を拒絶することはできない」。Marjorie Nicolson は、"The early stages of Cartesianism in England" の中で「1640 年代と 50 年代には、進歩的な神学者や哲学者たちは Descartes を救世主と見ていたが、1675 年までに、Descartes の哲学は賞賛より非難を浴びるようになった」と書いている。

(3) Otto von Guericke の著作は、Edward Grant により "Medieval

Experimental Science と、Katherine Collier, "Primeval light," (*Cosmogonies of Our Fathers* 第 3 章所収）を参照のこと。

⑵ Edward Rosen, *The Naming of the Telescope* を参照のこと。

⑶ タイトルの *Sidereus nuncius*（*Starry Message*、あるいは *Sidereal Message*）は、nuncius を "messenger" と訳したことで、その意味が違ってしまった。E. Rosen, *Kepler's Conversation with Galileo's Sidereal Messenger*, pp.xiv-xvi と、"The title of Galileo's 'Sidereus nuncius'" を参照のこと。Stillman Drake は、*Discoveries and Opinions of Galileo* の中で、ガリレオの本のタイトルを *The Starry Messenger* と訳している。本書ではタイトルを *Starry Message*（星界からの報告）とし、Drake の翻訳の pp.45-46, 47, 49 から引用した。

⑷ 天文学者 John Herschel は、1836 年、1 等星と 6 等星とでは、明るさが 100 倍異なることを計測した。1850 年、Norman Pogson は、等級が一段階明るくなると、明るさは 2.5 倍（より正確には 2.512 倍）になるとした。$2.512^5 = 100$ なので、等級が 5 等級暗くなると明るさは 100 分の 1 に減少する。大まかではあるが手頃な指標として、1 キロメートル先にあるロウソクが 1 等星の光源であり、10 キロメートル先のロウソクはその 100 分の 1 の明るさで、6 等星の光源になる。アルデバランとアルタイルは 1 等星で、北極星（ポラリス）は 2 等星である。シリウス（−1.6 等星）は、1 等星の 10 倍明るく、金星（−4 等星）は 100 倍明るい。満月（−12.5 等星）は、1 等星の 25 万倍明るい。口径 1 インチの望遠鏡は、闇に順応した瞳孔と比べて 16 倍の集光面積があり、この望遠鏡を用いると、9 等の星々を見ることができる。これは、Galileo の最初の望遠鏡の口径とほとんど同じである。100 インチの望遠鏡は、100 の 2 乗、つまりその 1 万倍の光を集めることができ、したがって、19 等星の星を見ることが可能となる。写真乾板を使うと集光力が増加し、見ることのできる等級がさらに増す。

⑸ Galileo, *Dialogue Concerning the Two Chief World Systems—Ptolemaic and Copernican*、Stillman Drake 訳。

⑹ Alexandre Koyré, *From the Closed World to the Infinite Universe*, pp. 61, 69-70, 75, 78。

⑺ 眼が解像できる最小角は、瞳孔による回折と、網膜中央にある円錐体細胞の分離度で決定される。回折がなく、目に入る光線が網膜上で完全な焦点を結ぶと考えてみよう。λ が波長を表し、d が口径（この場合は瞳孔の）とすると、網膜上の回折像は、入射光の 0.84 を含み、

(11) William Gilbert, *On the Magnet*, Silvanus P. Thompson による訳、pp.215-216。

(12) Marjorie Nicolson, *Science and Imagination*, p.96 では、この記述は、David Masson がエジンバラで講義を行った時のものとしている。Nicolson の *Breaking of the Circle: Studies in the Effect of the "New Science" upon Seventeenth Century Poetry* を参照のこと。また、Thomas Orchard の *Milton's Astronomy: The Astronomy of 'Paradise Lost'* も参照せよ。Caroline Spurgeon は、*Shakespeare's Imagery, and What it Tells Us*, p.13 で以下のように記している。「Shakespeare には、自然（特に天候、植物、庭造り）、動物（特に鳥）、そして、我々の日々の家庭的なもの——健康な身体、病気の身体、屋内の生活、火、光、食物と料理——が、まず出てくる。他方、Marlowe には、本、特に古典から導き出されるイメージと、太陽、月、惑星、天から導き出されるイメージが、他のすべてのものよりはるかに多い。事実、宇宙の目くるめくような高さや広大な空間について、豊かな想像力を持って最大の関心を寄せていたことは、高みへと突き上げてゆく壮大な情熱と相まって、Marlowe の心を支配する印であった」。また、Marlowe が新しい魔力のとりことなりながらもエリザベス朝の人であったのに対し、Donne が今日では滅び去った古い秩序を突き破って自由になり、（Marlowe が若くして亡くなったため）イギリスにおいて、天に関する新しい発見の意味するものを最初につかんだ詩人であったことを、Nicolson は我々に思い起こさせる。

■第 4 章

(1) 中世の体系において、空が青いことは、C.S. Lewis の *The Discarded Image* で論じられている。Max Jammer は、"Judeo-Christian ideas about space"（*Concepts of Space* 所収）で、宇宙には光が広がっているという信念について論じている。この信念はピタゴラス派に端を発していて、Jammer は、Plato の *Republic*（X, 616）を引用し、以下のように書いている。「この光は、三橈漕船〔3 段にオールのついた古代のガレー船〕を強固にする太綱のように空を束ね、回転する宇宙のすべてをつなぎとめている」。新プラトン主義者たちやグノーシス主義者たちによって謎の宗教へと組み立てられていったこの“光の形而上学”は、リンカンの司教で、光は宇宙の根本的な要素であるという思想を信奉した Robert Grosseteste を含む中世の学者たちに強い影響を与えた。Alistair Crombie, *Robert Grosseteste and the Origins of*

■第 3 章

⑴ Lynn White, *Medieval Technology and Social Change* および Jean Gimpel, *The Medieval Machine* を参照のこと。

⑵ Charles Haskins, *The Rise of Universities*。

⑶ フランスにおける最も偉大な識者の一人である Pierre Duhem（1861-1916）は、生涯のほとんどにわたってパリ・アカデミーから無視されていた（Donald Miller, "Ignored intellect: Pierre Duhem" を参照のこと）。Duhem は中世の物理学と宇宙論が非常に重要であることを強調したが、これまで歴史家たちからはほとんど注目されなかった（*Medieval Cosmology: Theories of Infinity, Place, Time, Void, and the Plurality of Worlds* を参照のこと）。"Late medieval thought, Copernicus, and the scientific revolution" において Edward Grant は Duhem を引用し、「もし、我々が現代科学の誕生の日を決めなければならないなら、パリの司教が厳かに、世界は複数存在しうる、そして、天はその全体が直線運動をしているかもしれない、と宣言した 1277 年を疑いなく選ぶであろう」と述べている。

⑷ Arthur Lovejoy, *Great Chain of Being* の第 3 章および第 4 章を参照のこと。

⑸ Edward Grant は、Brandwardine の "Medieval and seventeenth-century conceptions of an infinite void space beyond the cosmos" のさまざまな箇所を訳出し、論じている。

⑹ Nicholas of Cusa, *On Learned Ignorance*。

⑺ Thomas Kuhn, *Copernican Revolution* の第 7 章。

⑻ Thomas Digges の著作は Francis Johnson の *Astronomical Thought in Renaissance England* の 6 章で論じられているが、この章は、Milton Munitz の編集による *Theories of the Universe*, pp.184-189 からの転載である。

⑼ Francis Johnson の出版物の助けを得て、私は、夜空の闇の謎を何とか Thomas Digges の "The dark night-sky riddle: a 'paradox' that resisted solution" までたどった。Digges は無限の宇宙の思想の再生に寄与し、遠方の星々が見えるかどうかの問題を提起している。思想は、その起源が明確なことはまずなく、Digges の著作には、望遠鏡の発明の後になってさらにはっきりと定義された思想が認められる。

⑽ Dorothea Singer, *Giordano Bruno: His Life and Thought*, p.302。

■第 2 章

(1) *Plutarch's Essays and Miscellanies*, vol.1, p.140。

(2) Norman DeWitt, *Epicurus and His Philosophy* を参照のこと。

(3) Cyril Bailey がエピクロス派の哲学について記述している the Introduction to *Lucretius on the Nature of Things* を参照。標準的な翻訳には、Bailey の *Titi Lucreti Cari: De Rerum Natura* がある。この著作の序文で、Bailey は稿本の歴史と性質について述べ、それらはすべて、4 世紀か 5 世紀の原本をもとにした異なる写本であるとしている。15 世紀および 16 世紀に最も影響力があったのは、Poggio の稿本から写し取られたイタリアの写本である。Poggio の稿本は 1564 年にパリで出版され、この出版物は、ほぼ 3 世紀にもわたって Lambinus edition という権威ある版となっていた。本書では、私は、文章のスタイルが読みやすいことと、入手のしやすさとから、Ronald Latham による *The Nature of the Universe* の散文体の翻訳を引用した。

(4) Samuel Sambursky, *The Physical World of the Greeks* を参照のこと。

(5) Samuel Sambursky, *Physics of the Stoics*、David Hahm, *The Origins of Stoic Cosmology* を参照のこと。

(6) Archytas についてはほとんど情報が入手できない。わずかなコメントが、Max Jammer, *Concepts of Space*、B. Van der Waerden, *Science Awakening*、Edward Grant, *Much Ado about Nothing* にあるので参照のこと。

(7) Francis Cornford の "The invention of space" より引用。

(8) Ronald Latham による訳 *The Nature of the Universe*, pp.55-56 から。

(9) Edward Grant による訳 "Medieval and seventeenth-century conceptions of an infinite void space beyond the cosmos" から。

(10) Dorothea Singer による訳 *Giordano Bruno: His Life and Thought,* p.251 から。

(11) John Locke, *An Essay Concerning Human Understanding*, bk.2,chap.13, sect.21。

(12) Dionys Burger, *Sphereland: A Fantasy about Curved Space and an Expanding Universe*。この本は、Edwin Abbott による古典的著作 *Flatland: A Romance of Many Dimensions* の続編である。

原　注

■第1章

(1) 全天空は、立体角にして4π平方ラジアンの面積がある（平方ラジアンは立体角の単位、ステラジアン)。1ラジアンは180/π、つまり57.3°であり、全天は4×180^2/π、つまり41,253平方度である。太陽の半径はほぼ0.27度角であるから、太陽面の面積は、0.22平方度にすぎない。したがって、全天の面積は、太陽の面積のおよそ18万倍の大きさになる。言い換えれば、明るい空の宇宙は、地球に向かって太陽の18万倍の放射を注ぐことになる。

(2) Wesley Salmon の *Zeno's Paradoxes* を参照のこと。ゼノンのパラドックスについて数人の著者が記した小論が Richard Gale の *The Philosophy of Time*, 第5章にある。そのパラドックスは、G.Whitrow による *The Natural Philosophy of Time* の pp.190-200 や Bertrand Russell による *Mysticism and Logic* の中の "Mathematics and metaphysicians" で論じられている。

(3) Silvanus P. Thompson の *The Life of William Thomson, Baron Kelvin of Largs* vol.2, p.833 を参照のこと。Stanley Jaki は、*The Paradox of Olbers' Paradox* の中で、暗い夜空の謎に関する歴史を Halley にまで遡っている。そして暗い夜空の謎は、パラドックスの重要性を明確にし損ね、歴史的記録を引き出し損ね、そして、正しい結論を認識し損ねた科学者たちによって構成された、それ自体が何重にももつれたパラドックスであると Jaki は論じている。このテーマを論じるに当たって、自然科学をほとんど、あるいはまったく理解していない自然科学史家がいるというパラドックスを述べる人がいるかもしれない。Jaki によれば、正しい解答は以下のようになる。無限の宇宙では空は星々で覆われてしまうが、有限の宇宙なら明らかに空は星々で覆い尽くされることはない。したがって宇宙は有限のはずである。しかしながら、この論じ方は、以下に示される通り誤っている。この謎をパラドックスと呼ぶに当たって注意を要する理由が、私の論文 "Dark night-sky riddle: a 'paradox' that resisted solution"(1984) の中で論じてある。

【ら　行】
ライト　Thomas Wright　148-152,154,155,157
ライプニッツ　Gottfried Leibniz　90
ラプラス　Pierre Laplace　155,157
　カント-――の星雲説　156,157,226
ランベルト　Johann Lambert　181
リービット　Henrietta Leavitt　171,174
リーマン　Friedrich Riemann　238
力学的エネルギー　272
理性の時代　89
リッペルスハイ　Hans Lippershey　68
りゅう座の惑星状星雲　166
リュケイオン　Lyceum　36
リンゼイ　Margaret Lindsay　170
ルクレティウス　Lucretius　35,44,54,154
ルバイヤット　The Rubáiyát　271
ルメートル　Georges Lemaître　247
レイリー卿　Lord Rayleigh　218
レウキッポス　Leucippus　32,33
レーマー　Ole Roemer　196,197,199
レン　Christopher Wren　90
連　星　159
ロック　John Locke　45
ロバーツ　Francis Roberts　199

【わ　行】
『惑星と恒星の研究』 *Planetary and Stellar Studies*（1888）　233
惑星の運動に関する三法則　73

【数字・欧文】
『1743年12月から1744年3月にかけての彗星』 *Treatise on the Comet of December 1743 to March 1744*　120
「$E=Mc^2$」　271,273
M13　176
M31　176

steady state theory of the expanding universe(1948)　254
『膨張する宇宙』 *The Expanding Universe*　245
膨張する宇宙箱　279
膨張する定常宇宙　266,267,269,280,281
『方法序説』 *Discourse on the Method* (1637)　84
ポー　Edgar Allan Poe　27,206,207, 210-212,225,267,284
——・ケルヴィンによる解答（候補9） 236,243
——による金色の壁　211,267,274
ボーガン　Henry Vaughan　133
ポープ　Alexander Pope　147
ボール　Robert Ball　204
星で覆われた空　21,22
星で覆われていない空　21,23
星の視線速度　168
『星々からなる天界』 *The Sidereal Heavens*(1840)　202
星々で満たされた無限の宇宙　114
星々の寿命　283
星々の森林　129
『星々の体系』 *System of the Stars* (1890)　164,193
星々の見かけ上の間隔　114
ボヘミアのエリザベス　Elizabeth of Bohemia　84
『ボルティモア講義』 *Baltimore Lectures* (1884)　218,230
ボンディ　Hermann Bondi　19,24,27, 144,254,255,262,264,265,267,269

【ま　行】

マーロー　Christopher Marlowe　63,64
マイケルソン　Albert Michelson　218, 237
マイヤー　Julius von Mayer　227,272
マクスウェル　James Clerk Maxwell 199,232,233
『マグデブルクにおける真空についての新しい実験』 *The New Magdeburg Experiments on Void Space*　91,93
マクミラン　William MacMillan　254, 255
マゼラン雲の変光星　171
マニリウス　Manilius　103
真夜中の太陽　238,239
『ミクログラフィア』 *Micrographia*　95, 195
ミルトン　John Milton　63-65
『無限宇宙と諸世界について』 *The Infinite Universe*(1584)　45,60
無限の宇宙　181
星々で満たされた——　114
「無限の宇宙を通るエーテルと重力物質について」 On ether and gravitational matter through infinite space(1901)　219
『名声の館』 *The House of Fame*　173
メシエ　Charles Messier　174
——・カタログ　176
モ　ア　Henry More　89,102
『もう一つの宇宙』 *Other Worlds than Ours*(1871)　188
モーペルテュイ　Pierre Maupertuis 154
モーレー　Edwards Morley　218,237
『物事の本質的原理』 *Principia Rerum Naturalium*(1734)　179
『物の本質について』 *De Rerum Natura* (On the Nature of Things)　35,44, 54,60

【や　行】

ヤ　キ　Stanley Jaki　240
ヤング　Thomas Young　199,231
ユークリッドの幾何学　46
有限の階層　192
『ユーレカ』 *Eureka*　207
四次元時空の湾曲　237

ファーレンハイト　Gabriel Fahrenheit 197
ファラデー　Michael Faraday　198,199, 233
フィゾー　Armand Fizeau　168,199
——-ドップラー効果　168
フィッツジェラルド　George FitzGerald 231
フーコー　Jean Foucault　199
フォーブス　George Forbes　218
フォントネル　Bernard de Fontenelle 90,97,98
『複数の世界についての対話』 *Conversations on the Plurality of Worlds*　97
『二つの新しい宇宙』 *Two New Worlds* (1907)　145,189,190,211,215
フック　Robert Hooke　90,94,95,97,99, 195,231
プトレマイオス　Claudius Ptolemy　38, 153
フラクタル構造　184
フラクタル理論　215
フラッド　Robert Fludd　51
ブラッドウォーディン　Thomas Bradwardine　53,67
ブラッドリー　James Bradley　199
プラトン　Plato　36
アリストテレス-——体系　37
プランク　Max Planck　279
フランクランド　Barrett Frankland 238
フリードマン　Alexander Friedmann 247
『プリンキピア』 *Mathematical Principles of Natural Philosophy* (the Principia)(1687)　105,106, 108,110,111
ブルーノ　Giordano Bruno　45,59,60,62
ブルシオ　Burchio　45
プルタルコス　Plutarch　33
プレアデス（M45）　15,175,176
プレセペ（蜂の巣）星団（M44）　14,15, 176
フレネル　Fresnel　231
プロクター　Richard Proctor　24,179, 188,189,203
分光学　166,170
「分子の力学と光の波動論」 Molecular dynamics and the wave theory of light(1884)　218
フンボルト　Alexander von Humboldt 143,181,203,207
ベアトリス　Beatrice　50
平均自由行程　125
ベイリー　Cyril Bailey　35
ベッセル　Friedrich Bessel　139
ヘルツシュプルング　Ejnar Hertzsprung 171
ヘルムホルツ　Hermann von Helmholtz 227,272
——-ケルヴィン・タイムスケール 227
変光周期　171
変光星
ケフェイド——　171,172,174
マゼラン雲の——　171
『ペンザンスの海賊』 *Pirates of Penzance* 13
ペンジアス　Arno Penzias　261
ベントレー　Richard Bentley　106-110, 113
——-ニュートンの重力の謎　191
ホイヘンス　Christiaan Huygens　90, 98,99,122,123,231
ホイル　Fred Hoyle　255
ボイル　Robert Boyle　90,106
望遠鏡　68
放射エネルギー　254
放射時代　253
放射熱　143-145
放射のパルス　263
放射の平均密度　144
「膨張宇宙における定常状態の理論」 The

221,233,235,238
——‐ゴア型の宇宙　235
——‐ゴアの解答（候補10）　234,236
ニュートン　Isaac Newton　83,90,94,
102-111,114,123,147
——的宇宙　180
ネオ・——学派　94
——の宇宙　209
——派　90
——派の宇宙　224
ベントレー‐——の重力の謎　191
『ニュートン』 *Newton*　101
『人間知性論』 *An Essay Concerning Human Understanding*(1690)　45
『人間論』 *Essay on Man*　147
ネオ・ニュートン学派　94
熱エネルギー　272
熱　素　272
「熱の力学的等価性について」 On the mechanical equivalent of heat (1849)　272
『熱放射の理論』 *The Theory of Heat Radiation*(1913)　279
熱力学の第二法則　272
ノイゲバウアー　Otto Neugebauer　31

【は　行】

ハーシェル　Caroline Herschel　157,
158
ハーシェル　John Herschel　24,142,
144-146,163,164,176,179,181,187-
189,202
ハーシェル　William Herschel　142,
157-160,176,189,202,203,220
パーセク　220
パーソンズ　William Parsons　156
バーナード　Edward Barnard　171
ハーマン　Robert Herman　252,253
背景限界距離　125,127-131,137,138,185,
220,223,225,227-229,241,277-279
——に対する可視的宇宙の大きさの割合
222
ハギンス　Margaret Huggins　169
ハギンス　William Huggins　163,165,
168-170
白熱した壁面　142
ハッブル　Edwin Hubble　174,248,249,
259
——球　251,268
——距離　266
——定数　248
——による銀河の分類　248
ハレー　Edmund Halley　90,99,101,
105,112-115,122,136,197
——彗星　112
万有引力の理論　102
ピープス　Samuel Pepys　95
ピカール　Jean Picard　196
「光の性質・属性・効果の解説」 Lectures on light explicating its nature, properties, and effects　95
光の速度　→光速
「光の強さ、エーテル中の伝播、恒星までの距離について」 On the force of light, its propagation through the ether, and the distance of the fixt stars　120,134
光の電磁理論　199
光の波動説　98
「光の飛翔」 The flight of light　203
光を伝播するエーテル　237
ピタゴラス　Pythagoras　32,36
——派　32,36
ビッグバン　256
——からの放射　257,261
——残光　255
——・タイプの宇宙　228
——の終わり　256,262
——の始め　262
——派　255
ヒッパルコス　Hipparchus　38,69
一つの島宇宙　165,170,172
ヒューメーソン　Milton Humason　247
ヒルデガルト　Hildegard　48

ダ　ン　John Donne　63,64
ダンテ　Alighieri Dante　48,49
タンピエ　Etienne Tampier　53
『知ある無知』 *On Learned Ignorance* 54,60
地球照　134,135
地球中心の体系　54
中心のない宇宙　60
チョーサー　Chaucer　173
ツェルナー　Johann Zöllner　240
――-ヤキの解答　241
デイヴィ　Humphry Davy　198
ティコ・ブラーエ　Tycho Brahe　71,73
定常宇宙　254
――における赤方偏移　265
――派　255
膨張する――　266,267,269,280,281
――論者　265
ディック　Thomas Dick　202
ディッグス　Leonard Digges　56
ディッグス　Thomas Digges　21,56-59,62,95
ディリクレの問題　Dirichilet problem　191
デカルト　René Descartes　83-87,90,94,102,104,194,195,201,208
――主義者　89
――の体系　102
『哲学の原理』 *Principles of Philosophy* (1644)　83,84,102
デミシアーニ　John Demisiani　68
デモクリトス　Democritus　33,147
デュエム　Pierre Duhem　53
『天界の一般自然史と理論』 *Universal Natural History and Theory of the Heavens*(1755)　155
『天界論』 *De Caelo*(The Heavens)　45
『天球』 *The Sphere*（シャーバーン）　37
『天球』 *The Sphere*（マニリウス）　103
『天球の回転について』 *De Revolutionibus Orbium*(The Revolutions of the Celestial Orbs)　56
『天空の軌道の完全な解説』 *Perfit description of the Caelistiall Orbes* (1576)　56-58,60,63
天体物理学　170
天王星　158
「天の美しさの讃歌」 Hymn of Heavenly Beauty　67
「天の構築」 On the construction of the heavens　159
『天文学概観』 *Outlines of Astronomy* (1849)　164
『天文学研究』 *Institutin Astronomica* 55
『天文学論考』 *Treatise of Astronomy* (1830)　202
『天文対話』 *Dialogue Concerning the Two Chief World Systems*(1632)　70
天文単位　123
ド・ジッター　Willem de Sitter　240,246
――宇宙　247
――効果　247
土星の環　98
ドップラー　Christian Doppler　168
――効果　168
――赤方偏移　260,279
フィゾー-――効果　168
トムソン　James Thomson　101
トムソン，ウィリアム　→ケルヴィン卿
トランプラー　Robert Trumpler　171
トリチェリ　Evangelista Torricelli　87-89
ド　レ　Gustave Doré　50
トンプソン　Benjamin Thompson　272
トンプソン　Silvanus Thompson　217,219-220

【な　行】

ニコル　John Pringle Nichol　202,205,207,218
ニューカム　Simon Newcomb　220,

——の力　104
水銀温度計　197
水銀気圧計　87
彗　星　91,176
シェゾーの——　121
ハレー——　112
『彗星』 *Traité de la Comète*　119
スウェーデンボリ　Emmanuel Swedenborg　179
『数学、物理学論文集』 *Mathematical and Physical Papers*　219
ストア派　31,32,39,40,42,94,102,170
——的宇宙　105
——的な宇宙観　170
——による解答　223
——の体系　110
ストークス　Stokes　217
ストルーヴェ　Friedrich Struve　165
スフィンクス　19
スペクトル線の偏移　245
スペクトル分析法　166
スペンサー　Edmund Spenser　67
スライファー　Vesto Slipher　245
星　雲　153,154,157,159,168,176
——と星の集団との物理的相違　164
——のカタログ作成　174
星雲状物質　160
『星界』 *In Starry Realms*（1892）　204
『星界からの報告』 *The Starry Message*（1610）　69,76,95,153
『星界からの報告者との対話』 *Conversation with the Starry Messenger*（1610）　77,80,99
星間空間
——の吸収　143
——の透明度　135
——の媒質　134
星間媒体による吸収　144
星　団　176
静的宇宙体系　254
静的な宇宙　246
静電気　91
ゼーリガー　Seeliger　182
——‐シャーリエによる階層条件　182
『世界』 *The World*　133
『世界の解剖』 *Anatomy of the World*　64
『世界の体系』 *System of the World*　123
赤方偏移　230,246,259-261
——効果　261
定常宇宙における——　265
ドップラー——　260,279
——による解答　262,267
絶対温度　142
セネカ　Seneca　39
ゼノン　Zeno of Citium　20,39,40
「先行する機械」 mechanically inevitable（1854）　226
相対性理論　273
速度‐距離関係　250
速度‐距離の関係図　249
速度‐距離の法則　247,248,252
速度偏移　260

【た　行】

第十天（原動力）　37,52
対蹠点の太陽　→真夜中の太陽
太　陽　228
真夜中の——　238,239
太陽王（ルイ14世）　196
太陽黒点　70
太陽中心の体系　54
「太陽熱の寿命について」 On the age of the Sun's heat（1862）　227
太陽の半径　130
太陽面　142
——の明るさ　143
楕円形の星雲　168
多数の島宇宙　171
ダルベ　Edward Fournier d'Albe　25,145,146,189,190,211,212,215,216,226,235
——による解答（候補7）　236

「心の平安」 The tranquility of the mind 33
『古代の精密科学』 *The Exact Sciences in Antiquity* 31
「言葉の力」 The Power of Words 206
コペルニクス Nicholas Copernicus 54-56
『コペルニクスの天文学大要』 *Epitome of Copernican Astronomy*(1618) 72, 74,78,79
コンスタンス夫人 Lady Constance 163
コント Auguste Comte 166

【さ 行】
『サー・アイザック・ニュートンの哲学の要点』 *Elements of Sir Isaac Newton's Philosophy*(1736) 111
最高天 50
最初の1秒間 253
作 用 86
三裂星雲(M20) 176
シェイクスピア William Shakespeare 63
シェゾー Jean-Philippe Loys de Chéseaux 24,118-120,122,124,125, 130,133,134,139,141,229
——の彗星 121
時 空 238
四次元——の湾曲 237
視 差 139
——測定 171
『磁石について』 *The Magnet* 62
『自然哲学の数学的原理』 →プリンキピア
視線方向の議論 19,187
視線論争 15
視直径 76
『実証哲学』 *Positive Philosophy* 166
『失楽園』 *Paradise Lost* 64
質量とエネルギーの等価性 273
質量保存の法則 271
島宇宙 157,161
一つの—— 165,170,172
シャーバーン Edward Sherburne 37
シャーリエ Charles Charlier 188,189, 215,216
ゼーリガー‐——による階層条件 182
社会学 166
シャトレ公爵夫人 Mme du Chatlet 111
シャプレー Harlow Shapley 43,170, 171-172,174
周期‐光度関係 172,174
自由思想学派 34
重 力 238
『重力』 *De gravitatione* 103,104
重力エネルギーの放出 228
「重力場の方程式」 The equations of the gravitational field(1915) 237
ジュール Joule 272
『純粋理性批判』 *Critique of Pure Reason* 154
上位世界 211
ジョージⅢ世 King George Ⅲ 158
ジョージの星 Georgium Sidus 158
シリウス 122,123
『新科学対話』 *The New Sciences*(1638) 70,194
『神曲』 *Divine Comedy* 48
真 空 88,91,92,102
『新天文学』 *The New Astronomy*(1609) ケプラー 73,75
『新天文学』 *The New Astronomy* ハギンス 163
『新天文学——個人的な回顧』 *The new astronomy: a personal retrospect* (1897) ハギンス 165
新プラトン学派 38
シンプリキオス Simplicius 43,45
『申命記』 *Deuteronomy* 47
森 林
——による類推 125
——の喩え 17
神 霊 102

Existence of God　155
ガモフ　George Gamow　252,253,261
ガリレオ　Galileo Galilei　68-70,76,147,153,194
ガリレオ衛星　69
——の食　196
カルノー　Sadi Carnot　272
サジ・——の循環理論　272
ガレノス　Galen　52
完全な宇宙原理　255
カント　Immanuel Kant　135,154,155,157,180,184
——－ラプラスの星雲説　156,157,226
吸　収　145,230
球状星団　176
——の距離　172
ギルバート　William Gilbert　13,60-62
キルヒホフ　Gustav Kirchhoff　166
ギルマン　Gilman　217,218
金色の壁（ポーによる）　211,267,274
銀　河　153,176
——の後退　252
——の後退速度　248
——の中心　158
ハッブルによる——の分類　248
銀河系　148,150,152,164
——の年齢　214
銀河団　148
「空間の透明さについて」 On the transparency of space(1823)　135
空間の膨張　260
「空間の湾曲について」 On the curvature of space(1917)　240
クサヌス　Nicholas of Cusa　54
クラーク　Agnes Clerke　164,193
クラウジウス　Rudolf Clausius　272
——のエントロピー　272
グラッドストン　William Gladstone　198
クリスティーナ女王　Queen Christina　83
グレゴリー　James Gregory　123
——の測光方式　123,139
クローアン　Alexis Claurant　199
系外銀河星雲の後退運動　247
形而上学的パラドックス　115
ゲーリッケ　Otto von Guericke　24,90-94,99
ケフェイド変光星　171,172,174
ケプラー　Johannes Kepler　24,68,70-80,99,114
ケルヴィン　Lord Kelvin　20,27,211,212,218-231,233,235,272,279,284
——・タイムスケール　227
ポー－——による解答（候補9）　236,243
原　子　32,111
原子論　87
原子論者　31,32,34
元素のスペクトル　166
ゴ　ア　John Gore　233,235
ニューカム－——型の宇宙　235
ニューカム－——の解答（候補10）　234,236
『光学』 *Opticks*(1704)　111
「光学講義」 Lectures of light(1680)　195
光学的な厚み　127
光学的に厚い　129
光学的に薄い　129
光行差　199
「恒星天球の無限について」 Of the infinity of the sphere of fix'd stars　112
「恒星の数、順序、光について」 Of the number, order and light of the fix'd stars　115
「恒星の距離について」 Concerning the distance of the fixed stars(1694)　199
恒星の視差　199
光　速　195,201,212,283
——の測定　199
『広大なもの』 *De Immenso*(1591)　60
ゴールド　Thomas Gold　254,255,265

『宇宙の神秘』 *the Mysterious Universe* （1596） 73,78
『宇宙の調和』 *Harmony of the Spheres* （1619） 73
宇宙箱 276,277,279-281
——方式 275
膨張する—— 279
『宇宙論』 *Cosmology*（1952, 1960） 19, 144,262
『宇宙論書簡』 *Cosmological Letters* （1761） 181
『宇宙論または光についての論考』 *The World, or a Treatise on Light*（1636） 85
「宇宙論における数学的側面」 Some mathematical aspects of cosmology （1925） 254
『宇宙論への観測的研究』 *Observational Approach to Cosmology* 259
『永遠なるものへの予兆』 *Prognostication Everlastinge* 56
『英国職人と科学と技術の世界』 *The English Mechanic and World of Science and Art* 211
衛 星 77
ガリレオ——の食 196
エーテル 36,153,231-233,235-237
——の球 234
光を伝播する—— 237
『エジンバラ評論』 *The Edinburgh Review*（1848） 143
エディントン Arthur Eddington 245-247
エネルギーによる解答 274,282
エネルギー保存法則 272,283
エピクロス Epicurus 31,34,35
——派 32,35,102,105,170
——派の体系 110
エピメニディス Epimenides 19
遠眼鏡 68
エントロピー 272
エンピリアン（最高天） 52
エンペドクレス Empedocles 53
オイディプス Oedipus 19
オールト Jan Oort 172
『お気に召すまま』 *As You Like it* 63
オマール・カイヤーム Omar Khayyám 271
オリオン座 15,159
オルバース Wilhelm Olbers 19,24, 135-139,141,143,165,181,229,264, 269
——のパラドックス 19,141,222,262, 265,269

【か 行】

カーティス Heber Curtis 170,171
下位世界 211
回 折 76,122
階層構造 230
——宇宙 191
——的な宇宙 215
——の多重層宇宙 181
階層的な宇宙 187,188
階層的な森林 184,185
外部銀河 164
『カオスの啓示』 *The Revelations of Chaos* 163
核燃料 228
可視光線の速度 194
可視的宇宙 201,208,212,214,223,227, 229,256,267
——の大きさ 220
——の地平 214,225
——の地平線 209
背景限界距離に対する——の大きさの割合 222
ガス雲 157,176
数の関係の神秘性 71
ガッサンディ Piere Gassendi 55
カッシーニ Gian Cassini 196
カプタイン Jacobus Kapteyn 171
『神の存在についての唯一の可能な証明』 *The Only Possible Proof of the*

索　引

【あ　行】
アインシュタイン　Albert Einstein　237,238,271
――宇宙　247
「アインシュタインの重力理論とその天文学的結論」 On Einstein's theory of gravitation and its astronomical consequences(1916-17)　240
アウレリウス　Marcus Aurelius　39
アカデミー学派　36
アキレスとカメ　20
『新しい哲学』 New Philosophy　61
『新しい天体の発見』 Clelestial World Discover'd(1698)　98
『新しい星』 The New Star(1605)　75,77
アナクサゴラス　Anaxagorus　32
アナクサルクス　Anaxarchus　33
天の川　97,147,148,152,157,158,165
アリスタルコス　Aristarchus　54
アリストテレス　Aristotle　31,36,38,40,45,231
――派　32,102
――説　53
――の宇宙　54
――-プラトン体系　37
アルキュタス　Archytas　39,40,44-46
――の謎　40
アルファ　Ralph Alpher　252,253
アルファ・ケンタウリ　123
アレクサンダー大王　Alexander the Great　33
アレニウス　Svante Arrhenius　191
アンセルム　Anselm　52
アンセルムの天球　51
アンドラーデ　Edward Andrade　94
アンドロメダ星雲（M31）　167,168,174
イ　オ　196
――の食　197
一般相対性理論　246
『一般天文学』 *Popular Astronomy*（1878）　220,221,233
ヴィクトリア女王　Queen Victoria　170
『ウィリアム・トムソン、ケルヴィン卿の生涯』 *The Life of William Thomson, Baron Kelvin of Largs* 217,220
ウィルソン　Robert Wilson　261
ヴォルテール　Voltaire　111
失われた光の謎　21
失われた星の謎　21
渦巻星雲（M51）　156
宇　宙
――のエントロピー　254
――の温度　253
――の地平　256
――の年齢　256
――の果ての謎　43
――の縁　209
――の膨張　245,259
ビッグバン・タイプの――　228
『宇宙』 *Kosmos*　143,181,203,211
「宇宙起源論について」 On the cosmogony of the universe(1848)　206-207
宇宙原理　248,250,255,260
宇宙項　246
『宇宙誌』 *Cosmography*　148
宇宙赤方偏移　280
『宇宙体系』 *System of the World*　155
『宇宙の起源または新仮説』 *An Original Theory or New Hypothesis of the Universe*(1750)　149,150,152
『宇宙の構造についての見解』 *Views of the Architecture of the Heavens*（1838）　202,205,207

夜空はなぜ暗い？
オルバースのパラドックスと宇宙論の変遷

2004年11月20日　初版第1刷 ©

著　者　エドワード・ハリソン
監訳者　長沢　工
発行者　上條　宰
発行所　株式会社 **地人書館**
162-0835 東京都新宿区中町15
電話　03-3235-4422　　FAX 03-3235-8984
郵便振替口座　00160-6-1532
e-mail chijinshokan@nifty.com
URL http://www.chijinshokan.co.jp/
印刷所　モリモト印刷
製本所　カナメブックス

Printed in Japan.
ISBN4-8052-0750-7 C3044